新型农村干部暨大学生村官培训丛书

新农村科学种植概要

编著者

陈学珍　谢　皓　陈青君

陈　原　段碧华　韩　俊

刘正坪　孔　云　王绍辉

赵　波

金盾出版社

内 容 提 要

本书是新型农村干部暨大学生村官培训丛书的一个分册。主要内容有：科学种植概述，粮食作物、经济作物、蔬菜、果树、花卉、食用菌、草坪牧草、林木的科学种植技术及植物病虫害防治等。

本书内容丰富、通俗实用，适合从事种植业的科技人员、农民朋友、院校师生阅读参考，亦可作农村干部暨大学生村官培训教材使用。

图书在版编目(CIP)数据

新农村科学种植概要/陈学珍，谢皓等编著．—北京：金盾出版社，2010.3(2019.1 重印)
(新型农村干部暨大学生村官培训丛书)
ISBN 978-7-5082-6204-8

Ⅰ．新… Ⅱ．①陈…②谢… Ⅲ．①作物—栽培 Ⅳ．①S31

中国版本图书馆 CIP 数据核字(2010)第 020281 号

金盾出版社出版、总发行
北京市太平路 5 号(地铁万寿路站往南)
邮政编码：100036 电话：68214039 83219215
传真：68276683 网址：www.jdcbs.cn
封面印刷：双峰印刷装订有限公司
正文印刷：北京万博城印刷有限公司
装订：北京万博城印刷有限公司
各地新华书店经销

开本：850×1168 1/32 印张：10.625 字数：265 千字
2019 年 1 月第 1 版第 6 次印刷
印数：29 001～32 000 册 定价：29.00 元

新型农村干部暨大学生村官培训丛书编委会

序

党的十六届五中全会提出，推进社会主义新农村建设是现代化进程中的重大历史任务，是党领导亿万农民共同进行的一项伟大事业，是经济社会发展进入新阶段的客观要求，是全面建设小康社会、构建社会主义和谐社会的迫切需求，是巩固党的执政基础的重要举措。全面建设小康社会、推进现代化建设最艰巨、最繁重的任务在农村，落实科学发展观、构建和谐社会的重点和难点也在农村。农村干部是贯彻落实党在农村各项方针政策的组织者和领导者，担负着领导、管理、组织农村经济社会发展的重任，是推进农村改革发展的骨干力量。建设一支守信念、讲奉献、有本领、重品行的农村基层干部队伍，对做好农村工作至关重要。加强农村干部作风建设，关系到党的路线方针政策在农村的贯彻执行，关系到党和政府的形象，关系到农村的社会稳定。处于最基层的村干部群体，“官”虽不大，却掌管着农村政务及村民生活的大事小情。中国有 8 亿农民，分布在 60 多万个行政村中，约有 500 万村干部在管理这些村庄。建设社会主义新农村，他们的作用举足轻重。由此可见，不断提高他们的素质的重要性和紧迫性。

为了加强农村基层建设，不断提高农村的管理水平，党和政府做出了为广大农村配备大学生村官的重大决策。2008 年，中央组织部等有关部门决定，用 5 年时间选聘 10 万名高校毕业生到农村任职。中共中央政治局委员、中央书记处书记、中组部部长李源潮同志指出，要切实做好选聘高校毕业生到村任职工作，这既是为社会主义新农村建设培养骨干力量，更是新时期培养新一代德才兼备干部的重要途径，也是党和政府在十七大后所做出的最具战略意义的重大决策。实践证明，实施大学生“村官”工作计划对打破农村人才匮乏局面，改善农村干部队伍的人才结构，提高农村干部的整体素质，促进科技成果转化和推广，促进农村公共管理水平提高和城乡人才双向流动，拓宽培养选拔干部途径，推进新农村与和谐社会建设具有重要意义和积极作用。大学生村官在发展农业、致富农民、建设新农村的过程中，不负重托、不辱使命、不畏艰难，扎根基层，扎实工作，历练人生，施展才华，以实际行动赢得了广大干部群众的欢迎和赞誉，用自己的智慧和汗水谱写无愧于时代的青春壮丽篇章。但是我们也应该看到，这些大学生刚从精美的“象牙塔”中走出，如何使他们尽快适应农村的生活、做好农村工作，尚需进行深入细微的引导、教育和培养。

多年来，以北京农学院院长、北京新农村建设研究基地主任王有年教授为代表的一大批长期致力于“三农”问题研究的专家、学者，开展了形式多样的科教兴村富民活动，他们在组织编写出版“城郊新农村建设丛书”(14 本)，“大学生村官培训教程”的基础上，为不断提高农村基层干部和大学生村官的素质，再次与金盾出版社联袂推出“新型农村干部暨大学生村官培训丛书”。这套“丛书”的出版，有助于加强对基层农村干部和大学生村官的岗位培训，提高他们的综合素质，实现带领广大农村群众奔小康、构建社会主义和谐新农村的历史使命。

编委会人员为出好这套“丛书”进行了多方调研和精心策划，从现阶段农村干部和大学生村官培训的实际出发，将培训的热点和重点归纳为 15 个选题，组织了数十位富有农村工作及农业科技实践经验的专家、学者精心编写。因此，“丛书”具有很强的针对性、实用性和可读性。我相信，这套“丛书”既可作为农村基层干部和大学生村官岗位培训指导用书，也是实施“科普惠农兴村计划”的有益读本。

舒惠国

2009 年 11 月 18 日

注：舒惠国同志为全国人大农业与农村委员会副主任、中国农学会副会长

目　录

第一章 科学种植概述

“国以民为本.民以食为天”。粮食是国计民生和国家经济安全的重要战略物资,是人民群众最基本的生活资料。粮食安全关系到社会的和谐、政治的稳定、经济的持续。近年来,受农业种植结构调整、耕地和水资源减少、城市化进程加快等因素影响,粮食安全问题日益突出。

目前,最突出的粮食安全问题是粮食的分布不均,世界上仍有5亿人口(占世界人口的8%以上)受到饥饿威胁,36个国家面临严重粮食短缺,每年几百万人死于饥荒。现在的工业大国如美国、加拿大、澳大利亚和欧盟都有余粮,但是更广大的地区像非洲大陆、西亚的部分地区很多人都处在饥饿之中。而且,世界的可耕作土地越来越少,今后世界粮食供求矛盾仍将是令人关注的大问题。

我国是发展中的农业大国,耕地仅占世界7%,而人口却占世界的22%,十几亿人的粮食问题始终是头等大事。2001年我国政府发表的《中国粮食问题》白皮书,明确表示中国能够依靠自己的力量实现粮食基本自给,这是我国政府解决粮食安全问题的基本方针。高度重视保护和提高粮食综合生产能力,建立稳定的商品粮生产基地,建立符合我国国情和社会主义市场经济要求的粮食安全体系,确保粮食供求基本平衡,这既是我国政府解决粮食安全问题的基本方针,也是实现粮食安全的总的目标。

植物科学种植的目的是:通过研究作物生长发育、产量和品质形成规律及其与环境条件的相互关系,采取合理的技术措施,进行作物生产,以促进我国粮、棉、油等作物生产的发展,为整个农业生产和国民经济高速发展,实现我国粮食安全目标作出贡献。

第一节　作物的分类和引种

凡是有利于人类而由人工栽培的植物，都称为作物，可细分为农作物、园艺作物和林木三类。由于人类的长期培育和选择，每种作物的品种繁多。为了便于比较、研究和利用，可分为若干类别。

一、作物的分类

作物的种类很多，世界各地栽培的大田作物有 90 余种，我国种植的有 60 余种，它们分属于植物学上的不同科、属、种。

作物的分类方法很多，有按植物学系统分类的，也有按用途来分类的，还有按植物生态特性来分类的。为了研究和利用的方便，有必要从生产的角度对作物进行分类。在作物栽培学中，常用的分类法有如下几种。

(一)根据作物的生理生态特性分类

按作物对温度条件的要求，可分为喜温作物和耐寒作物。喜温作物生长发育的最低温度为 10℃左右，其全生育期需要较高的积温。稻、玉米、高粱、谷子、棉花、花生、烟草等属于此类作物。耐寒作物生长发育的最低温度在 1℃～3℃，需求积温一般也较低，如小麦、大麦、黑麦、燕麦、马铃薯、豌豆、油菜等属于耐寒作物。

按作物对光周期的反应，可分为长日照作物、短日照作物、中性作物和定日照作物。凡在日照变长时开花的作物称为长日照作物，如麦类作物、油菜等。凡在日照变短时开花的作物称短日照作物，如稻、玉米、大豆、棉花、烟草等。中性作物是指那些对日照长短没有严格要求的作物，如荞麦。还有的作物，如甘蔗的某些品种，只能在 12 小时 45 分钟的日照长度下才开花，长于或短于这个日长都不能开花，这种作物叫做定日照作物。

根据作物对二氧化碳同化途径的特点，又可分为三碳(C_3)作物和四碳(C_4)作物。三碳途径的二氧化碳受体是1,5-二磷酸核酮糖(RuBP),二氧化碳被固定后形成3-磷酸甘油酸(PGA),三碳作物光合作用的二氧化碳补偿点高。水稻、小麦、大豆、棉花、烟草等属于三碳作物。四碳作物光合作用最先形成的中间产物是带4个碳原子的草酰乙酸等双羧酸,其二氧化碳补偿点低,光呼吸低。四碳作物在强光高温下光合作用效率比三碳作物高。玉米、高粱、谷子、甘蔗等属于四碳作物。

此外,在生产上,因播种期不同,可分为春播作物、夏播作物、秋播作物,在南方还有冬播作物。按种植密度和田间管理方式不同,又可分为密植作物和中耕作物等。

(二)按作物用途和植物学系统相结合分类

这是通常采用的最主要的分类法,按照这一分类法可将作物分成三大部分,8大类别。

1. 粮食作物(或称食用作物) 其中又分三类:

(1)谷类作物(又称禾谷类作物) 绝大部分属禾本科。主要作物有小麦、大麦(包括皮大麦和裸大麦)、燕麦(包括皮燕麦和裸燕麦)、黑麦、稻、玉米、谷子、高粱、黍、稷、稗、龙爪稷、蜡烛稗、薏苡等。荞麦属蓼科,其谷粒可供食用,习惯上也将其列入此类。

(2)豆类作物(又称菽谷类作物) 均属豆科,主要提供植物性蛋白质。常见的作物有大豆、豌豆、绿豆、赤豆、蚕豆、豇豆、菜豆、小扁豆、蔓豆、鹰嘴豆等。

(3)薯芋类作物(又称根茎类作物) 属于植物学上不同的科、属,主要生产淀粉类食物。常见的有甘薯、马铃薯、木薯、豆薯、山药(薯蓣)、芋、菊芋、蕉藕等。

2. 经济作物(或称工业原料作物)

(1)纤维作物 其中有种子纤维,如棉花;韧皮纤维,如大麻、亚麻、洋麻、黄麻、苘麻、苎麻等;叶纤维,如龙舌兰麻、蕉麻、菠萝麻等。

(2)油料作物　常见的有花生、油菜、芝麻、向日葵、蓖麻、苏子、红花等。大豆有时也归于此类。

(3)糖料作物　南方有甘蔗,北方有甜菜,此外还有甜叶菊、芦粟等。

(4)其他作物(有些是嗜好作物)　主要有烟草、茶叶、薄荷、咖啡、啤酒花、代代花等,此外还有挥发性油料作物,如香茅草等。

3. 饲料和绿肥作物　豆科中常见的有苜蓿、苕子、紫云英、草木樨、田菁、柽麻、三叶草、沙打旺等;禾本科中常见的有苏丹草、黑麦草、雀麦草等;其他如红萍、水葫芦、水浮莲、水花生等也属此类。这类作物常常既可作饲料,又可作绿肥。

上述分类中有些作物可能有几种用途,例如,大豆既可食用,又可榨油;亚麻既是纤维作物,种子也是油料;玉米既可食用,又可作青饲青贮饲料;马铃薯既可作粮食,又可作蔬菜;红花的花是药材,其种子是油料。因此,上述分类不是绝对的,同一作物,根据需要,有时被划在这一类,有时又可把它划入另一类。此外,上述分类是针对大田种植的作物,即狭义的作物划分法,若从广义的作物来说,茶、油茶、油桐、油橄榄、芦苇、木棉、桑、漆树等也可纳入相应的类别之中。

二、作物引种及其原则

(一)作物引种的概念

作物引种,就是从外地或外国引入当地所没有的作物或新的品种,借以丰富当地的作物资源。引种是作物的人工迁移的过程。作物引种到新的地区之后,可能出现两种情形,一种是原产地与引种地的自然环境差异不大,或者由于被引种的作物本身适应范围较广泛,不需要特殊的处理和选育过程,就能正常生长发育,开花结果并繁殖后代,这种情况称之为“简单引种”;另一种是原产地和引种地之间的自然环境相差较大,或者由于被引种的作物本身适应范围狭窄，需要通过选择，培育，改变其遗传性，使之能够适应引种地的环境，这种情况称之为“驯化引种”，也有人称为风土驯化或气候驯化。

(二)作物引种的基本原则

引种是见效快、投资少、收益大的农业科学技术措施。作物与环境协调统一，是作物引种成功的关键，也是引种的基本原则。这个原则包括如下具体内容：

第一，要具有引种作物的基本生活条件。作物生长发育过程中，每个阶段都要求相应的生活生态条件（光、温、水、土、养分、生物等）与之相协调，这里包括诸如各生长发育阶段对温度高低、光周期长短、降水量多少等要求均需得到基本满足。

第二，克服限制因子的影响。作物原产地与引种地的生境往往不完全一致，而引种地的某一个生态因子可能成为引种的障碍（即限制因子），在这种情况下，就要通过改变栽培措施（如调节播种期、水肥调控、施用激素等）或者选择和营造局部小环境，克服限制因子的影响，使作物适应新的环境。

第三，引种作物对引种地的环境需要有逐步适应的过程，通过种植驯化，它能够不断地改变本身的某些习性，与新环境中各个生态因子相适应，这种改变了的习性和抗性经长期积累后，被引种作物就会完全适应引种地的生境和栽培条件了。

因此，引种前需对拟引进的作物（品种）的习性、抗逆性等有全面的了解。不同纬度地区间相互引种，首先应了解作物（品种）对光周期的反应，否则可能造成引种失败；不同经度地区间相互引种，则要注意海拔高度。海拔高度不同，温度、光照与原产地的差异会对作物（品种）生长发育产生很大影响，甚至导致引种失败。

第二节 科学种植与环境条件

作物生活环境中的各种因子称为作物的生态因子。作物生态因子可分为两类:一是非生物因子,并可再分为气候因子和土壤-地形因子,如光、温、水、风、气及土壤条件和地形地势等;二是生物因子,可再分为植物因子、动物因子及微生物因子。在众多的生态因子中,它们对作物生长发育影响的程度并不是等同的。其中,光照、热量、水分、养分及空气是作物生命活动不可缺少的,如果缺少一个,作物就不能生存,所以这些因子是作物的生活因子或基本生活条件。

一、光

(一)光能的重要性

地球上一切生命活动需要的能量,主要来自太阳光能。太阳光能只有通过绿色植物的光合作用才能转化为地球上生命活动所能利用的化学能。

太阳光能深刻地影响着作物的形态、结构、生长、发育、生理、生化和地理分布,它是作物的一个非常重要的生态因子。

(二)光对作物生长的影响

1. 光谱成分 阳光照射到地球表面,因波长不同可分为紫外光(＜390 纳米)、可见光(390～760 纳米)和红外光(＞760 纳米)三个光谱。

波长不同,被作物吸收和产生的生物化学作用也不同。紫外线对作物茎的伸长有抑制作用,能促进花青素的形成,对果实的着色和成熟起到良好作用。红外线主要起热效应作用,能促进作物种子的萌发和茎的伸长。可见光由红、橙、黄、绿、青、蓝、紫七色组成,绿色植物在可见光下进行光合作用。其中红光有利于碳水化

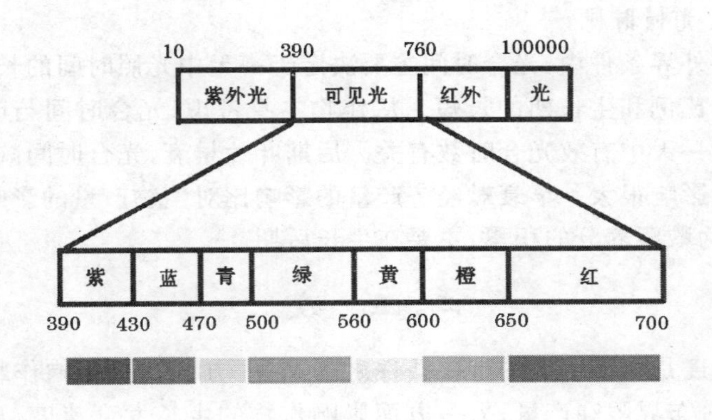

图1　光谱成分　（单位：纳米）

合物的合成，蓝光有利于蛋白质合成。

叶绿素的吸收光谱在红光区和蓝紫光区各有一个吸收高峰，植物对黄绿光吸收最少。而对绿光的反射和透射最强，故植物一般呈绿色。

2. 光照强度　光照强度是指单位时间内单位面积上所接受的热量，国际计量单位用勒克斯表示。光照强度直接影响着作物的光合强度。一般来说，当其他条件适宜时，光照强度愈大，光合强度愈高。

作物对光照强度的要求通常用"光补偿点"和"光饱和点"表示。夜晚，没有光照，作物只有呼吸消耗，没有光合积累，光合强度为负值。清晨当太阳出来后，随着光照强度的增加，作物光合速率相应增加。当光合产物的积累等于呼吸作用的消耗时，此时的光照强度称之为光补偿点。以后，随着光照强度的进一步增强，光合强度也进一步上升，当光照强度增加到一定程度，由于二氧化碳、水和叶绿素含量以及温度等环境条件的限制，光合速率不再增加，这时的光照强度称为光饱和点。

3. 光照时间

在外界条件中，光合时间主要决定于一天中光照时间的长短、昼夜的比例和生长期的长短。从作物本身考虑，光合时间与叶片寿命及一天中有效光合时数有关。后期叶片早衰，光合时间减少，对产量影响很大。早衰对经济产量的影响比对生物产量的影响显著，因为贮藏养分的积累，主要在生长后期。

二、温　度

温度是作物生活的重要条件之一，它一方面直接影响作物的生长、分布界限和产量；另一方面影响作物的生长发育速度，从而影响作物全生育期的长短与各生育期出现的早晚；温度还影响着作物病虫害的发生、发展。所以，热带、温带、寒带所分布的作物种类和生育形态都各不相同，即使在同一地方也有冬季作物和夏季作物之分。

(一)三基点温度

作物的每一个生命过程均有三个基点温度，即最适温度、最低温度和最高温度。在最适温度下，作物生长发育迅速而良好，在最低和最高温度下停止生长发育，如果温度继续降低或升高，就发生不同程度的损伤直到致死。

(二)受害与致死温度

环境温度高到或低到一定程度，将会引起作物的受害甚至死亡。作物因低温受害或致死，又常分为冷害与冻害两种情况，作物遇到 0℃以上的低温而受害叫冷害，而冻结温度以下的低温危害则称为冻害。热害，即温度过高产生的危害。

(三)积温及其应用

积温有活动积温与有效积温两种。活动积温是作物在某时期内大于生长下限温度的日平均气温的总和，而有效积温是作物在某时期内日平均气温与下限温度之差的总和。

根据积温多少可确定某作物在某地能否正常成熟，为引种和品种推广提供了依据。此外，还可为制定各地种植制度提供依据，并可将积温作为指标之一，划出区界，做出区划。此外，在杂交育种、制种工作中，利用积温来推算适宜播种期，以达到父母本花期相遇。

三、水　分

（一）水的生理生态作用

首先，水是植物细胞中原生质的重要成分。原生质的含水量一般在80%以上；如果含水量减少，原生质便由溶胶变为凝胶，生命活动大为减缓。其次，水是一些代谢过程的原料，如水是光合作用的原料，呼吸作用中的许多反应也需要水分的参加。第三，水是各种生理生化反应和运输物质的介质。第四，水分能使植株保持固有的姿态。当植株细胞中含有足够的水分时，才能使植株枝叶挺立、花朵开放。第五，水具有特殊的理化性质。例如，水有很高的气化热和比热，又有较高的导热性，有利于植株散发热量和保持体温；水又有很大的表面张力，对于吸附和物质的运输有很重要的意义。

（二）作物的需水规律

1. 作物的需水量　作物的需水量即作物从播种到收获田间实际消耗水分的总量，是作物蒸腾量和植株间地表蒸发量的总和。作物的需水量因其种类和所处环境条件的不同而有差别。蒸腾系数是指作物每形成1克干物质所消耗的水分克数，是作物需水量的指标。

2. 作物的需水规律与水分临界期　生育前期和后期需水较少，中期因生长旺盛，需水较多。作物一生中对水分最敏感的时期，称为水分临界期。在水分临界期内，若遇干旱或水分不足，对作物的生长发育和产量影响最大。例如，小麦的需水临界期是孕穗至抽穗期，如果缺水则幼穗分化、抽穗、授粉受精和胚胎发育受阻，最终造成减产。

表 1　各作物的需水临界期

作物种类	需水临界期	作物种类	需水临界期
水　稻	孕穗至开花	甘　薯	发根分枝结薯期
小　麦	孕穗至抽穗	棉　花	开花结铃期
玉　米	开花至乳熟	豆类、花生	开花期
油　菜	薹花期	黍稷类(高粱)	抽花穗～灌浆

四、二氧化碳

二氧化碳是光合作用的直接原料，当光强、温度等适宜时，二氧化碳浓度就是光合强度的决定因素之一。

如果光合作用吸收的二氧化碳与呼吸作用放出的二氧化碳相等，即净光合强度等于零，这时的二氧化碳浓度称为二氧化碳补偿点。当二氧化碳浓度增加至某一值时，光合速率达到最大值，此时环境中的二氧化碳浓度称为二氧化碳饱和点。

大气中二氧化碳浓度常量为 0.038％左右，生物呼吸及各种燃料燃烧释放二氧化碳，由于被作物吸收而浓度仍较稳定。但据测算，作物每天每米^2 叶面积吸收二氧化碳 20～30 克，相当于一亩地上空 120～200 米高的大气层中全部的二氧化碳。如果完全依靠二氧化碳自身的扩散作用是不够的，而必须使空气流动，以便将大量的二氧化碳经过叶面，提高光合强度。因此，生产上要实行合理密植和相应的株行距，以便使田间通风良好。

五、土壤条件

土壤是作物扎根生长的主要环境，人们从事种植业生产，各种农业措施（耕、耙、锄、施肥、灌水）都作用于土壤，通过土壤对作物产生影响。

土壤最本质的特征就是具有肥力。土壤肥力可分为两种：一种是土壤形成过程中各种自然因素作用下产生的肥力，称为自然肥力；一种是在自然肥力基础上，在农业措施影响下产生的肥力，称为人工肥力。这些肥力在农业生产上反映出来的部分称为有效肥力。有效肥力的高低体现了社会经济制度和科学技术发展的水平。

（一）土壤种类

1. 沙质土壤　这类土壤含沙粒85%以上，含黏土粒15%以下。沙土大孔隙多，土壤疏松、容易耕作、肥料分解快、保水保肥力差，有机质、全氮、全磷较少。

2. 黏质土壤　含黏土粒45%以上。土质黏重，不便于耕作，空气不易流通，不利于作物根系发育，水分缺乏时地面易龟裂。但蓄水保肥力强，肥力较高。

3. 壤质土壤　壤质土壤是土壤结构中最好的土壤。一般壤土有机质含量为1%～3%，保水保肥能力较强，耐旱耐涝，土壤孔隙适中，具有良好的通气透水性能，易耕易种。适种作物范围广，产量高而稳。

（二）土壤水分状况

根据土壤水分在土壤中的受力状况可将其分为：

1. 吸着水　吸着水又称束缚水，它通过土壤分子引力牢牢地吸附在土粒的表面，不能移动，也不能溶解盐类，在干旱条件下仍能存在。吸着水不能为作物所吸收，是无效水。

2. 毛管水　存在于土粒间的孔隙中，受毛管引力和表面张力而保持在毛管孔隙中的水。毛管水可以移动，容易蒸发，可供植株利用，为有效水。

3. 重力水　在重力的作用下，可以向下渗漏的水。重力水容易被作物利用，但流失很快。重力水使土温降低，土壤通气不良，并影响微生物活动。

(三)土壤肥力

土壤肥力是指土壤能够经常地、适时适量地供给并协调植物生产所需的水分、养分、空气、温度、扎根条件和无毒害物质的能力。水、肥、气、热是土壤的四大肥力因素，它们之间相互作用，共同决定土壤肥力。

土壤肥力分为自然肥力和人工肥力、有效肥力和潜在肥力四种。其中，有效肥力是指水、肥、气、热都能够发挥作用，满足当前作物生长发育需要的能力；而潜在肥力则是指土壤中在当前条件下没有发挥作用，一旦条件适合就会发挥作用的某些肥力因子。

(四)土壤有机质

土壤有机质一般是指有机物残体经微生物作用后，形成的一类特殊的、复杂的、性质比较稳定的多种高分子有机化合物。土壤有机质含量的差别很大，一般均低于5%。华北地区土壤有机质含量大都在1%左右，西北地区的土壤则大多低于1%，南方水稻土的有机质含量为1.5%～3.5%，东北黑土的有机质可达到8%～10%，草甸、沼泽土和泥炭土有机质含量超过20%。一般把有机质含量超过20%的土壤称为有机土壤，而把小于20%的称为矿质土壤。

土壤有机质的主要来源是植物残体和根系，以及施入的各种有机肥料，包括城市垃圾堆肥、造纸和食品工业的废水废渣、动物粪便等，土壤中的微生物和动物也为土壤提供了一定量的有机质。

土壤有机质的主要作用是作物营养物质的主要来源、作物碳素营养的来源之一、提高土壤保水保肥能力、促进和改善土壤的结构、提高土壤温度。

(五)土壤酸碱性

土壤溶液中 H^+ 离子浓度大于 OH^- 离子浓度时土壤就呈酸性；土壤呈酸性主要是由土壤胶体上所吸附的 H^+、Al^{3+} 和各种羟基铝离子所引起。

土壤溶液中 H^+ 离子浓度小于 OH^- 离子浓度时土壤呈碱性；土壤中含有碳酸钙或重碳酸钙时土壤就呈碱性。

土壤酸碱性对土壤肥力及植物生长影响很大。各种作物对土壤酸碱性的适应能力也不同。

表 2　各种作物生长适宜的酸碱度

作物名称	pH 值	作物名称	pH 值	作物名称	pH 值
水　稻	6.0～7.5	小　麦	6.0～7.5	玉　米	6.0～7.0
烟　草	5.0～6.0	甘　薯	5.0～6.0	大　豆	5.0～7.0
番　茄	6.0～7.0	西　瓜	6.0～7.0	柑　橘	5.0～7.0
茶	5.0～6.0	梨	6.0～8.0	桃	6.0～8.0
荞　麦	5.0～6.0	马铃薯	5.0～6.0	豌　豆	6.0～8.0
棉　花	6.0～8.0	甘　蔗	6.0～8.0	油　菜	6.0～7.0
紫花苜蓿	6.0～8.0	紫云英	5.5～7.0	苕　子	6.0～7.0

作物正常生长一般要求合适的酸碱度，有些作物对酸碱反应很敏感，如甜菜、紫苜蓿、柏树、碱蓬、盐蒿等只能在中性和微碱性土壤中生长；茶树、柑橘、羽扇豆则必须生长在强酸性和酸性土壤中，这些植物称为土壤酸碱指示植物。

(六)土壤孔隙度

单位体积内土壤孔隙所占的百分数称为土壤孔隙度。土壤孔隙度密切影响着土壤中水、肥、气、热等肥力因素的变化与供应状况。根据土壤孔隙的粗细可分为三种，即无效孔隙、毛管孔隙与空气孔隙。

适宜作物生长的土壤孔隙度为 50%左右，无效孔隙少、毛管孔隙度高于空气孔隙度。

根据土壤的比重和容重，可求出土壤孔隙度：

$$孔隙度(\%)=\frac{比重-容重}{比重}\times 100=(1-\frac{容重}{比重})\times 100$$

1. 土壤比重 单位体积内土粒的干重(不包括土壤孔隙)与同体积水重之比,称为土壤比重。土壤比重取决于土壤矿物质颗粒组成和腐殖质含量的多少,一般在2.60～2.70范围内,通常取其平均值2.65。

2. 土壤容重 单位体积内土壤(包括土壤孔隙)的干重,称为容重。土壤容重随孔隙大小而变化,大体在1.00～1.80,它与土壤结构、腐殖质含量及土壤松紧状况等有关,也受降雨、灌水、耕作等活动的影响。

(七)土壤结构

土粒在内外因素的综合作用下,形成大小不一、形状不同的团聚体,称为土壤结构。根据结构的形状、大小及其与肥力的关系,将土壤结构分为块状、棱状、片状和团粒结构等。其中团粒结构对土壤肥力有良好的调节作用,是农业生产上最理想的土壤结构,多出现在有机质含量高,肥沃的耕层土壤中。

(八)土壤耕性

土壤耕性是土壤对耕作的综合反映,包括耕作的难易、耕作质量和宜耕期的长短等。宜耕期的长短是指土壤水分状况达到最适于耕作时间的长短。凡是易耕作、耕作质量好、适耕期长的土壤,代表其耕性好。

改良土壤耕性,提高耕作质量是农作物高产稳产的基本条件,改良土壤耕性一般应从以下几个方面努力:增施有机肥料,主要是利用有机质疏松多孔、吸附性强的特性,增加土壤的团粒结构,降低黏质土壤的黏结性和黏着性,减少耕作阻力;对于沙质土壤可增强其团聚性,使耕翻质量变好;通过掺沙或掺黏,改良土壤质地;掌握宜耕期;改良土壤结构;轮作换茬,水旱轮作,深根作物与浅根作物相结合。

六、矿质营养

作物所必需的营养元素有16种，它们是碳、氢、氧、氮、磷、钾、钙、镁、硫、铁、硼、锰、铜、锌、钼、氯等。前6种作物需要量相对较大，称大量元素，后7种作物需要量极微称微量元素，中间3种为中量元素。

（一）大量营养元素

包括碳、氢、氧、氮、磷、钾，在作物体内的含量一般为百分之几。其中氮、磷、钾作物需要量大，但土壤供应量不够，常常需要通过施肥才能满足作物生长的要求，因此氮、磷、钾称为作物营养的三要素或肥料三要素。

（二）中量营养元素

有钙、镁和硫，作物体内的含量为千分之几。

（三）微量营养元素

包括铁、锌、铜、锰、钼、硼和氯，在作物体内含量只有万分之几。

第三节　作物种植制度

一、种植制度

种植制度是对一个地区或生产单位的作物组成、配置、熟制与种植方式的总称。包括作物的布局；作物的复种或休闲；作物的种植方式，即单作、间作、混作和套作；轮作或连作。

二、作物布局

作物布局是指一个地区或生产单位作物组成与配置的总称。作物组成包括作物种类、品种、面积与比例等；作物配置是指作物在一定区域或田块上的分布。

三、复　种

(一)复种的概念

复种是指在同一块田地上一年内接连种植 2 季或 2 季以上作物的种植方式。

常见的复种方式有平播和套作两种,平播是在上茬作物收获后直接播种下茬作物,套作是在上茬作物收获前,将下茬作物套种在其株间或行间。此外,还可以用移栽和再生来实现复种。

根据一年内在同一田块上种植作物的茬数,把一年种植 2 茬作物称为一年两熟,如冬小麦—夏玉米;一年种植 3 茬作物的称为一年三熟,如小麦(油菜)—早稻—晚稻;两年内种植 3 季作物,称为两年三熟,如春玉米→冬小麦—甘薯、棉花→小麦/玉米。(符号"→"表示年间作物接茬种植,"—"表示年内接茬种植,"/"表示套种)。

复种指数:复种程度的高低,通常用复种指数来表示,即全年作物收获总面积占耕地面积的百分比。公式如下:

$$复种指数(\%)=\frac{全年作物收获总面积}{耕地面积}\times 100$$

一年一熟的复种指数为 100%,一年两熟的复种指数为 200%,一年三熟的复种指数为 300%,两年三熟的复种指数为 150%。

(二)复种的条件

复种方式要与自然条件、生产条件与技术水平相适应。影响复种的自然条件主要是热量和降水量,生产条件主要是劳力、畜力、机械、水利设施、肥料等。

1. 热量　一个地区能否复种或复种程度的高低,热量条件是决定因素。主要采用以下方法来确定。

(1)**年平均气温法** 一般以年平均气温8℃以下为一年一熟区,8℃～12℃为两年三熟区,12℃～16℃为一年两熟区,16℃～18℃以上为一年三熟区。

(2)**积温法** ≥10℃积温低于3 000℃为一年一熟,3 000℃～5 000℃可以一年两熟,5 000℃以上可以一年三熟。

(3)**生长期法** 以无霜期表示生长期,一般140～150天为一年一熟区,150～250天为一年两熟区,250天以上为一年三熟区。

2. 水分 我国降水量与复种的关系是:小于600毫米为一熟区,600～800毫米为一熟、两熟区,800～1 000毫米为两熟区,大于1 000毫米可以实现多种作物的一年两熟或三熟。若有灌溉条件,也可不受此限制。

3. 肥料 提高复种指数,除安排养地作物外,必须增施肥料,否则多种不会多收。

4. 劳、畜力和机械条件 提高复种指数,必然增大劳、畜力和机具投入。南方多熟地区,一年有2～3次“双抢”,即收麦(油菜等)抢插水稻和抢种玉米等;收水稻和甘薯等抢栽油菜或抢种小麦,农时十分紧张,特别四川丘陵区,在两季有余三季不足的情况下,必须抢种抢收,才能发展三熟制。

5. 技术条件 相应的技术条件包括品种、栽培耕作技术、复种间套技术等必须满足复种的要求。此外,复种还必须考虑经济效益。

(三)复种技术

1. 作物组合与品种搭配技术 充分利用休闲季节增种一季作物、利用生育期短的作物代替生育期长的作物、开发短期填闲作物(如绿肥、蔬菜等)、发展再生稻、搭配早熟品种。

2. 争取季节技术

(1)**改直播为育苗移栽** 育苗移栽是克服复种后生长季不足的最简便方法。

(2)套作技术的运用　即在前茬作物收获前于其行间、株间或预留行间直接套播或套栽后作。

(3)促进早熟的技术　在作物生育中后期喷乙烯利，可提早成熟数天。

(4)作物晚播技术　晚播作物营养生长期比较短，植株比较矮小，分蘖或分枝少，可适当加大播种量，增加作物的密度，以提高产量。

(5)地膜覆盖技术　采用地膜覆盖可提高地温，保持土壤湿度，可适当提前播种。

四、间作、混作、套作

(一)间、混、套作的概念

1. 单作　指在同一块田地上种植一种作物的种植方式，又称为清种、净种。

2. 间作　指在同一田地上于同一生长期内，分行或分带相间种植两种或两种以上作物的种植方式。用符号“//”表示，如玉米//大豆。

3. 混作　指在同一块田地上，同期混合种植两种或两种以上作物的种植方式，用符号“×”表示。

4. 套作　指在前季作物生长后期的株行间播种或移栽后季作物的种植方式，用符号“/”表示。套作与间作最明显的区别是其作物的共生期长短不同，前者共生期短，后者共生期长。

(二)间、混、套作增产原因

1. 充分利用空间和提高光能利用率　间、混、套种群体是由两种或两种以上的作物构成，有效地利用了空间和时间，提高了光能利用效率。

2. 充分发挥边行优势　边行优势是指作物的边行产量优于内行的现象。合理的间套作，能有效地发挥边行优势，减少劣势，使主作物明显增产,副作物少减产或不减产。

3. 充分用地 豆科与非豆科作物进行合理间、套作,既用地又养地。另外,不同作物利用难溶性养分的能力不同,间、混、套作通过根系的相互影响,可以提高难溶性物质的利用率。

4. 延长生长期 充分利用生长季节,延长了作物的生长期,提高单产。

5. 减少病虫害 稳产保收及减轻某作物的病虫害。

6. 发挥作物分泌物的互利作用 一种植物在生长过程中、通过向周围环境分泌化合物对另一种植物产生直接或间接相促或者相抑的影响,亦称对等效应。

互利的作物有:洋葱与食用甜菜,马铃薯与菜豆,小麦与豌豆,春小麦和大豆;作物与蒜、葱、韭菜等间作,会使农作物的一些病虫害减轻,分泌物还有抑制杂草危害的作用。

不利的作物:冬黑麦与冬小麦,荞麦与玉米,番茄与黄瓜,菜豆与春小麦,向日葵与玉米、蓖麻,洋葱与菜豆等。

(三)间、混、套作技术

1. 选择适宜的作物种类和品种 间、混、套作的作物,其生态适应性应基本类似。相差太大时不能实行间(混)套作。

2. 确定合理的田间配置 间、混、套作的植株密度要高于相同种植面积的单作,以利于发挥密植效应。为此,可采用宽窄行等种植形式。

3. 加强田间管理 间、混、套作是集约栽培的技术措施。复合群体大,需要肥水多,因此要适当增加投入和加强田间管理,要做到适时播种,及时收获,加强管理和防治好病虫害。

五、轮作与连作

(一)轮作的概念和意义

1. 轮作和连作的概念 轮作是在同一田地上不同年度间按

照一定的顺序轮换种植不同作物或不同的复种形式的种植方式。如一年一熟条件下的大豆→小麦→玉米三年轮作,这是在年间进行的单一作物的轮作。在一年多熟条件下既有年间的轮作,也有年内的换茬,如南方的绿肥—水稻—水稻→油菜—水稻—水稻→小麦—水稻—水稻轮作,这种轮作由不同的复种方式组成,称为复种轮作。在同一田地上有顺序地轮换种植水稻和旱田作物的种植方式称为水旱轮作。

连作与轮作相反,连作是在同一田地上连年种植相同作物或相同的复种方式的种植方式。而在同一田地上采用同一种复种方式连年种植的称为复种连作。

2. 轮作在农业生产上的意义 一是提高作物产量;二是改善土壤理化性状;三是减少病虫危害;四是清除土壤有毒物质;五是减少田间杂草为害。

(二)连作及其运用

1. 连作的危害

第一,作物连作造成杂草危害加重、某些专一性病虫害蔓延加剧以及土壤微生物种群的变化等。

第二,连作造成土壤化学性质发生改变而对作物生长不利,主要是营养物质的偏耗和有毒物质的积累。

第三,某些作物连作或复种连作,会导致土壤物理性状显著恶化,不利于同种作物的继续生长。

但是,连作运作得当,也有较好效果。首先,可多种一些适宜当地气候土壤的作物;其次,连作的作物单一,专业化程度高,成本较低,技术容易掌握,能获得较高产量。

2. 不同作物对连作的反应 根据作物对连作的反应,可将作物分为三种类型。

(1)忌连作的作物 分为两种类型。一类为极端敏感型:如茄科的马铃薯、烟草、番茄,葫芦科的西瓜及亚麻、甜菜等。这类作物连作时，作物生长严重受阻，植株矮小，发育异常，减产严重，甚至绝收。这类作物需要间隔五六年以上方可再种。另一类为敏感型：如禾本科的陆稻，豆科的豌豆、大豆、蚕豆、菜豆，麻类的大麻、黄麻，菊科的向日葵，茄科的辣椒等。一旦连作，生长发育受到抑制，会造成较大幅度的减产。

(2)耐短期连作作物　甘薯、紫云英、谷子等作物，对连作反应的敏感性属于中等类型，生产上常根据需要对这些作物实行短期连作。这类作物连作两三年受害较轻。

(3)耐连作作物　这类作物有水稻、甘蔗、玉米、麦类及棉花等作物。它们在采取适当的农业技术措施的前提下，耐连作程度较高。

3. 连作的技术　连作虽然会引起危害，但是针对性地采取一些技术措施能有效地减轻连作的危害，提高作物耐连作程度，延长连作年限。

一是选择耐连作的作物和品种。二是采用抗病虫的高产品种。三是采用针对性的栽培技术，如采用烧田熏土、激光处理和高频电磁波辐射等进行土壤处理，杀死土壤病原菌及杂草种子；用新型高效低毒的农药、除草剂进行土壤处理或茎秆叶片处理，可有效地减轻病虫草的危害；通过合理的水分管理，冲洗土壤有毒物质等。

第四节　作物生产技术

一、土壤培肥、改良和整地

(一)土壤培肥

高产土壤具备的基本特征是土地平整，排水灌溉条件良好，适合机械化作业；良好的土体结构，上虚下实；有机质和速效养分含量高；土壤水分特性好，渗水快，保水能力强；土性温暖，土壤微生物多，活性大；适耕期长，耕性好。

一般的土壤需通过培肥，才能达到高产土壤条件。土壤培肥的途径与措施有：合理深耕和增加客土可以增厚土层；建立以有机肥为主、有机肥和无机肥相结合、广开肥源、合理用肥的科学施肥制度；合理轮作可以改善土壤物理性状，用地和养地结合，可以减少土壤养分的消耗。

（二）土壤改良

针对土壤的不良性状和障碍因素，采取相应的物理或化学措施，改善土壤性状，提高土壤肥力，增加作物产量，以及改善人类生存土壤环境的过程。土壤改良工作一般根据各地的自然条件、经济条件，因地制宜地制定切实可行的规划，逐步实施，以达到有效地改善土壤生产性状和环境条件的目的。土壤改良过程共分两个阶段：

（1）保土阶段　采取工程或生物措施，使土壤流失量控制在容许流失量范围内。如果土壤流失量得不到控制，土壤改良亦无法进行。对于耕作土壤，首先要进行农田基本建设。

（2）改土阶段　其目的是增加土壤有机质和养分含量，改良土壤性状，提高土壤肥力。改土措施主要是种植豆科绿肥或多施农家肥。当土壤过沙或过黏时，可采用沙黏互掺的办法。我国南方的酸性红黄壤地区的侵蚀土壤磷素很缺，种植绿肥作物改土时必须施用磷肥。

用化学改良剂改变土壤酸性或碱性的措施称为土壤化学改良。常用的化学改良剂有石灰、石膏、磷石膏、氯化钙、硫酸亚铁、腐殖酸钙等，视土壤的性质而用。如对碱化土壤需施用石膏、磷石膏等以钙离子交换出土壤胶体表面的钠离子，降低土壤的 pH 值。对酸性土壤，则需施用石灰性物质。化学改良必须结合水利、农业等措施，才能取得更好的效果。

采取相应的农业、水利、生物等措施，改善土壤性状，提高土壤肥力的过程称为土壤物理改良。具体措施有：适时耕作，增施有机肥，改良贫瘠土壤；客土、漫沙、漫淤等，改良过沙过黏土壤；平整土地；设立灌、排渠系，排水洗盐、种稻洗盐等，改良盐碱土；植树种草，营造防护林，设立沙障、固定流沙，改良风沙土等。

(三)整　地

整地指作物播种或移栽前一系列土地整理的总称。整地的主要作用有：为作物生长发育提供适宜的土壤表面和良好的耕层结构；掩埋前作残茬和表面的肥料，为作物播种提供良好的苗床；防除、抑制杂草和病虫害；熟化土壤和保蓄水分。

土壤耕作分为基本耕作和表土耕作。基本耕作深度是整个土壤耕层，能改变整个耕层的性质；表土耕作是在基本耕作的基础上，对土壤表面进行较浅作业的措施。

翻耕是采用有壁犁进行耕地，有翻土、松土和碎土作用，其翻土和碎土作用的不同由犁壁的曲面形状决定。耕翻的深度，畜力犁一般在15～18厘米，机耕在20～25厘米。翻耕能较彻底翻埋肥料、杂草、残茬、绿肥、牧草、病虫孢子等，为后茬作物创造清洁的地表；翻耕有利于熟化土壤，使有效养分增加。

旋耕的工具是旋耕机。它的主要部件是由旋转的滚筒和安装在滚筒上的犁刀，由滚筒的旋转带动犁刀切割土壤，同时有混土和碎土作用。旋耕地后土壤碎散，地面平整。水田适合采用旋耕机。

表土耕作是配合基本耕作进行的辅助性措施，目的在于对耕翻后的土体，在0～10厘米耕层范围内做进一步的整理，使其符合作物播种或移栽的要求。主要包括耙地、镇压、起垄、做畦等。

少耕、免耕的特点是不翻耕或减少翻耕，加之残茬物的覆盖，减少水蚀、风蚀和水分蒸发，保蓄土壤水分，增加土壤有机质。同时节省能耗，适时播种。少耕是指在一定的生产周期内合理减少耕作次数或间隔减少耕作面积。免耕是指作物播种前不耕作，直接在留茬地上播种，播种后不中耕，用化学除草剂代替机械除草。

二、播种和密度

(一)播　种

播种技术包括种子的选择、种子处理、播种方式、播种期的确定等。

1. 选用优良品种及种子　优良的种子应具备以下条件：生活力强、粒大饱满、整齐度高、纯度净度高、无病虫害。

2. 种子播种前处理

(1)清选　清选包括筛选、风选和液体比重选。

晒种可促使种子后熟，打破休眠，提高胚的生活力，增强种子的透性，提高发芽率和发芽势。同时，由于太阳光谱中的短波光和紫外线具有杀菌能力，故晒种也能起到一定杀菌作用。

(2)种子消毒　种子消毒的方法：①石灰水浸种，用1%的石灰水浸种1～3天，可有效地杀灭种子表面的病菌。浸种后必须用清水洗净种子。②不同作物、不同的病害选用不同药剂浸种。同时注意浸种时间和药剂浓度，以免产生药害。处理的种子要随即播种。③药剂拌种后，可杀灭种子内外和出苗初期的病菌及地下害虫。拌种用药剂较多。拌药后的种子可立即播种，也可贮藏一段时间后播种。

(3)种子包衣　种子包衣是国内外普遍采用的种子处理技术。它将杀虫剂、杀菌剂、植物生长调节剂、抗旱剂、微肥等加适当的助剂复配成种衣剂后，对种子进行包衣。

(4)浸种催芽　浸种催芽可为种子发芽提供适宜的水分条件，使种子的发芽整齐一致，提高出苗率。

3. 播种期　播种期的确定应根据气候条件、品种特性、种植制度、土壤湿度等综合考虑。

(1)气候条件　温度、日照、降水及灾害性天气出现的时段都是确定播种期的依据。适期播种的主要指标是土壤温度是否满足作物发芽出苗对热量的要求。如水稻以气温稳定通过12℃的日期为籼稻的适宜播期指标；玉米以10厘米地温稳定通过10℃～12℃为适宜播种期。

(2)品种特性　作物品种类型不同，生育特性不同，播种期应有差异。春性强的冬小麦、油菜品种要适当晚播，早播易引起早拔节、抽薹，冻害严重，产量低。反之，冬性强的品种要适当早播，利于发挥品种特性，提高产量。早稻感温性强，晚播生育期短，营养生长不足；中稻基本营养生长期较长，有一定的感光性，早播早熟，晚播晚熟，适期播种的范围较大；晚稻感光、感温性强，过早播种，并不早熟，而过迟播种不能安全齐穗，适宜播种期范围较小。

(3)种植制度　适宜播期要考虑当地的种植制度。对一年多熟的地区，收种时间紧，季节性强，播种过迟，不仅影响当季作物的产量，对下茬作物播种也不利。育苗移栽可提早播种，以充分利用当地的生长季节，但也要考虑到播期、苗龄、移栽期的合理衔接。间作种植的播期除要考虑上下茬作物接茬，还要考虑到共生期长短及前茬作物收获。

4. 播种深度　在选择播种深度时要考虑种子大小、出苗习性、土壤质地及土壤有效水含量。一般种子较大、子叶留土、土壤质地较轻、土壤含水量较低时，宜深播。反之，应浅播。在正常播种深度的范围内，应浅播。水稻一般进入泥土中即可；麦类、玉米等作物播种深度3～4厘米为宜。

5. 播种方法　撒播是把种子均匀地撒播在地面，然后覆土。条播是在田间按作物生长所需行距和播种深度开沟，将种子均匀播于沟内，然后覆土，称为条播。条播法依行距宽窄不同，可分为宽行条播、窄行条播、宽幅条播等。穴播是在行上每隔一定的距离开穴播种。适用于蚕豆、玉米等大粒种子及丘陵山区肥水条件较差的地区应用。

(二)密　度

在一定范围内,单位面积产量随着密度的增加而增加,超过一定范围,产量则随密度的增加而减少。在这一抛物线的顶部,产量高而变化较为平缓的区间内的密度就是合理密植的范围。

1. 合理密植的原则　合理密度要根据作物种类和品种类型、环境因素及生产条件、栽培技术水平等综合决定。

(1)作物种类　作物不同种植密度不同。植株高大、分枝性强的类型,种植密度要稀;反之,宜密。同一类型作物,早熟品种,生育期短,个体小,种植密度应大些;晚熟品种宜稀。株型不同,采用的密度也不同。株型紧凑的品种,密度宜密;株型松散的品种,密度宜稀。

(2)气候条件　作物生育期间,平均温度较高,雨水充沛,单株大,宜适当稀植。相反,温度低,雨水少,个体小,则宜适当密植。喜温短日照作物,如水稻、玉米等,随种植地区向南推移,生育期缩短,提早成熟,宜密;长日照作物,如麦类,随种植区域向南推移,生育期变长,个体潜力变大,密度宜稀。

(3)肥水条件及栽培水平　土壤肥力高、水肥条件好时,分枝型作物(如棉花、大豆等)密度宜稀,而对于非分枝型作物(如玉米、高粱等)密度宜适当增加;相反,地力和水肥条件较差则适当增加分枝型作物的密度,适当降低非分枝型作物的密度。春播生育期长,植株高大,密度宜稀;夏播生育期短,植株矮小,密度宜密。

2. 种植方式　等行距种植为行距相等,株距随密度而定。宽窄行种植即行距一宽一窄,株距根据密度而定。

三、合理施肥

(一)施肥的基本原则

施肥效果受多种因素的影响,合理施肥必须根据作物需肥特性、收获产品种类、土壤肥力、气候特点、肥料种类和特性确定施肥时间、数量、方法和各种肥料的配比，做到看天、看地、看苗，瞻前顾后，综合考虑。

1. 影响施肥的环境条件

(1)气候条件　温度升高能促进肥料的分解，提高作物根系对养分的吸收；温度太低时，养分吸收减少。光照强烈时作物对养分的吸收多，光照不足时作物对养分的吸收也随之减少。水分有利于肥料的溶解和移动，从而促进作物的吸收。但土壤水分过多，氧气供给不足，影响根系呼吸，养分容易淋失。干旱使作物根系发育差，生长缓慢。

(2)土壤条件　土壤pH值既影响土壤中养分的有效性，又会影响作物根系对养分的吸收。磷的有效性与土壤pH值有关，微量元素的有效性也受土壤pH值的影响。大多数作物适宜于中性或弱酸性土壤，过酸过碱的土壤都不适宜作物生长，肥料利用率低。沙土保肥性差，施肥应少量多次；黏土保肥性好，每次施肥量可适量增加，次数可相应减少。

2. 养分作用规律

(1)最少养分律　植物生长所需养分种类和数量有一定的比率，如果其中某种养分元素不足时，尽管其他养分元素充足，作物生长仍受此最少养分元素的限制，称为最少养分律。增加最少养分元素的供应量，作物生长即获显著改善。

(2)报酬递减率　在低产情况下，产量会随施肥量的增加而成比例增加，当施肥量超过一定量后，单位施肥量的报酬会逐步下降，这就是报酬递减。因此，施肥要有一个合适的量，超过限量，不但无益，甚至有害。

(3)养分互作　两种肥料同时施用对作物的效应要大于每种肥料单独施用时作物效应的总和，称为养分的协同作用；二者共同效应小于二者单施效应之和，称为养分的拮抗作用。施肥时应尽量避免肥料同时施用的负互作。

3. 作物的营养特性 不同作物或同一种作物的不同器官对营养元素的吸收具有选择性。禾谷类作物需要较多的氮、磷营养；糖料作物和薯类作物需要较多的磷、钾营养；豆科作物因与根瘤菌共生，能利用空气中的氮素，不需大量施用氮肥。

(二)肥料种类和施肥时期

1. 肥料种类 肥料的种类很多，按其来源可分为农家肥料和商品肥料；按其化学组成可分为有机肥料和无机肥料；按化学反应可分为酸性肥料、中性肥料和碱性肥料；按肥效快慢可分为速效性肥料和迟效性肥料；按肥效方式可分为直接肥料和间接肥料。在生产实践中，常把肥料分为有机肥料、化学肥料和微生物肥料三类。

(1)有机肥料 又称农家肥料，包括农家的各种废弃物、人畜粪尿、厩肥、堆肥、沤肥、饼肥、绿肥、青草、沟塘泥等。这类肥料的主要特点是：种类多、来源广、成本低，便于就地取材；所含养分全面，分解释放缓慢，肥效长而稳定；所含有机质和分解过程中形成的腐殖质可以改良土壤理化性状，提高土壤肥力；它在分解过程中还能生成二氧化碳，有利于光合作用。

(2)化学肥料 简称化肥，又称无机肥料或矿物质肥料。根据肥料中所含的主要成分可分为氮肥、磷肥、钾肥、石灰(含氧化钙)与石膏(含硫酸钙)、微量元素肥料和复合肥料等。肥料种类不同，性质和作用各异。共同的特点是易溶于水，肥分高，肥效快，能为作物直接吸收利用。

(3)微生物肥料 又称菌肥，是用有益微生物制成的各种菌剂，施入土壤后，可扩大和加强作物根际有益微生物的活动，提高土壤中营养元素的含量及其有效性。常用的有根瘤菌、固氮菌、抗生菌、磷细菌和钾细菌等。微生物肥料是一种生物肥料，活性大小受环境条件的影响很大，肥效往往不太稳定和明显。

2. 施肥时期 肥料总量确定以后，就可按作物各生育时期的需肥特性和肥料特性进行分期配比施肥。

(1)**基肥**　也称底肥,指播种前或移栽前施用的肥料。通常在耕翻前或耙地前施入土壤,可调节作物整个生长发育过程的养分供应。一般施用肥效持久、迟效性的有机肥料,施用量较大,一般占总施肥量的一半以上。

(2)**种肥**　种肥是在播种或移栽时局部施用的肥料,可为幼苗生长创造良好的营养条件。施用的肥料应是幼苗能快速吸收利用的,用量不宜过多,且须防止肥料对种子或幼苗可能产生的腐蚀、灼伤和毒害作用。

追肥是在作物生育期间施用的肥料。作物在主要的生长发育时期,需要追加肥料,及时满足作物对营养的需要和补充基肥的不足。宜作追肥的肥料有硫酸铵、尿素、腐熟的有机肥、草木灰等速效肥料。根据作物营养需要和基肥状况可进行分次追肥。

(三)施肥方法

1. 全层施肥　将肥料均匀撒施于土壤表层,通过翻耕混入土壤全层。全层施肥一般结合播种前整地进行。基肥的施用常用此法。

2. 表层施肥　播种或移植前,或在作物生长期间,将肥料均匀撒于土壤表层,通过灌溉水或中耕培土,将肥料带入根层。

3. 集中施肥　把肥料集中施在作物根系附近或种子附近的施肥方法。集中施肥可提高作物根际范围内营养成分的浓度,创造一个较好的营养环境。施肥方式包括沟施、条施、穴施等。

4. 根外追肥　又称叶面追肥,将速效化肥或一些微量元素肥料按一定浓度溶于水中,通过机械喷洒于叶面,养分经叶面吸收进入作物体内。这种方法用肥少,效果好,能及时满足作物对养分的要求,还可避免某些肥料(如磷肥和微量元素肥)被土壤固定。

(四)作物营养关键期

1. 作物营养的临界期　作物在生长发育的某一时期,对养分的要求虽然在绝对数量上并不一定多,但要求很迫切。如果这时缺乏某种养分，就会明显抑制作物的生长发育，产量受到严重影响。此时造成的损失，即使以后补施该种养分也很难弥补。这个时期称为作物营养临界期。

2. 作物营养最大效率期 在作物生长发育过程中的某一时期，作物对养分的要求，不论是在绝对数量上，还是吸收速率上都是最高的。此时使用肥料所起的作用最大，增产效率也最为显著。这个时期就是作物营养最大效率期。这一时期常出现在作物生长的旺盛时期。

四、灌溉与排水

(一)灌溉制度

作物的灌溉制度是为了保证作物适时播种、移栽和正常生长发育，实现高产和节约用水而制定的适时、适量的灌水方案。其内容包括作物的灌水次数、灌水时间、灌水定额和灌溉定额。

(二)灌溉技术

根据灌溉水向田间输送与湿润土壤的方式不同，一般把灌水方法分为四大类。

1. 地面灌溉 是使灌溉水通过田间渠沟或管道输入田间。水在田面流动或蓄存过程中，借重力作用和毛管作用下渗湿润土壤的灌水方法。这种灌溉方法所需设备少，投资省，技术简单，是我国目前应用最广泛、最主要的一种传统灌溉方法。

2. 喷灌 是利用专门的设备将灌溉水加压，并通过管道系统输送压力水至喷洒装置喷射到空中分散形成细小的水滴降落田间的一种灌溉方法。喷灌可根据作物的需要及时适量地灌水，具有省水、省工、节省沟渠占地、不破坏土壤结构、可调节田间小气候、对地形和土壤适应性强等优点，并能冲掉作物茎叶上的尘土，有利于植株的光合作用。但喷灌需要消耗能源、投资费用高，受风的影响大，水分蒸发损失大，土壤底层湿润不足。

3. 微灌　是通过一套专门设备，将灌溉水加低压或利用地形落差自压，并通过管道系统输水至末级管道上的特殊灌水器，使水或溶有化肥的水溶液以较小的流量均匀、适时、适量地湿润作物根系附近土壤表面的灌溉方法。

微灌将灌溉水的深层渗漏和地表蒸发减少到最低限度，省水、省工、省地，可水肥同步施用，适应性强。微灌的缺点是投资较大，灌水器孔径小容易被水中杂质堵塞，只湿润部分土壤，不利于根系深扎。

4. 地下灌溉　又称渗灌，是利用地下管道将灌溉水输入田间，借助于毛管作用湿润土壤的灌水方法。

主要优点是灌溉后不破坏地中土体结构，不产生土壤表面板结，减少地表蒸发，节地、节能。主要缺点是表土湿润差，不利于作物种子发芽和出苗，投资高，管理困难，易产生深层渗漏。

(三)排水技术

1. 排水的作用　农田排水的任务是排除农田中多余的水分，防止作物涝害和渍害。

2. 排水方法

(1)明沟排水　明沟排水就是建立一套完整的地面排水系统，把地上、地下和土壤中多余的水排除，控制适宜的地下水位和土壤水分。

(2)暗管排水　暗管排水是通过埋设地下暗管系统，排除土壤多余水分。

(3)竖井排水　竖井排水是在较大的范围内形成地下水位降落漏斗，从而起到降低地下水位的作用。

五、其他生产技术

(一)地膜覆盖栽培技术

地膜覆盖栽培是利用聚乙烯塑料薄膜在作物播种前或播种后

覆盖在农田上，配合其他栽培措施，以改善农田生态环境，促进作物生长发育，提高产量和品质的一种保护性栽培技术。

1. 地膜覆盖的效应与作用 地膜覆盖能提高地温，抑制土壤水分蒸发，可防止雨水对土壤的直接冲刷，有利于土壤有机质矿化，加速有机质分解，从而提高了土壤有效养分的供应水平。地膜覆盖可大幅度提高单产，增加收入；有利于扩大作物的适种区和提高复种指数；地膜覆盖有利于增强抗灾能力；可节约灌溉用水；有利于提高作物产品品质。

2. 地膜覆盖栽培基本技术

(1)地膜的选择 当前生产上使用的地膜主要是聚乙烯地膜，其产品和功能多种多样。普通透明地膜是应用最广泛、使用量最大的地膜种类，约占地膜用量的90％。有色地膜主要有黑色、绿色、蓝色、银灰色、银色反光地膜等。功能性地膜主要有除草地膜。

(2)整地做厢 整地质量是地膜覆盖栽培的基础。整地时要彻底清除田间根茬、秸秆及各种杂物，施足有机肥后耕翻碎土，使土壤疏松肥沃，土面平整。

地膜覆盖一般要求做厢。厢的高度为10～20厘米。厢的宽度，根据作物和薄膜宽度而定。一般70厘米宽的地膜覆盖宽度为30～35厘米，90～100厘米宽的地膜覆盖宽度为55～65厘米。

(3)施足基肥 地膜覆盖地温高，土壤微生物活动旺盛，有机质分解快，作物生长前期耗肥多，为防止中后期脱肥早衰，在整地过程中应充分施入迟效性有机肥，基肥施入量要高于一般露地田30％～50％。

(4)播种与覆膜 根据播种和覆膜工序的先后，有先播种后覆膜和先覆膜后打孔播种两种方式。

先播种后覆膜的优点是：能够保持播种时期的土壤水分，利于出苗，播种时省工，利于用条播机播种。缺点是放苗较费工，放苗不及时容易烧苗。

先覆膜后打孔播种的优点是:不需要破膜引苗出土,不易高温烧苗。缺点是人工打孔播种比较费工,如覆土不均或遇雨板结易造成缺苗。

(5)**田间管理**　覆膜后为防地膜被风吹破,可在畦上每隔2～3米压一小土堆,并经常检查,发现破损及时封堵。当幼苗出土时,要及时打孔放苗,防止高温伤苗。用刀片或竹片在地膜上划十字形口或长条形口,引苗出膜。地膜覆盖栽培的灌水要较常规栽培减少,一般前期要适当控水防徒长,中后期适当增加灌水,结合追施速效性化肥,防早衰。地膜覆盖栽培时,病虫危害有加重趋性,应及时有效地防治。聚乙烯地膜在土壤中不溶解,土壤中残留的地膜碎片,对土壤翻耕、平整的质量和后茬作物的根系生长及养分吸收都会产生不良影响,容易造成土壤污染。所以,作物收获后必须清除地膜碎片。

(二)化学调控技术

作物化学调控技术是指运用植物生长调节剂促进或控制作物生化代谢、生理功能和生育过程的技术,目的是使作物朝着人们预期的方向和程度发生变化,从而提高作物生产力和改善农产品品质。

1. 植物生长调节剂的种类和作用　植物内源激素是指植物体内合成的、在低浓度下能对植物生长发育产生显著调节作用的生理活性物质。主要包括生长素、赤霉素、细胞分裂素、脱落酸、乙烯五大类。

植物生长调节剂泛指那些从外部施加给植物、在低浓度下引起生长发育发生变化的人工合成或人工提取的化合物。这些物质施加给作物后主要是通过影响和改变作物内源激素系统从而起到调节作物生育的作用。

植物生长调节剂主要种类:

(1)**植物激素类似物**　指人工合成或提取的植物激素类物质,

它们具有与植物激素类似的效应。生长素类的重要作用是促进细胞增大伸长，促进植物的生长。农业上主要应用合成生长素类物质如吲哚化合物、萘化合物和苯酚化合物。

(2)植物生长延缓剂　植物生长延缓剂系指那些抑制植物亚顶端区域的细胞分裂和伸长的化合物，主要生理作用是抑制植物体内赤霉素的生物合成，延缓植物的伸长生长。因此可用赤霉素消除生长延缓剂所产生的作用。常用的有矮壮素、多效唑、比久(B9)、缩节胺等。

(3)植物生长抑制剂　这类生长调节剂也具有抑制植物生长，抑制顶端优势，增加侧枝和分蘖的功效。但与生长延缓剂不同的是，生长抑制剂主要作用于顶端分生组织区，且其作用不能被赤霉素所消除。它包括青鲜素、三碘苯甲酸和整形素等。

2. 作物化学调控技术的应用　作物化学调控技术是以应用植物生长调节剂为手段，通过改变植物内源激素系统影响植物生长发育的技术。它与一般作物调控技术相比，主要优势在于它直接调控作物本身，从作物内部影响作物，使作物生长发育能得到定向控制。

六、收获、粗加工和贮藏

(一)收获时期

适期收获是保证作物高产、优质的重要环节。收获过早，种子或产品器官未达到生理成熟或工艺成熟。收获过晚，易造成落粒、发芽霉变，并影响后季作物的适时播种。

作物的收获期，因作物种类、品种特性、成熟度和天气状况等而定。当作物达到适合收获期时，在外观上，如色泽、形状等方面会表现出一定的特征，因此，可根据作物的表面特征判断收获适期。

1. 种子和果实类　这类作物的收获适期一般在生理成熟期，

如禾谷类、豆角、花生、油菜、棉花等作物。禾谷类作物穗子各部位种子成熟期基本一致，可在蜡熟末期和完熟初期收获。油菜以全田 80％植株黄熟、角果呈黄绿色、植株上部尚有部分角果呈绿色时收获，可达到“八成熟，十成收”的目的。棉花因结铃部位不同，成熟差异大，以棉铃不断开裂不断采收为宜。豆类以茎秆变黄，植株中部叶片脱落，荚变黄褐色，种子干硬呈固有颜色时为收获适期。

2. 块根、块茎类 这类作物的收获物为营养器官，无明显的成熟期，地上茎叶也无明显成熟标志，一般以地上部茎叶停止生长，逐渐变黄，块根、块茎基本停止膨大，淀粉或糖分含量最高，产量最高时为收获适期。甘薯的收获期要根据耕作制度和气候条件，收获期安排在后茬作物适期播种之前，气温降至 15℃时即可开始收获，至 12℃时收获结束。过早收获降低产量；过迟收获，会因淀粉转化而降低块根出粉率和出干率，甚至遭受冷害，降低耐贮性。马铃薯在高温时收获，芽眼易老化，晚疫病易蔓延；低于临界温度收获也会降低品质和贮藏性。

3. 茎叶类 甘蔗、烟草、青饲料等作物，收获产品均为营养器官，其收获适期是工艺成熟期。甘蔗应在叶色变黄、下位叶脱落，上部有少许绿叶，节间肥大，茎中蔗糖含量较高、还原糖含量最低、蔗汁最纯、品质最佳时为收获适期。烟草叶片由下向上成熟，当叶片由深绿色变为黄绿色，叶面绒毛脱落，茎叶角度加大，背面呈黄白色，主脉乳白、发亮变脆即达工艺成熟期，可依次采收。青饲料作物如三叶草、苜蓿、紫云英等作物，最适收获期在初花至盛花期。

（二）收获方法

1. 刈割法 禾谷类、豆类、牧草类作物适用此法收获。国内大部分地区仍以人工用镰刀刈割。

2. 采摘法 棉花等作物收获用此法。棉花植株不同部位棉铃吐絮期不一，分期分批采摘。

3. 掘取法 甘薯、马铃薯等作物，先将地上部分用镰刀割去，然后挖掘或翻出块根或块茎。

(三)收获物的粗加工

作物产品收获后至贮藏或出售前，进行脱粒、干燥、去除夹杂物、精选及其他处理称为粗加工。粗加工可使产品耐贮藏，增进品质，提高产品价格，缩小容积而减少运销成本。

1. 脱粒 简易脱粒法，如禾谷类及豆类、油菜等多用木棒等敲打使之脱粒；机械脱粒法，使用动力或脚踏式滚动脱粒机脱粒。玉米脱粒，必须待玉米穗干燥至种子水分含量达18%～20%时才可进行。

2. 干燥 其目的是除去收获物内的水分，防止因水分含量过高而发芽、发霉、发热，造成损失。干燥的方法有自然干燥法和机械干燥法。

自然干燥法是利用太阳干燥或自然通风干燥。依收获物的摆放方式分为平干法、立干法和架干法。自然干燥成本低，但受天气条件的限制，且易把灰尘和杂质混入收获物中。机械干燥法是利用鼓风和加温设备进行干燥处理。此法降水快，工作效率高，不受自然条件限制。但须有配套机械，操作技术要求严格。

3. 去杂 通常用风扬，利用自然风或风扇除去茎叶碎片、泥沙、杂草种子、害虫等夹杂物。进一步的清选可采用风筛清选机，通过气流作用和分层筛选，获得不同等级的种子。

4. 分级、包装 按照农产品分级包装标准做好“五分”工作，才能保证优质优价，既提高棉花的经济效益，又符合纺织工业的需要。

(四)贮 藏

1. 谷类作物的贮藏 谷物的水分含量与能否长久贮存关系密切。一般粮食作物如水稻、玉米、小麦等的安全贮藏含水量必须在13%以下。温度和湿度对贮藏有重要影响。低湿、低温有利于贮藏。谷物入仓前要对仓库进行清洁消毒，贮存期间随时注意温度和水分的变化，严格将谷物含水量控制在13%以下；注意适度通风和防治仓库害虫和霉菌。另外，还要消灭鼠害。

2. 薯类作物贮藏　薯块体大皮薄水分多，容易损伤、感染病菌，进而造成贮藏期大量腐烂，故薯类的安全贮藏尤为重要。

甘薯贮藏期适宜温度为10℃～14℃，空气相对湿度保持在80%～90%最为适宜。马铃薯种薯适宜温度应控制在1℃～5℃，最高不超过7℃，食用薯应保持在10℃以上，空气相对湿度85%～95%。入窖薯块要精选，凡是带病、破伤的薯块均不能入窖。在贮藏初、中、后期，要采取不同的管理措施。入窖初期管理以通风、散热、散湿为主，当窖温降至15℃以下，再行封窖；中期在入冬以后，气温下降，管理以保温防寒为主，要严密封闭窖门；后期开春以后气温回升，寒暖多变，管理以通风换气为主，稳定窖温，使窖温保持在10℃～13℃。

3. 其他作物的贮藏　种用花生一般以荚果贮藏，食用或工业用花生一般以种仁（花生米）贮藏。含水量控制在9%～10%，温度不超过25℃。油菜种子含水量一般应控制在9%～10%，贮藏期间按季节控制种温，夏季不超过28℃～30℃，春秋季不超过13℃～15℃，冬季不超过5℃～8℃。大豆种子安全贮藏含水量控制在12%以下，入库3～4周左右，应及时倒仓过风散湿，以防发热霉变。

第二章　粮食作物科学种植

粮食作物包括禾谷类作物、豆类作物和薯芋类作物，其产品为籽粒、块根和块茎。禾谷类作物，如小麦、水稻、玉米、高粱、谷子及其他许多作物是人类营养中蛋白质和淀粉的主要来源，此外还含有一定量的脂肪、纤维素、糖、矿物质等。

第一节　玉米科学种植技术

玉米起源于美洲。植株高大，茎强壮，挺直。玉米是世界上分布最广泛的粮食作物之一，种植面积仅次于小麦和水稻。种植范围从北纬 58°(加拿大和俄罗斯)至南纬 40°(南美洲)。世界上整年每个月都有玉米成熟。玉米是美国最重要的粮食作物，产量约占世界产量的一半，其中约 2/5 供外销。我国年产玉米占世界第二位，其次是巴西、墨西哥和阿根廷。

除食用外，玉米也是工业酒精和烧酒的主要原料。植株的其他部分用途也相当广泛：玉米秆用于造纸和制墙板；包皮可作填充材料和草艺编织；玉米穗轴可作燃料，也用来制工业溶剂，茎叶可用作牲畜饲料。我国目前用于工业原料和食品工业的玉米占玉米总产量的 5%左右，年消耗玉米 250 万吨左右。近 10 年来，我国玉米消费趋势是用于生产配合饲料的数量猛增，由玉米出口国变为进口国。因此，搞好玉米的种植对于我国农业发展具有非凡的意义。

一、玉米的形态及分布

玉米的根为须根系，除胚根外，还从茎节上长出节根：从地下茎节长出的称为地下节根，一般4～7层；从地上茎节长出的节根又称支持根、气生根，一般2～3层。株高1～4.5米，秆呈圆筒形。全株一般有15～22片叶，叶身宽而长，叶缘常呈波浪形。花为单性，雌雄同株。雄花生于植株的顶端，为圆锥花序；雌花生于植株中部的叶腋内，为肉穗花序。雄穗开花一般比雌花吐丝早3～5天。

在我国玉米的播种面积很大，分布很广。目前，主要种植区域分为五个特色生态部分：北方春播玉米区、黄淮海夏播玉米区、西南山地玉米区、南方丘陵玉米区和西北灌溉玉米区。

二、玉米的主要类型

（一）按籽粒形态分类

玉米籽粒根据其形态、胚乳的结构以及颖壳的有无可分为以下9种类型：硬粒型、马齿型、半马齿型、粉质型、甜质型、甜粉型、蜡质型、爆裂型和有稃型。

（二）按品质分类

常规玉米、特用玉米、甜玉米、糯玉米、高油玉米、优质蛋白玉米（高赖氨酸玉米）、紫玉米和其他特用玉米和品种改良玉米。特用玉米包括高淀粉专用玉米、青贮玉米和食用玉米杂交品种等。

三、玉米科学栽培技术

（一）选地整地

玉米根系发达，适应性强，对土壤种类的要求不严格，肥地、瘦地均可种植。但玉米植株高大、根系多、分枝多，要从土壤中吸取大量的水分和养分，故要选择地势较平坦，土层深厚、质地较疏松，通透性好，肥力中等以上，保水、保肥力较好的旱地（田）或缓坡地，才能获得较高的产量。播种前要精细耕地，使土质松软，细碎平整后再开沟起畦播种。

(二)因地制宜选用良种

任何良种都对温、光、水、热、日照长短等自然资源及土肥等环境条件存在一定的要求,因此应根据当地的实际情况,因地制宜选用良种,并做到良种良法配套,才能发挥良种的增产潜力。

在品种选择上,要针对各地不同类型的气候特点,土壤情况,栽培管理水平,种植习惯,茬口安排,群众的食味,消费习惯等实际情况,因地制宜,选择适合当地推广的杂交玉米新品种。

(三)施足基肥,配方施肥

基肥的作用是培肥地力,改善土壤物理性状,疏松土壤,有利于微生物的活动,及时供应苗期的养分,促进根系发育,为培育壮苗创造良好的环境条件。基肥应以迟效肥料与速效肥料配合,氮肥与磷、钾肥配合,肥效时间长,为丰产夯实基础。玉米施用基肥的方法有条施、撒施和穴施三种。一般以条施效果较好,能使肥料靠近根系而易于吸收利用。一般亩施农家肥 1 000～1 500 千克,氮肥(尿素)15～20 千克,磷肥 25～30 千克,钾肥 15～20 千克,锌肥 1 千克。

配方施肥,是根据不同土壤条件、不同品种、不同肥料类型、不同植物生长时期,采用不同的施肥量和不同的配比量,在施足基肥的基础上,适时追肥。攻苗肥,亩施尿素 20 千克,钾肥 5 千克;重施攻穗肥亩施尿素 30 千克;巧施粒肥,亩施尿素 5 千克。

(四)适时播种、合理密植、提高种植质量

1. 适时播种　根据各地最佳节令调节播种期。最早播种期以地温稳定在 10℃～12℃时即可播种,最迟播期要保证采收期气温在 18℃以上。采用地膜覆盖栽培的地区,可比常年露地正常播期提前 7～10 天播种。

2. 合理密植　根据生产条件、气候条件、土壤肥力、品种特性、管理水平、种植方式、产量水平等实际情况,做到合理密植,使构成玉米产量的三要素(有效穗数、穗粒数、粒重),相互协调,发挥群体优势。一般每亩紧凑型玉米种植 4 800～5 500 株，半紧凑型种植 4 200～5 000 株，披散型种植 3 500～4 000 株；早熟玉米种植 5 000～5 500 株，晚熟玉米种植 3 500～4 000 株。

3. 提高种植质量 提高播种质量是保证苗全、苗齐、苗壮的主要措施。播种时应做到四个一致，即同一块田所用的种子大小基本一致；划线播种，株行距一致；开沟深浅和盖土厚度一致；播种时全田土壤墒情一致。播种深度依土壤质地和墒情而定，一般4～5 厘米，若土壤黏重或土壤含水量高，应浅播，盖土厚度 2～3 厘米，若土壤墒情不足，应深播 8～10 厘米，盖土厚度 6～8 厘米，播后踏实盖土，减少土壤水分蒸发。种植方式宜采用宽窄行（双行单株）种植，即宽行 90～100 厘米，窄行 40 厘米，株距视密度而言，一般 20～30 厘米。使用药肥包衣种子。全田使用除草剂。

（五）加强田间管理，确保增产增收

1. 苗期管理 苗期管理的主攻目标是苗全、苗齐、苗壮，假茎扁平，植株矮状，叶色浓绿，根系发育良好。应做好以下管理工作：

（1）查苗补苗 玉米出苗后必须及时查苗补苗。补苗方法：一是补播种（浸种催芽后播种）；二是移苗补栽（移栽后浇足定根水）。无论是补播种或移苗都必须在 3 叶前完成。补苗后施水肥 1～2 次。

（2）间苗定苗 为防止幼苗相互拥挤，争光争肥，浪费养分和水分，玉米长到 3～4 叶必须及时分次间苗。间苗应间密留稀，间小留大，间弱留强，间病留健，一般 4～5 叶定苗。

（3）追肥中耕 定苗后根据幼苗的长势情况决定是否蹲苗。蹲苗应遵循“蹲晚不蹲早，蹲黑不蹲黄、蹲肥不蹲瘦、蹲湿不蹲干”的原则，然后进行追肥中耕（地膜玉米除外）亩施尿素 20 千克，钾肥 5 千克，作攻苗肥，并结合中耕松土、除草。

（4）防治虫害 苗期的主要害虫有地老虎、黏虫等。防治地老虎可用 50％杀螟丹可湿性粉剂拌炒香的米糠或麦麸（1∶50）撒于玉米地中诱杀幼虫。黏虫可用甲敌粉 2.5 千克加细土 15 千克制成毒土,撒施玉米心叶内。

2. 穗期管理 玉米穗期管理的主攻目标是壮秆、大穗、粒多,相应的措施如下:

(1)重施攻穗肥 大喇叭口期,结合中耕培土,亩施尿素 30 千克,施肥的方法是在两植株之间打深穴(深 6～10 厘米,直径 3～4 厘米),将肥料施入穴内然后大培土。

(2)科学排灌 玉米穗期需水量大,对水分极为敏感。这一时期若干旱应及时灌水,使土壤持水量保持在 70%～80%,若降雨过多,土壤水分过量,应及时排水防涝。

(3)防治病虫害 穗期主要虫害是玉米螟,危害叶片、茎秆及雄穗,在玉米大喇叭口期(抽雄前),用毒土或颗粒剂撒入心叶内。毒土可用 50%可溶性杀螟丹 500 克,加细土或煤渣粉 30～40 千克拌匀即可。大、小斑病的防治可用多菌灵可湿性粉剂 500 倍液,或用 50%退菌特可湿性粉剂 800 倍液,或用 75%百菌清可湿性粉剂 500～800 倍液。每隔 7 天喷施 1 次,连续 2～3 次。

3. 花粒期管理 此期主攻目标是养根保叶,防止早衰和贪青,延长绿叶的功能期,防止籽粒败育,提高结实率和粒重。

(1)巧施粒肥 所谓巧施应看大田植株长相而定,在穗肥充足,植株长相好,叶色浓绿,无早衰褪淡现象的田块,则可不施,以免延长生育期。若穗肥不足,植株发生脱肥现象,则应补施粒肥。粒肥施用的原则是“宜早勿迟”。一般亩施尿素 5 千克或碳酸氢铵 10～15 千克,打穴深施。也可用 1%～2%尿素与 0.4%～0.5%磷酸二氢钾混合液进行叶面喷施,亩用溶液 70～100 千克。

(2)灌水与排涝 土壤水分应保持田间最大持水量的 70%～80%,才有利于开花受精,若天旱及时灌水,若田间持水量超过 80%,注意排水。

(3)隔行去雄 在玉米刚刚抽雄时,隔一行去一行或隔一株去一株雄穗，全田去雄1/2，有利于田间通风透光，节省养分，减少虫害，可增产5%～8%。去雄的方法是：当雄穗从顶叶抽出1/3或1/2。在散粉前，隔行或隔株及时将雄穗拔除。最好将先抽雄的植株或弱株，虫株的雄花去掉，但地边几行不要去雄，以免影响授粉。去雄时切忌损伤顶端叶片，更不能砍掉果穗以上的茎叶，否则会造成减产。

(4)人工辅助授粉　在玉米盛花期如遇大风，连续2天以上阴天，雨水多及高温情况下，可进行人工辅助授粉。授粉宜在晴天上午露水干后(9～11时)进行，要边采粉边授粉。把采集到的新鲜花粉，除去颖壳后，用毛笔蘸取少许授到雌穗的花丝上，也可把花粉装在小竹筒里，用2～3层纱布或丝袜封住竹筒口，把花粉筒对准花丝轻轻拍打。使花粉均匀地落在花丝上。

(5)防虫防鼠　玉米后期主要是蚜虫危害，应及时用40%乐果1 000倍液喷雾防治；防鼠可用磷化锌，敌鼠钠盐等，使用方法是：磷化锌毒饵，每40克磷化锌拌饵料(玉米等)1千克加少量香油，混合均匀撒在老鼠经常活动的地方。敌鼠钠盐毒饵，采用1%敌鼠钠盐1份拌20～30份饵料并加少量动、植物油，连续投放2～3天。

4. 适时收获　在全田90%以上的植株茎叶变黄，果穗苞叶枯白，籽粒变硬(指甲不能掐入)，显出该品种籽粒色泽时，玉米即成熟可收获。

(六)病害防治

1. 播种期　以防治地下害虫及种子传播的病害为主。一是实行轮作倒茬，避免连作。清洁田园，减少初侵染源。选用抗逆性强的品种。二是采用种子包衣或每亩用50%辛硫磷乳油200～250克加细土25～30千克拌匀后顺垄条施，或用3%辛硫磷颗粒剂4千克拌细沙混合后条施防治地下害虫。三是用50%三唑酮粉剂1千克加水5升拌种60千克，或用25%三唑酮按0.3%剂量拌种,防治黑穗病和全蚀病。

2. 苗期 以防治玉米蚜、蛀茎夜蛾、旋心虫、缺锌症为主。一是结合间定苗拔除田间杂草,及时将杂草、病株集中烧毁,减少虫源。加强水肥管理,促进幼苗早发。二是用40%氧化乐果乳油2 000～3 000倍液喷雾,防治玉米蚜兼治灰飞虱。三是局部发生蛀茎夜蛾、旋心虫的地块,用40%乐果乳油500倍液或90%敌百虫300倍液或50%敌敌畏400倍液灌根。四是每亩用0.2%～0.3%硫酸锌溶液25～30千克在5叶期叶面喷雾防治缺锌症,增强植株抗病能力。

3. 心叶期和穗期 以防治玉米螟、黏虫、纹枯病、叶斑病为主,兼治条螟、玉米蚜、蓟马。一是加强田间管理,及时中耕除草,合理施肥,增施磷、钾肥,以提高植株的抗逆性。二是大喇叭口期用杀螟灵1号颗粒剂或0.3%辛硫磷颗粒剂防治玉米螟。三是用90%敌百虫1 000倍液或50%敌敌畏2 000倍液、50%辛硫磷乳油1 000～2 000倍液、40%乐果乳油1 500倍液喷雾防治黏虫。四是用70%甲基硫菌灵或50%多菌灵可湿性粉剂500～800倍液喷雾防治纹枯病和叶斑病,也可用70%代森锰锌可湿性粉剂400～500倍液对病部喷雾或涂茎防治纹枯病。

4. 灌浆成熟期 以防止发生青枯病、全蚀病和早衰为主。主要通过选用抗逆性强的品种,保证单株营养面积,加强田间管理,改善玉米群体的通风透光条件等农业栽培措施来防止。

第二节 小麦科学种植技术

小麦是世界上种植面积最大、总产量最高的粮食作物,全球约有35%的人口以小麦为主食。小麦是我国的第三大粮食作物,栽培面积仅次于水稻和玉米。常年种植面积在2 666.67万公顷以上,约占粮食作物种植面积的27%;总产量在1亿吨以上,约占粮食作物产量的22%。

小麦是世界性的主食，营养价值高。小麦粉富含面筋质，可以制作松软多孔、易于消化的馒头、面包、饼干和多种糕点，是食品工业的主要原料。小麦的副产品麦麸是优良的精饲料，还可以充当培养植物菌种的辅料。小麦总消费量占全球谷物消费量的1/3。发展中国家小麦消费量占一半以上。全球用作食物的小麦约占总消费量的70%，而在发展中国家占总消费量的80%左右。作为人口大国，小麦在我国主要作为加工面粉的原料，用作食物消费。小麦也是酿酒、饲料、医药、调味品等工业的主要原料。

一、我国小麦种植区划

依据我国各地不同的自然条件和小麦栽培特点，把全国划分为不同类型的小麦种植区，便于因地制宜、合理安排小麦生产。

我国小麦分布广，全国各地都有种植。由于各地自然条件不同，形成明显的不同种植区。①东北春麦区；②北部春麦区；③西北春麦区；④新疆冬春麦区；⑤青藏春冬麦区；⑥北部冬麦区；⑦黄淮冬麦区；⑧长江中下游冬麦区；⑨西南冬麦区；⑩华南冬麦区。

二、小麦的一生

小麦从种子萌发、出苗、生根、长叶、拔节、孕穗、抽穗、开花、结实，经过一系列生长发育过程，到产生新的种子，叫小麦的一生。生产上，通常把从播种至成熟的这段时期称为小麦的生育期。在整个生育周期中，小麦以一定顺序形成各种器官，使植株形态特征发生明显的变化。根据小麦生长发育特点和株体内外形态特征，常将冬小麦的一生划分为12个生育时期：播种期、出苗期、分蘖期、越冬期、返青期、起身期、拔节期、挑旗期、抽穗期、开花期、灌浆期和成熟期；同时，在小麦种子萌动以后，必须经过两个以上的质变阶段，才能抽穗开花、结实。根据其生长发育进程可划分为两个发育阶段：春化阶段和光照阶段。生产上，人们为了栽培管理上的方便，根据小麦生长发育中心的变化，将其一生划分为三个生长阶段：营养生长阶段、营养生长和生殖生长并进阶段、生殖生长阶段。

小麦通过以上生长发育过程，逐渐形成根、茎、叶、穗和籽粒等器官，构成自身完善躯体，从而完成其生活周期。小麦的一生生长阶段的关系可表示如下：营养生长（萌发、出苗、三叶、分蘖），主要决定穗数（争穗期）→并进生长（穗的分化形成和根茎叶的生长），主要决定穗粒数（壮秆大穗期）→生殖生长（抽穗、开花、受精、籽粒形成、灌浆、成熟），主要决定粒重为主（增粒重期）。

三、小麦科学栽培技术

（一）精细整地

前茬作物收获后要及时整地和保墒，一般机耕深度 25 厘米左右，机耕结合机耙，除净根茬，粉碎坷垃，达到上虚下实，地表平整。根据播种机播幅宽度，做畦待播；在干旱的情况下，采取浇生茬水、踏墒水等措施，造足底墒。

（二）增加肥料投入，配方施用化肥

肥料是小麦增产的物质基础。近几年，受粮价偏低影响，农民对麦田投入减少，特别是有机肥用量严重不足，重氮肥轻磷肥忽视钾肥的现象比较普遍。播种时要增加肥料投入，特别要增施有机肥。一般要求高产田亩施有机肥 3 000～4 000 千克，中低产田 2 500～3 000 千克。高产田要控氮、稳磷、增钾、补微肥，氮磷钾配比为 1∶0.6∶0.5～0.7，并根据土壤养分状况，补充硫、硅、钙、锌、硼、锰等微量元素。一般亩施碳酸氢铵 80～90 千克、过磷配钙 50 千克、氯化钾 17～20 千克、微肥 0.5～1.5 千克。有机肥、磷、钾肥和微肥全部底施，氮肥 40％作基肥，60％作追肥。中产田要稳氮、增磷，适当施钾，氮磷配比为 1∶0.75。一般亩施碳酸氢铵 60～80 千克、过磷酸钙 40～50 千克、氯化钾 10～15 千克、微肥

0.5～1千克。氮肥60%～70%作基肥,其余追施。低产田要增氮增磷,氮磷比例为1∶1。亩施碳酸氢铵50～60千克、过磷酸钙40～50千克,可采用“一炮轰”施肥法。

(三)选用早熟、耐旱、容穗量大的品种

小麦品种的选择应遵循三条原则。一是成熟期早,抗旱、耐旱性强;二是容穗量大;三是籽粒发育快,灌浆强度大、灌浆期较短。

(四)提高播种质量,确保一播全苗

1. 把好播种质量关,确保一播全苗 墒情、播期、播量是影响小麦播种质量的三个关键因素,把好播种质量关的关键:一要足墒播种。小麦出苗的适宜土壤相对湿度为70%～80%。二要适期播种。温度是决定小麦播种的主要因素。播种适期在日平均气温稳定在15℃～18℃,冬前壮苗积温要求500℃～600℃。近几年,随着气候条件的变化和小麦主栽品种的改变,小麦适宜播种期应较以前推迟5～7天。三要适量播种。小麦的适宜播种量因品种、播期、地力水平等条件而定。四要精细播种。无机播条件采用耧播或开沟播种的都要尽量浅播,均匀下种。

2. 搞好播前种子处理 播前进行种子包衣或药剂拌种,是防治小麦苗期病虫为害,确保苗全、齐、匀、壮的有效措施。播种前可用20%三唑酮乳油50毫升,对水2～3升拌麦种50千克,这样可以有效防治纹枯病、全蚀病和根腐病的发生。防治地下害虫可用40%甲基异柳磷乳油或35%甲基硫环磷乳油,按种子量0.2%拌种或用50%辛硫磷100毫升对水2～3升,拌麦种50千克,堆闷2～3小时播种。

(五)冬前麦田管理

1. 冬前管理的主攻方向 小麦从播种到越冬,一般经历了50～60天,由于条件不同,小麦生长已出现不同的情况,分蘖出现第一次高峰,次生根不断地增多并伸长,幼穗也开始分化和发育。所以,麦田冬前管理的主攻方向是:在全苗匀苗的基础上,促根、增蘖，促弱控旺，培育壮苗，协调幼苗生长和养分储备的关系，保证麦苗安全越冬，为增穗增粒打好基础。

2. 冬前管理的原则 以肥水为中心，早管促早发，及早做好弱苗的转化工作，控制旺苗，保持壮苗稳健生长，促使整个麦田长势平衡发展。

3. 越冬期壮苗指标 第一、第二分蘖不缺位，越冬前（北方12月20日左右）主茎叶龄为6.5～7.1。单株次生根12～14条，亩群体65万～75万，幼穗分化为二棱期，亩干物质65～75千克，苗色深绿。

4. 正常小麦的冬前管理要点 及早查苗补种，疏苗移栽小麦出苗以后常发现因种种原因造成的缺苗断垄现象，若发现得早，可将种子催芽补种，若已经分蘖仍有缺苗的地段，可从分蘖后到大冻前进行匀苗移栽。12月中旬，如果沙土含水量13%～14%、壤土含水量16%～17%，黏土含水量低于18%时要及时进行冬灌。冬灌应坚持"昼灌夜消"的原则，防止顶凌冻害小麦。当亩群体超过正常指标时，要进行深中耕或镇压，并及时中耕除草。及时防治病虫害。因早播气温高，虫害猖獗，还易引起丛矮、黄矮等病毒的蔓延，且稻麦区有土传花叶病。对上述病害除轮作倒茬、药剂拌种、选用抗病品种外，冬前应清除田边杂草，消灭越冬病媒和灰飞虱、蚜虫等传播媒介。

5. 冬前麦田弱苗的形成原因及其合理管理

(1)干旱缺水形成的"缩脖苗"弱苗管理要点 主要表现为：幼苗基部叶尖干黄，上部叶色灰绿，分蘖和次生根少或不能发生，植株生长缓慢，心叶迟迟不长，呈现"缩脖"现象，严重时基部叶片枯黄干死，植株停止生长，这类弱苗多发生在抢墒播种、土壤干旱以及由于整地粗放、土壤过松、暗坷垃悬空而根与土壤不能紧密接触，吸水困难的麦田。对这类麦田要抓住冬前温度较高、有利分蘖扎根的时机，优先管理，当进入分蘖期以后，及早浇好分蘖盘根水，并及时中耕松土，对促根增蘖、由弱转壮有显著作用；对旱地麦田，要采取镇压措施。

(2)缺磷或干、湿板结形成的“小老苗”的管理　“小老苗”表现为：矮小、瘦弱、叶片窄短、分蘖细小或无分蘖；叶鞘和叶片颜色先是灰绿无光，后变铁锈发紫，基部老叶渐次向上变黄、干枯，次生根少，生长不良，新根出生慢，老根变锈色。对于这类麦田，主要是多松土，结合深施氮磷混合肥或无机、有机混合肥，肥后要及时浇水。

(3)“肥烧苗”弱苗的管理　这类弱苗是由施肥不当或药害而发生的黄苗，一般症状是：叶片或叶尖发黄，长势减弱，分蘖减少甚至不能发生，严重时叶片干枯渐及死亡。就全田苗情看，黄苗轻重不同，无规律的点片发生。“肥烧苗”发生的原因是：施用种肥过多，化肥品种使用不当，尤其是过量施用尿素，碳酸氢铵或磷肥质量差、酸度大，或过多施用未腐熟有机肥且撒施不匀；药剂处理失误等。对这类苗的补救措施是立即浇水，浇水后破除板结。

(4)“黄瘦苗”的管理　这类苗是由于基肥少、地力薄而形成。表现为麦苗瘦弱、色淡、叶片薄而细长、无光泽。另外，还有播种过深的“黄瘦苗”幼苗叶片细长发软，低位蘖往往能发生，根系发育不良，苗瘦弱，叶色浅。对这类麦田，要及时追施速效氮肥，并要结合浇水，注意中耕松土，每亩施速效氮肥 15～20 千克。因播种过深的弱苗，要扒土清垄，或中耕，改善土壤通气状况，促使根系发育。

(5)晚播弱苗的管理　其形成原因是播种晚，冬前积温不足，苗小分蘖少或没有分蘖。该类麦田一般不应急于追肥浇水，以免降低地温，影响发苗。应采取的管理措施是浅锄松土，增温保墒。

6. 冬前麦田旺苗的形成原因及其合理管理

(1)肥力“旺苗”　即由肥力好，施肥量大而形成的旺苗。该类麦长势强，分蘖多，发育速度快。一般到 11 月下旬，每亩的总蘖数就可达到或超过指标要求，如任其发展，在冬前常可达到百万以上，而且植株高，叶片大。若遇暖冬，年后继续旺长，遇冷冬则冻害严重。对这类麦田要及早采取措施，当发现长势强，分蘖过猛时就要设法控制其生长速度。控制的办法是深中耕断根，可用耘锄或耧深耠，一般深锄10厘米左右。该措施不仅有效，而且影响控制效果时间长。断根后，暂时减少水分和养分的吸收，减缓生长速度，在恢复和重新发根过程中，转移了生长重心，控了地上实质是相对地促了地下，而且使根系向下伸展。如果深锄后仍然很旺，应隔7～10天再进行一次。

(2)早播"旺苗" 即在有一定地力基础，又施了种肥并因基本苗偏多、播种偏早而形成的旺苗。这种旺苗一般是假旺苗，若冬前不管，到越冬前或越冬后就会逐渐衰退成弱苗，即所谓"麦无二旺"，对此应进行疏苗并适当镇压或深锄，并于浇冻水时每亩追施5～7千克尿素，年后即可转为壮苗。

(3)大播量"旺苗" 即在地力并不太肥，只是由于播种量过大，基本苗过多而造成的群体大，苗子挤，使其窜高徒长，根系发育不良。这类麦田不宜深中耕，可用石磙碾压，以抑制主茎和大蘖生长，控旺转壮。对于疏苗的麦田，可酌情追施化肥和浇水，但对于下湿地和盐碱地不宜碾压，以免造成土壤板结和返碱。

(六)春季麦田管理

小麦春季管理的好坏，直接关系到群体的变化、根系的发育、穗数的多少，进而影响到粒数和粒重，对产量影响极大。所以，春季管理的要求就是调节根系与茎叶、增蘖与壮蘖、多穗与大穗，以及植株茎叶生长与穗发育的矛盾，奠定壮秆大穗，增穗增粒的基础。春季可按以下五类苗情进行管理。

1. 壮苗 麦苗生长正常，葱绿苗壮。一般把播期适宜，中等播量、群体(总茎数)在70万～80万，较低播量群体在60万～70万左右，个体发育健壮、分蘖大、根系多、盘根好的划为壮苗。

壮苗麦田管理的主攻方向是：提高年前分蘖质量，控制春季分蘖，提高成穗率，培育壮秆大穗，应重管拔节期，即在拔节期每亩追施尿素5～10千克，然后浇水。

2. 弱苗　一般群体在50万～60万，个体发育一般或较弱，单株分蘖3个以下，且大蘖比例小的划为弱苗。这类苗主要问题是群体不足，蘖数不够、蘖小质量差。主攻方向是促分蘖、增穗数，兼顾穗大粒多，应早管重管起身期。

3. 晚苗　播种较晚，分蘖很少或没分蘖，主要特点是"少"和"晚"，即蘖少、根少、发育晚、成熟晚。春季管理的主攻方向是提温、促蘖、增穗，使之早发快长，于早春围绕提高地温加强管理，于起身期再肥水促进。

4. 旺苗　这类麦苗的特点是群体大或植株高，一般多是由播种过早，或下种量过大，或速效肥施用过多，或由以上几个因素综合作用造成的。旺苗一般越冬或早春冻害严重，干叶多。春季管理的主方向是调整群体，保大蘖，少丢头，根据可靠的发展趋势，促、保兼顾，变旺为壮。

5. 黄苗　多为地力差，肥水不足或板结、湿黏、盐碱等造成的，应主攻穗数，针对形成黄苗的原因，以促为主，一促到底。此外，我国北部和黄淮平原冬麦区，春季气温多变，常出现寒流和晚霜冻害；同时，随着气温的回升，病虫害也逐渐出现。所以，在春季麦田的管理中，预防霜冻和防治病虫害也是各类麦田应该密切注意的重要问题。

(七)麦田后期管理

小麦后期管理是指从小麦开花到成熟这段时间。

1. 重视小麦后期灌水　在麦田后期管理的诸项措施中，麦田灌水(灌浆水)是最重要的措施。因为小麦生育后期正是高温、干燥、热风侵袭的时期，土壤水分蒸发、植株蒸腾十分强烈，小麦需水量很大。据研究，在小麦抽穗后的30～40天时间内，麦田耗水量约占全生育期耗水量的1/3。

第一，小麦灌浆水对促进籽粒灌浆具有十分重要的作用，是维持根系生理活性、延长绿叶功能期、促进光合产物的积累和运输、提高粒重的重要手段。“灌浆有墒，籽饱穗方”，就是广大群众对灌浆水重要性的科学总结。小麦灌浆期应保持土壤含水量在田间持水量的 70%～80%，当低于 65%时必须进行灌溉。灌浆水的效果，取决于灌水的时间及灌水技术，一般的宜早不宜晚，应浇足浇好。在浇足孕穗水的基础上，于开花后 10～15 天，即灌浆高峰出现之前浇灌浆水，对提高粒重的效果最好。

第二，对一般肥力麦田，除浇好小麦灌浆水以外，还要注意浇好麦黄水。麦黄水对缓解水分胁迫、促进灌浆有利，尤其是在气温高、蒸发量大、有干热风威胁的时候，浇麦黄水效果较好。

2. 建立、健全小麦病虫害综合防治体系 小麦生育中后期气温高、群体大，是病虫害发生的主要时期。主要病害有白粉病、锈病、赤霉病、纹枯病等；主要害虫有蚜虫、红蜘蛛、黏虫等。要搞好后期麦田病虫害的预测预报及综合防治防止其发生、流行，这也是后期小麦保粒增粒重的关键措施。

3. 注意后期叶面追肥 小麦生育后期，于麦田喷施 0.2%～0.4%磷酸二氢钾溶液，对提高小麦抗逆能力、促进灌浆有重要作用；对有脱肥现象的早衰麦田，还应喷施氮素化肥（如尿素溶液 1%～2%）；缺磷麦田应重点喷施 2%～4%过磷酸钙溶液。

4. 合理运用化学调节物质 如在小麦孕穗至扬花期喷 0.01～0.03 毫克/升三十烷醇或芸薹素内酯（BR），提高光合性能、促进籽粒灌浆；孕穗后用光呼吸抑制剂亚硫酸钠（每亩 4～5 克）喷施 3～4 次，可达到促粒增重的效果。

5. 适时收获 小麦蜡熟期至完熟期是收获的最好时期。避免成熟期遇雨出现穗发芽。

6. 严格晾晒、单打单收 晾晒温度过高易造成蛋白质变性，小麦晾晒厚度不能低于 4 厘米。为了保证品质稳定，要严格实行单打单收，避免混杂。

第三节　水稻科学种植技术

世界上近一半人口,包括几乎整个东亚和东南亚的人口,都以稻米为食。水稻源于亚洲和非洲的热带和亚热带地区。稻的主要生产国是中国、印度、日本、孟加拉国、印度尼西亚、泰国和缅甸。其他重要生产国有越南、巴西、韩国、菲律宾和美国。其中,中国稻作面积约占世界稻作总面积的1/4,占全国粮食播种面积的1/3,而产量则约为世界上稻谷总产量的37%,近我国粮食总产量的45%。20世纪晚期,世界稻米年产量平均为4亿吨,种植面积约1.45亿公顷。世界上所产稻米的95%为人类所食用。

稻米富含淀粉,并含约8%的蛋白质和少量脂肪,含硫胺、烟酸、核黄素、铁和钙。碾米的副产品米糠可提取米糠油和淀粉。碎米用于酿酒、提取酒精和制造淀粉及米粉。稻壳可做燃料、填料、抛光剂,可用以制造肥料和糠醛。稻草用作饲料、牲畜垫草、覆盖屋顶材料、包装材料,还可制席垫、服装和扫帚等。

一、栽培稻的分类

(一)按系统分类

丁颖将我国栽培稻进行系统分类为四大类型:①籼亚种和粳亚种;②晚稻和早稻;③水稻和陆稻;④黏稻和糯稻。

(二)按品种类型分类

品种分类可按以下几种方法进行划分:一是按熟期划分,如早稻早、中、迟,中稻早、中、迟,晚稻早、中、迟。二是按穗粒性状分类,分为大穗型和多穗型等。三是按株型分类,分为高秆、中秆、矮秆品种。四是按杂交稻和常规稻分类,分为杂交稻、常规稻。五是按高产和优质分类:分为高产、超高产、超级杂交稻等。

二、稻田分布特点

水稻是喜温喜水、适应性强、生育期较短的谷类作物，其生长发育要求的最低温度在10°C以上，抽穗扬花要求温度在22°C以上。凡温度适宜、有水源、可灌溉的地方，均可种植水稻。我国稻作分布广泛，从南到北稻区跨越了热带、亚热带、暖温带、中温带和寒温带5个温度带，最北的稻区在黑龙江省的漠河(53°27′N)，为世界稻作区的北限；最高海拔的稻区在云南省宁蒗县山区，海拔高度为2 965米。在南方的山区、坡地以及北方缺水少雨的旱地，种植有较耐干旱的陆稻，还有少量完全依赖雨水的天水稻。从总体看，由于纬度、温度、季风、降水量、海拔高度、地形等的影响，我国稻作区域的分布呈东南部地区多而集中，西北部地区少而分散，西南部地区垂直分布，从南到北逐渐减少的趋势。从稻作类型看，灌溉稻约占93%，雨养稻约占4%，陆稻约占3%。

南方稻区中，长江三角洲、珠江三角洲、皖中平原、鄱阳湖平原、洞庭湖平原、江汉平原、成都平原，以及云贵等省的坝地平原最为集中，浙闽等省的滨海平原、台湾省的西部平原也是稻作较集中的地区。北方稻区则以淮北平原、河南的引黄灌区、山东的济宁滨湖地区、河北的渤海湾沿岸、宁夏的银川平原、新疆的塔里木和准噶尔盆地、甘肃的河西走廊、东北的辽河平原和东南沿海平原、松花江流域和牡丹江的半山区以及三江平原为多。

三、水稻的生育过程

水稻一生可以分为营养生长和生殖生长两个时期。自种子萌发到幼穗分化开始，这一时期生长根、茎、叶，称为营养生长期；幼穗分化到抽穗，这一时期幼穗茎叶同时生长，是营养生长和生殖生长并进时期；抽穗以后开花授粉和籽粒灌浆、结实，称为生殖生长期；不同生育时期之间有着互相联系、相互制约的关系。协调好营养生长和生殖生长之间的关系,是水稻高产栽培的重要原则之一。

四、杂交水稻科学栽培技术

(一)因地制宜,选好组合

选用的组合必须具有良好的丰产性和稳产性,对当地主要病虫害有一定的抗性等。

(二)精心处理种子,科学浸种催芽

1. 晒种　早中稻种子贮藏时间较长,在浸种前尽可能选晴天晒种 3～4 小时或半天,可提高种子发芽率和发芽势。

2. 选种　要求用清水选种,将浮出的秕谷捞出,不饱满的种子要充分利用,实行分别催芽播种,重点护理以培育出整齐健壮秧苗。

3. 浸种、消毒　用清水洗净种子后,放入清水中先预浸 12 小时(预浸期间要每隔 4～6 小时左右换水一次,并洗净种子),使附在种子上的病菌孢子萌动,再用三氯异氰尿酸 300 倍液(具体做法按强氯精说明书要求进行)浸种 12 小时,消毒药液应高出种子表面一寸(消毒期间不换水),然后用清水反复冲洗,将残留药液冲洗干净。洗净后继续放入清水中浸种 12 小时,最后捞起催芽。为提高发芽率,最好是采用日浸夜搁的间隔浸种法:即将上述的 3 个"12 小时"放在白天(从每天早上 8 时至晚上 8 时为浸种时间),夜间捞起不浸种。杂交稻因颖壳吻合不好,种子内淀粉又较疏松,吸水比常规种快,浸种时间过长,易发酸发臭,影响发芽,甚至不发芽。因此,浸种时间要短,一般水温 20℃以下时,浸种(含消毒时间在内)总时间约 36 小时(即两个白天一个夜间)。晚稻播种期间气温与水温较高,用清水预浸 12 小时后再用三氯异氰尿酸 300～500 倍液消毒 8～10 小时,后用清水反复冲洗干净,捞起保持湿润的情况下,经 24 小时左右种子露白时即可播种。

4. 催芽　常规催芽时,把经浸种消毒的种子捞起滴干水后,

用35℃～40℃温水洗种预热3～5分钟，后把谷种装入布袋或箩筐（盛装的用具能消水、保湿、透气即可），四周可用农膜与无病稻草封实保温，一般每隔3～4小时换一次温水，谷种升温后，控制温度在35℃～38℃，温度过高要翻堆，经20小时左右可露白破胸，谷种露白后调降温度到25℃～30℃，适温催芽促根，待芽长半粒谷、根长1粒谷时即可。在催芽中要注意淋水翻动，防止温度过高或过低。但在中稻区播种时，气温比早春播种稍高或较高，当谷种大量露白嘴时也可以播种，播种前把种芽摊开在常温下炼芽3～6小时后播种。

5. 早稻催芽过程中的异常现象的解决 高温烧芽的，先用温水淘洗，重新催芽可挽救一部分，盲谷（哑谷）多时选优质种子，严格按规程进行，谷种发黏的用温水淘洗，重新催芽，酒精中毒时用温水淘洗，重新催芽。

（三）适期播种，培育多蘖壮秧

1. 适时播种 早稻迟熟品种在3月上中旬播种，早中熟品种在3月中旬至春分前播种为宜。掌握冷头浸种、冷尾催芽、暖头播种。按该规律播种可做到出苗快、秧苗齐、少烂种。

晚稻播种坚持“三期一量”的原则播种。三期即：品种生育期、安全齐穗期（每年的9月20日为安全齐穗临界期）、秧龄期（生育期105～110天、秧龄18～20天，生育期110～115天、秧龄25天，生育期120天、秧龄28～30天），一量即播种时期。例如：金优桂99生育期118天，从播种至齐穗只有88天，即从9月20日倒退推算即6月25日前播完种，秧龄25天。亩播种量8～10千克。当不能按标准秧龄移栽时，亩播种量适当减少，采用稀播，秧龄可延长3～5天。

中稻播种，先定收获期，根据品种全生育期倒推播种期。一般全生育期140天的品种应在5月上旬播种为宜。

2. 培育壮秧 俗话说：“秧好半年禾”，说明秧苗好坏，对水稻整个生长发育及产量有着重要作用。与直播相比，育秧具有很多好处，它既可以缩短本田生育期，充分利用土地和季节，增加复种指数，解决季节矛盾，又可让水稻苗期在小面积的秧田生长，便于精细管理，确保质量。通常所说的壮秧，一般具有以下形态特征：秧苗矮壮，茎基扁蒲，叶身挺立不弯，移栽后返青快，分蘖早，分蘖健壮；根多发白，发根力强，白根多，无黑根和腐根；叶色青绿，不浓不淡，无虫伤及病斑；生长整齐一致，清秀健壮。

(1)旱床育秧　旱床育秧苗粗壮，分蘖早，根系发达，白根多、无黄叶，移栽后返青快。早稻旱床育秧应选择土壤肥沃，背风向阳的田块，在头年冬天翻耕晒垡。播种前按畦宽 1.2 米，沟宽 0.2 米，耕平做畦。畦面施有机肥和磷肥 25 千克拌匀作基肥。畦面整平、做细、压实、浇透水(水不透出苗不齐)，均匀播种，细土盖种，盖膜。秧苗肥水管理做到，1 叶 1 心期施断奶肥，尿素 4～5 千克/亩；3 叶期施接力肥，尿素或复合肥 10 千克/亩；移栽前 5～7 天，施送嫁肥，尿素 4～5 千克/亩；水分管理视畦面表土显白或心叶卷时灌水。晚稻旱床育秧可旱播水育。

(2)抛秧　水稻抛秧技术是轻型、简便、高效的农业新技术，能起到多蘖增产，节本增收的效果。育秧技术：每亩大田备足 561 孔的秧盘 50 块；选择土壤肥沃、排灌方便的黏壤土做秧田，秧田与大田比为 1∶40；选用塘泥或秧田沟中糊泥，按泥土与磷肥 100∶0.5 拌作营养土；秧田耙细、整平、做畦后摆好秧盘，将营养土装入秧盘抹平，均匀播种；秧苗管理，早稻盖膜保温育秧，出苗后控水旱育，施肥要“少量多次”，秧苗达 4 叶期抛秧。二晚抛秧应注意掌握“巧配适播、秧苗三控”。巧配适播即合理搭配水稻组合(品种)，适时播种和严格掌握秧龄。二晚抛秧的组合，应选择能确保在 9 月 20 日前安全齐穗的组合，一般只用早中熟组合，不用迟熟组合。早晚稻品种搭配以“中配早，早配中，中配中”为原则。其播种期应与前茬早稻的收割期和二晚的抛秧期、安全齐穗期紧密衔接。秧苗三控即:水控、肥控、化控(喷施300毫克/升多效唑控苗徒长)。

注意事项:一防施肥过量烧芽,晚稻播种后高温伤芽;二防秧盘面泥土不干净串根;三防秧苗徒长。

(四)适时移栽,合理密植

水稻的适宜移栽秧龄(播种至移栽期间秧苗生长天数),因品种特性、播量、育秧季的光温情况、营养条件、育秧方式及移栽方法不同而有差别。当移栽时日平均气温低于17℃时,地温低于15℃,不利于根的生长。若维持时间较长,易出现“座蔸”现象。因此,移栽不宜过早。适宜的移栽秧龄是5.5～6.5叶,此时秧苗的理想株型是:叶片直立,秧苗富有弹性,白根多,茎基扁平,带分蘖,百株地上部分干物重3克以上,具有较强的抗寒抗旱能力。

适宜的栽插密度是水稻获得高产的中心环节,合理的密度应根据品种特性、土壤肥力,施肥水平、秧苗素质等等因素来综合分析确定。杂交水稻虽有穗大优势,但要大面积高产,必须保证单位面积上有一定的有效穗数。而不同的组合,经济性状不同,穗粒结构的比例不一样。实践证明,杂交水稻要获得高产,一般要在争取多穗的基础上攻大穗,走穗粒兼顾的路子。

一般杂交水稻的栽插密度可选择10厘米×23厘米、10厘米×27厘米、13厘米×20厘米、13厘米×23厘米、17厘米×20厘米等规格。分蘖力较强但穗形小的组合,每公顷要插足基本苗150万以上;分蘖力较弱但穗形大的组合,每公顷应插基本苗120万以上;分蘖性中等,相应基本苗应在每公顷135万左右。插秧时,每穴插3～4苗(含分蘖苗),也就是若平均每根谷苗带1个分蘖,则每穴插2粒种子的秧苗。

(五)合理施肥,足底早追

俗话说“庄稼一枝花,全靠肥当家”,这说明肥料在作物的生长发育、甚至产量高低中具有相当重要的作用。具体的施肥方法、施肥量必须根据土壤、品种特性和生育阶段来决定,即所谓因时、因地、因品种制宜，才能获得高产和高效。杂交水稻与常规稻比较，生产上有两个较明显的特点，一是杂交水稻基本苗插得比常规稻要少，必须依靠一定的肥力水平来促进分蘖的发生；二是一般常规稻在抽穗扬花后 25～30 天灌浆基本结束，而杂交稻要在开花后 30～40 天后才能结束，存在两个灌浆高峰期，亦即通常所说的“二次灌浆现象”。在施肥上应针对这个特点，既要保证前期早发，以保证有效穗，后期又要补肥，防止其早衰，以获得较高的结实率和千粒重，夺取高产。

首先，基肥要足。基肥是水稻插秧以前施用的基本肥料。它的作用是使栽秧后秧苗早生快发，同时也可改善土壤结构的肥力水平。基肥应用有机肥，如绿肥和饼肥，与化肥兼顾使用，以防止土壤过早脱肥。移栽时天气温度较低，需要少量速效肥料作面肥施在土壤表层。总基肥量占大田总施氮量的 60%左右。

其次，追肥要早。杂交水稻主要依靠分蘖成穗夺取高产，分蘖肥要早施而且要用速效肥，以利于分蘖早生快发，一般双季杂交早稻在移栽后 5～7 天追施，三熟制杂交早稻在移栽后 3～5 天就追施。此次追肥主要施用氮肥，用量占大田总施氮量 25%～30%。为提高肥料利用率，应浅水或放干水撒施，并在施用后进行一次中耕除草，以利于植株根系的吸收，减少肥料流失，充分发挥肥效。

第三，穗肥要巧。穗肥的作用是促进颖花多分化，并保护颖花的发育，以增加颖花数，提高结实率。具体施用时期是在倒三叶出生时和在剑叶展开时分别施用一次，而且以第二次施肥为主。应当注意的是，如果在幼穗分化时未见脱肥，应少施或不施，以免引起徒长、倒伏。施用穗肥应选用速效氮肥。

第四，适当施用粒肥。粒肥的作用是增加植株叶片含氮量，延长叶片的功能期，防止早衰和死亡，增加光合作用效率，提高光合作用产物及运转效率。粒肥的氮素施用量一般不超过总施氮量的 10%～15%，并配以适量钾肥。若抽穗扬花期施肥，必须避开开花时间,最好在下午撒施。此后施用粒肥,应尽量采用根外追肥方法,才能收到良好的效果。应当注意,对长势较旺的贪青田,粒肥只能喷施磷、钾肥,不能追施氮肥。

(六)大田管理

水稻从插秧到成熟的本田生育期,可划分为前、中、后期三个阶段。从插秧到幼穗分化始期为前期,又叫返青分蘖期;幼穗分化始期到抽穗为中期,又叫拔节孕穗期;抽穗到成熟为后期,又叫抽穗结实期。前、中、后期三个阶段禾苗生育特点不同,高产栽培主攻方向也不同。田间管理就是针对各个阶段禾苗的生育特点和主攻方向,采取相应的管理措施,搭好高产苗架,实现高产。

1. 大田前期管理 返青分蘖期是禾苗营养生长时期,是决定穗数多少的重要阶段,其营养生理特点是以氮素代谢为主,生长发育特征是分蘖为中心的长根、长茎、长叶。这一时期的高产栽培主攻方向是促蘖促根生长,防止坐蔸。

大田返青分蘖期时间的长短,因品种、播种期不同有较大的差异。如何预知返青分蘖期时间的长短?可根据品种的全生育期推算。例如,某品种全生育期 115 天,减去抽穗成熟期 30 天,孕穗期 30 天,秧龄期 30 天,从即日算起余下的 25 天为返青分蘖期。分蘖期又可分为有效分蘖期和无效分蘖期,即分蘖期的后 10 天,为无效分蘖期。因禾苗进入幼穗分化后,养分主要供给穗分化,如果分蘖未长出三片叶,无新根、无自养能力,则自行死亡。生育期越短的品种有效分蘖期越短,在栽培上应插足基本苗和早攻分蘖。

浅水返青,露田分蘖:水稻插秧时根部受到损伤,要浅水返青。返青后薄露灌溉,露晒结合,做到后水不见前水,泥面长白根。采取以水调温,以温调肥,以肥促根,以根促蘖的调促措施,促进禾苗快速生长。

早施追肥,促苗争蘖:水稻前期是根、茎、叶迅速生长期,对各种肥料的吸收量大,吸收能力强的时期。因此,在施足基肥的基础上，追肥要早要速，保证禾苗生长和分蘖有足够的养分。追肥要求在移栽后3～5天内亩施尿素10千克，钾肥10千克，加除草剂35％苄·丁80～100克一次性施入，争取在15～20天内封行发足有效苗，确保苗足苗壮，搭好丰产苗架。

2. 大田中期管理　大田中期即拔节孕穗期，是禾苗营养生长与生殖生长并进时期，即以分蘖、茎秆伸长的营养生长与幼穗分化发育的生殖生长期。其营养生理特点是由氮代谢占优势过渡到以碳代谢占优势。高产栽培的主攻方向是晒田控氮，促根保蘖，巧施胎肥壮秆争粒，防止徒长。

够苗晒田，促根保蘖：当每亩总苗数略高于计划成穗数（早熟25万、中熟22万、迟熟20万左右）时应立即晒田。通过晒田控制水稻对氮肥的吸收，抑制无效分蘖的发生，调节土壤通气和田间通气透光程度，促进禾苗根系深扎和茎蘖增粗伸长，促使禾苗朝碳素代谢方向健壮生长。晒田要因田因苗而异，对施肥足、长势旺、深泥田、冷浸田宜早晒、重晒；反之，则轻晒。晒田标准"入田不陷脚，泥面白根多，风吹禾叶响，叶尖刺手掌"。水稻进入幼穗分化中后期应防止脱水干旱，做到浅水勤灌，干湿灌溉。

巧施胎肥，壮秆争粒，古语云："禾苗伴胎长"。胎肥既能保蘖增穗，又能促花增粒，施肥效果明显。水稻胎肥要因苗而异，对施肥足，禾苗旺，叶色深（绿豆色为适宜，过深则为旺，过淡则缺氮）的禾苗应控氮增钾，亩补施钾肥5千克作保花肥；对禾苗长势差，叶色淡的适量补施氮钾肥，亩补尿素3千克、钾肥5千克作促花和保花肥，防止颖花退化。

3. 大田后期管理　抽穗结实期是以谷粒充实为主的生殖生长时期，也是结实率和粒重的决定时期，其营养生理特点是碳代谢为主。高产栽培的主攻目标是提高结实率和增加粒重，田间管理措施是保证禾苗生长健壮，不贪青，不早衰，无病虫。

浅水抽穗，干湿壮籽：水稻抽穗时是生理需水高峰期，田间应保持有浅水，齐穗后干湿交替灌溉，解决土壤水、气矛盾，以气养根保叶，以水调肥壮籽，达到干湿壮籽的目的。

追施粒肥，增粒增重：对中期穗肥施用不足，叶色褪淡田块，抽穗前期亩追施尿素 2 千克作粒肥，延长功能叶光合作用，加速灌浆，增加粒重和提高结实率。灌浆结实期因根系吸收能力减弱，施用粒肥最好采用叶面喷施的方法，每亩用尿素 0.5 千克加磷酸二氢钾 0.2 千克对水 50 升，结合病虫防治在晴天下午叶面喷施，对增加粒重，提高产量有明显效果。

（七）科学管水，适期收获

杂交水稻对水分的要求与常规水稻基本相同。在正常的条件下，总的原则是浅水插秧、寸水活蔸、薄水分蘖、适时晒田，孕穗及扬花期浅水勤灌，后期干干湿湿，防止断水过早。

杂交水稻主要靠分蘖成穗、达到预期穗数，因此水浆管理上也应促早分蘖和分蘖成穗。插秧期至返青期灌寸水（3.3 厘米）以利护苗，有利于早发根、早返青，防止因插秧造成的根、茎、叶伤害而导致叶尖枯死；返青后用薄皮水，以利于提高泥温，促进扎根快发，力求在插后 20～25 天尽早达到计划穗数的苗数。当达到计划苗数后，应及时排水搁田（晒田），控制无效分蘖，防止无效分蘖争夺养分。晒田既不能过早，过早会使大田达不到高产的有效穗数；过迟又会造成无效分蘖多、群体过大、田间荫蔽，诱发病虫害，甚至倒伏减产。晒田必须是“时到不等苗、苗到不等时”。

孕穗期至开花期田中要保持浅水层，坚持浅水灌溉、湿润壮籽。稻穗发育期间气温较高，生长旺盛，需水量大，应避免脱水。在抽穗扬花期，如果遇上“干热风”天气，在水源条件好的地方采取日灌夜排的方法，以调节群体小气候，有利于抽穗扬花和结实。灌浆成熟期要保持田间干干湿湿，以湿为主，以提高土壤供氧能力，保持植株根系活力，达到以根保叶的目的。由于杂交水稻两次灌浆明显，使得水稻灌浆期拉得较长，有时同一穗上籽粒灌浆期相差达10天以上。因此,后期要注意勿断水过早,以免造成部分籽粒充实度不好,秕粒数增加。

杂交稻分蘖穗较多,籽粒成熟的时间相差较大。不能按常规水稻的成熟度来判定收获期标准。一般情况下,只要季节允许,应等到成熟度达到95%以上才开始收割。

(八)注意病虫草的综合防治,做到丰产丰收

杂交水稻的病虫害防治至关重要,应坚持预防为主,因地制宜地利用耕作、栽培、化学、生物防治等措施综合防治。在播种前应进行种子消毒,以防种子带病;在秧田期注意防治稻蓟马;大田期主要防治二化螟、稻纵卷叶螟、稻飞虱及纹枯病、稻瘟病等。同时,搞好杂草防除。

第四节 薯类作物科学种植技术

薯类作物主要是利用其地下块根和块茎,主要成分是淀粉,既可供食用和饲用,也可作为淀粉制造的工业原料。主要有甘薯、马铃薯、木薯、豆薯、薯蓣、芋、魔芋、菊芋、蕉藕等。薯类作物除木薯为木本植物外,均为草本植物。本节主要介绍甘薯和马铃薯的科学种植技术。

一、甘薯科学种植技术

甘薯是块根作物,用途很广,可以作粮食、饲料和工业原料,种植于世界上100多个国家。在世界粮食生产中甘薯总产排列第七位。据联合国粮农组织统计,2002年世界甘薯总种植面积为976.5万公顷,总产量为1.36亿吨,平均鲜薯单产13.9吨/公顷。我国的甘薯种植总面积和总产量分别占世界的62% 和84%,平均鲜薯单产19.0吨/公顷。

随着我国国民经济的持续增长,农业产业结构的不断调整和优化，甘薯在保障国家粮食安全和能源安全中所起的作用日益突现。甘薯不仅具有种植面积大，增产潜力大的优势，而且保健功能好，转化利用效率高，除用作饲料和保健食品外，还是理想的淀粉资源和能源作物。许多专家认为：甘薯是21世纪最理想的食物之一，同时也是最重要的可再生能源原料之一。

(一)我国甘薯的分布与种植制度

甘薯在我国分布很广，以淮海平原、长江流域和东南沿海各省最多。全国分为5个薯区：

1. 北方春薯区 包括辽宁、吉林、河北、陕西北部等地，该区无霜期短，低温来临早，多栽种春薯。

2. 黄淮流域春夏薯区 属季风暖温带气候，栽种春夏薯均较适宜，种植面积约占全国总面积的40%。

3. 长江流域夏薯区 除青海和川西北高原以外的整个长江流域。

4. 南方夏秋薯区 北回归线以北，长江流域以南，除种植夏薯外，部分地区还种植秋薯。

5. 南方秋冬薯区 北回归线以南的沿海陆地和台湾等岛屿属热带湿润气候，夏季高温，日夜温差小，主要种植秋、冬薯。

我国各薯区的种植制度不尽相同。北方春薯区一年一熟，常与玉米、大豆、马铃薯等轮作。春夏薯区的春薯在冬闲地春栽，夏薯在麦类、豌豆、油菜等冬季作物收获后栽插，以二年三熟为主。长江流域夏薯区甘薯大多分布在丘陵山地，夏薯在麦类、豆类收获后栽插，以一年二熟最为普遍。其他夏秋薯及秋冬薯区，甘薯与水稻的轮作制中，早稻、秋薯一年二熟占一定比重。旱地的二年四熟制中，夏、秋薯各占一熟。北回归线以南地区，四季皆可种甘薯，秋、冬薯比重大。旱地以大豆、花生与秋薯轮作；水田以冬薯、早稻、晚稻或冬薯、晚秧田、晚稻两种复种方式较为普遍。

(二)甘薯按用途进行分类

淀粉加工型主要是高淀粉含量的品种,如徐薯 18、徐 22 等。食用型主要有苏薯 8 号,北京 553 等。兼用型,既可加工又可食用的,如豫薯 12 号。菜用型主要是食用红薯的茎叶。色素加工用的主要是些紫薯,如济薯 18。饮料型的甘薯含糖高,主要用于饮料加工用。饲料加工型,这类甘薯的茎蔓生长旺盛。

(三)甘薯科学栽培技术

1. 备　耕

(1)深耕　土壤板结会造成甘薯生长缓慢,就算多施肥料也难增产。深耕能加深活土层,疏松熟化土壤,增强土壤养分分解,提高土壤肥力,增加土壤蓄水能力,改善土壤透气性,有利于茎叶生长和根系向深层发展,从而提高甘薯产量。

对土壤结构良好,有机质含量较高,或表土黏厚的应深翻,但一般不要超过 40 厘米,过度深翻反而容易招致减产。一般深耕 30 厘米比浅耕 15 厘米增产 20%左右。宜在晴天深耕,切忌在土壤黏湿时耕作,以免造成泥土紧实。深翻要结合施有机肥,增加土壤有机质,以改善土壤理化性质,有利于提高土壤肥力。

(2)起垄　甘薯主要是起垄种植,垄作优点是,比平作栽培增加地表面积,增大受光面积,增加土体与大气的交界面,昼夜温差大,且有利于田间降湿排水。在起垄时要尽量保持垄距一致,如宽窄不均会造成邻近的植株间获得的营养不同,造成优势植株过分营养生长,而弱势植株可能得不到充分的阳光及养分,生长不均影响产量。

海南甘薯的起垄方式差异很大,各有优缺点,其中一种起垄方式是,起垄时,垄顶整平,有的在种植薯苗后,略在垄两边勾土垫高,中间做成沟形,这样有利于苗期淋水抗旱,也方便两边施肥,保水保肥好,在生长中后期方便逐渐多次盖土,防治象鼻虫。但要注意用此法种植甘薯时,一是容易插植薯苗过深,有深达 10 厘米的;

二是后期盖土时，容易造成薯块覆土过深，当块根生长于垄心深层，处在板结贫瘠且水热和通风透气不良条件下，不利于结薯和薯块膨大，造成低产。另外，就是多数垄距过宽，有些达 1.5 米，未能充分利用土地，因甘薯苗期长势慢，封行迟，也不利于抗旱，且封行慢导致除草用工也多；另外，垄距过宽则每亩苗数少，不利获得高产。

2. 育苗选苗

(1)品种要纯　甘薯生产应尽量采用同一品种和种苗质量一致，当不同品种或优劣种苗混栽时，极易导致减产，这是目前南方甘薯低产劣质的主因之一。由于甘薯不同品种间和优劣种苗间存在较大差异，有的前期生长旺盛，有的前期生长迟缓，有的品种耐肥，有的品种耐瘠，还有的品种蔓较长，有的品种蔓较短，造成混栽后的部分植株获得优势，营养生长过盛，从而影响了另一部分弱势植株的生长；另外，有些优势植株的茎叶旺长，反而会导致薯块产量低于正常水平。一般情况下，就算两个高产品种混栽也会降低产量。

(2)壮苗　要用壮苗，剔除弱苗，壮苗与弱苗的产量可相差 20%～30%。因为壮苗缓苗快，成活率高，长出的根多、根壮，吸收养分能力强。要求薯苗粗壮，有顶尖，节间不太长，无病虫害症状。采苗时如乳汁多，表明薯苗营养较丰富，生活力较强，可作为判断薯苗质量的指标之一。薯苗长度一般要达 20～25 厘米，具有 6 个展开叶，薯苗过长过短都不利于高产。薯苗太长则带的叶片较多，蒸腾面积大，缓苗迟；而苗太短，则需要较长时间才能达到正常苗的长度。

培育壮苗必须采用薯块育苗，一般在插植前 100 天，选择大小适中(单薯重以 200～300 克为宜)、整齐均匀、无病虫、无伤口的薯块作种。先在 1 米宽的苗床排种育苗，当薯块长出的薯苗长度达 25～30 厘米时，即进行假植繁苗，并在假植苗节数达到 6～10 个节位时进行摘心打顶促分枝。在计划种植前5～8天薄施速效氮肥培育嫩苗壮苗，当薯苗长度达25～30厘米时，应及时采苗种植。强调剪采第一段嫩壮苗作种苗，剪苗时应留头部5厘米内的数个分枝，但不可留得过长，重新发苗，如此循环剪苗。

尽量使用第一段苗，切忌使用中段苗(第二、第三段苗)，主要原因是甘薯常常携带黑斑病、根腐病菌及线虫病等，薯块中携带的病原物会缓慢向薯芽顶部移动，而顶苗可在很大程度上避免薯苗携带病菌，原因是病原物的移动速度低于薯芽的生长速度，病原物大部分滞留在基部附近，上部薯苗带病的可能性比较小。

(3)甘薯脱毒育苗　脱毒甘薯是利用生物技术培育出无病毒的甘薯秧苗，恢复优良种性，提高产量和品质。目前，我国主要采用“组培育苗”的技术，进行茎尖脱毒后繁育薯苗，主要措施包括试管苗快繁和土壤扦插嫩尖苗等。

(4)灭菌杀虫　灭菌的主要目的是预防因病害而造成老小苗的发生。方法是采用40%多菌灵胶悬剂50倍液或70%甲基硫菌灵700倍液，把薯苗基部6～8厘米段浸泡10～15分钟。

杀虫：杀灭种苗虫源，可用乐果等杀虫剂先喷准备采苗的甘薯田地。种前，可用乐果500倍液浸甘薯秧的头部1～2分钟。

3. 栽　插

(1)栽插时间　南方夏秋薯区，主要包括福建、江西、湖南三省的南部，广东和广西两地的北部，夏薯一般在5月间栽插，秋薯一般在7月上旬至8月上旬栽插。南方秋冬薯区，包括海南全省，广东、广西、云南和台湾的南部，秋薯一般在7月上旬至8月中旬栽插，而冬薯一般在11月份栽插。

海南由于气候优越，全年可种，但以稻田冬种甘薯为佳，其优势在于：一是充分利用冬闲田，此时气候由热逐渐转凉，符合甘薯全生长期的要求，后期有利于淀粉积累，且水旱轮作的土壤有利甘薯生长，减少病虫害，容易获得高产优质甘薯；二是由于反季节生产，鲜食甘薯可销往大陆和出口日、韩等国。

最好选择阴天土壤不干不湿时进行，晴天气温高时宜于午后栽插。不宜在大雨后栽插甘薯，这样易形成柴根。应待雨过天晴，土壤水分适宜时再栽。也不宜栽后灌水，栽后灌水或在大雨后栽插，成活率较高，但薯苗往往长时间长势不好，原因在于土壤呈现水分饱和状态，且地温偏低；同时，土壤也变得比较紧实，土壤中的氧气含量减少，妨碍了根系发展，生长缓慢。久旱缺雨，则可考虑抗旱栽插，挖穴淋水，待水干后盖上薄土，栽苗后踩实，让根与土紧密接触，提早成活。如栽苗后才淋水，则需再覆干土在表面保湿。

(2)合理密植　每亩插植 2 500～4 000 株，在一定密度内，一般产量随着密植程度提高而增加，适当密植以收获中小薯，容易销售。一般以垄宽 1 米，垄高 25～35 厘米，每亩插 3 500 株左右最为适宜。要注意插植的株距一致，株距不匀，则容易造成靠在一起的两株成为弱势植株。

(3)栽插方法　甘薯栽插方法较多，主要有以下五种栽插法，一般以水平栽插法为佳。

①水平栽插法：苗长 20～30 厘米，栽苗入土各节分布在土面下 5 厘米左右深的浅土层。此法结薯条件基本一致，各节位大多能生根结薯，很少空节，结薯较多且均匀，适合水肥条件较好的地块，各地大面积高产田多采用此法。但其抗旱性较差，如遇高温干旱、土壤瘠薄等不良环境条件，则容易出现缺株或弱苗。此外，由于结薯数多，难于保证各个薯块都有充足营养，导致小薯多而影响产量。如是生产食用鲜薯，则小薯多反而好销。

②斜插法：适于短苗栽插，苗长 15～20 厘米，栽苗入土 10 厘米左右，地上留苗 5～10 厘米，薯苗斜度为 45°左右。特点是栽插简单，薯苗入土的上层节位结薯较多且大，下层节位结薯较少且小，结薯大小不太均匀。优点是抗旱性较好，成活率高，单株结薯少而集中，适宜山地和缺水源的旱地。可通过适当密植，加强肥水

管理，争取薯大而获得高产。

③船底形栽插法：苗的基部在浅土层内的2～3厘米，中部各节略深，在4～6厘米土层内。适于土质肥沃、土层深厚、水肥条件好的地块。由于入土节位多，具备水平插法和斜插法的优点。缺点是入土较深的节位，如管理不当或土质黏重等原因，易成空节不结薯。所以，注意中部节位不可插得过深，沙地可深些，黏土地应浅些。

④直栽法：多用短苗直插土中，入土2～4个节位。优点是大薯率高，抗旱，缓苗快，适于山坡地和干旱瘠薄的地块。缺点是结薯数量少，应以密植保证产量。

⑤压藤插法：将去顶的薯苗，全部压在土中，薯叶露出地表，栽好后，用土压实后浇水。优点是由于插前去尖，破坏了顶端优势，可使插条腋芽早发，节节萌芽分枝和生根结薯，由于茎多叶多，促进薯多薯大，而且不易徒长。缺点是抗旱性差，费工，只宜小面积种植。

4. 栽插注意事项

(1)浅栽　由于土壤疏松、通气性良好、昼夜温差大的土层最有利于薯块的形成与膨大，因此栽插时薯苗入土部位宜浅不宜深，在保证成活的前提下宜实行浅栽。浅栽深度在土壤湿润条件下以5～7厘米为宜，在旱地深栽的也不宜超过8厘米。

但在阳光强烈且地旱的条件下，要注意如果过浅栽插，因地表干燥和蒸腾作用强烈，薯苗难长根，茎叶易枯干，导致缺苗，应考虑采取适当深栽等措施。

(2)增加薯苗入土节数　这样有利于薯苗多发根，易成活，结薯多，产量高。入土节数应与栽插深浅相结合，入土节位要埋在利于块根形成的土层为好，因此以使用20～25厘米的短苗栽插为好，入土节数一般为4～6个。

(3)栽后保持薯苗直立　直立的薯苗茎叶不与地表接触，避免栽后因地表高温造成灼伤，从而形成弱苗或枯死苗。

(4)干旱季节可用埋叶法栽插　埋土时，要将尽可能多的叶片埋入土中，埋叶法成活率高，缓苗早，有利于增产。由于甘薯的叶面积较大，通常需要较多的水分供其生长，特别是薯苗栽插后对水分需求较高。此时如果将大部分叶片暴露在土壤表面，在强烈的阳光照射下需要大量的水分供其生理调节。但刚栽插的薯苗没有根系，仅靠埋入土中的茎部难以吸收足够的水分，结果造成叶片与茎尖争水，茎尖呈现萎蔫状态，缓苗期向后推迟，严重时造成薯苗枯死。而将大部分叶片埋入湿土中可有效地解决薯苗的供水问题，叶片不仅不失水，还可从土壤中吸收水分，保证茎尖能尽快返青生长。

5. 田间管理　目前，许多地方的甘薯多种在干旱、土层薄、肥力低的差地，有些地方则是连年种植甘薯，土壤得不到轮作和休养，土壤保水保肥能力降低，土壤的水肥条件满足不了高产甘薯的生长要求，这是甘薯低产劣质的主要原因之一。

(1)施肥　甘薯的根系发达，且茎蔓匍匐生长，茎节可遇土生根，吸肥能力很强。甘薯主要吸收氮、磷和钾肥，其需要量以钾最多，氮次之，磷居第三位。

甘薯生长期长，所需养分较多，每亩目标产量3吨鲜薯，约需15千克纯氮(N)、12千克五氧化二磷(P_2O_5)、24千克氧化钾(K_2O)。总的施肥原则是平衡施肥，促控并重，掌握前期攻肥促苗旺，中期控苗不徒长，后期保尾防早衰，具体施肥原则是以有机肥为主，化肥为辅；以基肥为主，追肥为辅；追肥又以前期为主，后期为辅。一般来说，由于甘薯多种在沙壤土或瘦地，所以要注重早施重施，并多施有机肥和草木灰等，并要施足基肥，早施苗肥，合理密植，可提早封垄以增强覆盖，减少水分蒸发，提高土壤含水量，从而提高甘薯产量。推荐施肥方法：①苗肥：在犁耙地或起垄时，每亩施农家有机肥1～3吨，每亩施磷肥20～30千克。插薯苗前，可在垄心施尿素和复合肥，然后盖土，插或放薯苗，再盖土，这样比较省工，且薯苗既不接触肥料防止伤苗，苗期又能及早吸收肥料营养，早生快发。如备耕和插苗时未施肥，也可在植后7～15天，当苗和叶直立回青，马上早施苗肥，一般可施尿素和复合肥，每亩施尿素10千克和20千克复合肥(15—15—15)。②种后1个月，重施壮薯肥，一般每亩施尿素15～20千克，氯化钾20～30千克，可两边开沟施肥。③种后3个月，看长势适施壮尾肥，迟熟品种或后期长势差的甘薯才考虑，一般不施。

(2)灌溉、除草、松土、培土　好处在于:充足水分和通风透气有利于甘薯高产优质，且可防治病虫害。当天气干旱蒸发量大，主要根据垄面干燥开裂来判断灌水，一般半个月灌一次水。灌水要灌透全垄，一般当水浸过垄的一半以上，观察水是否能逐渐湿润到垄顶即可，淋水喷水则要观察是否湿透垄。

等灌水后垄沟稍干不粘泥，即要除草、松土和培土，用松土盖好垄面裂缝，防止象鼻虫和茎螟等地下害虫钻入垄中蛀食块根和藤头，影响产量和品质。不论在灌水后或不干旱灌水的甘薯全生长期，都可随时用畦沟泥盖好畦面裂缝，防治病虫害。

栽插前后，要适当浇水保活促长。在苗期封垄前，结合施肥，松土1～2次，切断地表毛细管，减少地表蒸发。当甘薯茎叶基本覆盖垄面后，则不要扯动薯藤，防止打乱茎叶的正常分布和损伤根系，影响光合作用和营养吸收，并可利用薯蔓的不定根吸收水分以抗旱。

6. 防治病虫害　甘薯的主要病害有甘薯黑斑病、茎线虫病、软腐病、薯瘟病、疮痂病、蔓割病、根结线虫病、根腐病、病毒病和紫纹羽病等。主要害虫有象鼻虫、蝼蛄、金龟子、地老虎、甘薯天蛾等。甘薯病虫害的防治，坚持以防为主，目前主要以象鼻虫危害最大。

象鼻虫，又称甘薯蚁蟓或甘薯小象甲，属鞘翅目，蚁象虫科，是热带和亚热带地区甘薯生产上的一种毁灭性害虫，通常使甘薯减产20%～50%，损失严重，甚至绝收，是甘薯生产的主要限制因子之一。分布于长江以南各省，全年发生6～8代，成虫寿命长，世代重叠。从甘薯幼苗到收获，象鼻虫幼虫和成虫均能为害甘薯，而以幼虫蛀食薯蔓和薯块为主，使茎叶生长缓慢；同时，大量幼虫蛀入薯块，使薯块变黑，气味辣臭，人和家畜均不能食用。

象鼻虫综合防治措施：一是水旱轮作；二是对甘薯病虫害多的田地，进行灌水杀灭虫源，充分犁耙翻晒土壤，并用"杀虫丹"等土壤处理剂处理；三是杀灭种苗虫源，可用乐果等杀虫剂先喷杀准备采苗的甘薯田地，种前，可用乐果500倍液浸甘薯藤的基部1～2分钟，种后1周，打一次乐果或敌百虫（正常用药量），对准薯苗和藤头喷；或用80%敌百虫500倍液浇灌藤头1～2次，可杀小象鼻虫。以上防治措施不必全用，应根据具体情况灵活选用，乐果等农药均按正常用药说明使用。

甘薯的其他主要害虫有卷叶虫、甘薯天蛾、斜纹夜蛾等，可用乐果、敌敌畏和杀螟松等杀虫药，按正常用药说明使用，在午后喷杀。

防治甘薯病害主要的措施：一是选用抗病品种，注意种薯和种苗的病害检疫；二是培育无病壮苗，从无病区选留无病种薯和种苗，或选用脱毒种苗；三是用50%多菌灵或50%甲基硫菌灵500倍液浸甘薯藤2分钟以上，晾干后种植；四是大田发现病株应立即拔除烧毁，并用50%多菌灵1000倍液喷洒，根据情况，可连续隔7天喷一次，直到根除；五是收获时彻底清理病残植株，注重水旱轮作，加强水肥管理，注意排水、通风透气，适当增施草木灰和石灰，使植株生长健壮，增强抗病力。

7. 甘薯的收获与贮藏

（1）收获　收获的早迟和作业质量与薯块产量、干率、安全贮藏和加工等都有密切关系。甘薯块根没有明显的成熟期，一般平均气温降至12℃～15℃，在晴天土壤湿度较低时，抓紧进行收获。先收种用薯，后收食用薯。薯块应随时入窖，有的地区应及时切晒加工。不论用机械还是人工刨挖，都要尽量减少漏收；同时，要避免破伤薯块，否则易在贮存期间感染病害，而导致腐烂。

(2)贮藏　北方地区甘薯贮存时间长达半年之久，贮藏期间引起薯块腐烂的主要原因是低温，收获期气温宜在12℃以上。贮存一般用地下窖，随收随藏；入窖前要彻底清扫、消毒、灭鼠。严格选薯，剔除破皮、断伤、带病、经霜和水渍的薯块，贮藏量只可占贮藏窖容量的80%。入贮初期须进行高温愈合处理，窖内加温至34℃～37℃，空气相对湿度85%，使破伤薯块形成愈伤组织，防止病害传播。然后进行短时间的通风散湿，窖温保持在12℃～15℃，空气相对湿度85%～90%；中后期加强保温防寒，严防薯堆受到低于9℃以下的冷害。出窖前气温已逐渐升高，注意短期通风，防止缺氧。入窖后3～4天内用高温愈合处理，因窖大贮量多，可以经济利用堆积的热量保温。

二、马铃薯科学种植技术

马铃薯是非谷类作物中重要的粮食作物之一。具有高产、早熟、用途多、分布广，既是粮又是菜的特点。马铃薯产量高，营养丰富，对环境的适应性较强，现已遍布世界各地，热带和亚热带国家甚至在冬季或凉爽季节也可栽培并获得较高产量。世界马铃薯主要生产国有前苏联、波兰、中国、美国。我国马铃薯的主产区是西南山区、西北、内蒙古和东北地区。其中以西南山区的播种面积最大，约占全国总面积的1/3。山东省滕州市是中国农业部命名的“中国马铃薯之乡”。黑龙江省则是全国最大的马铃薯种植基地。

马铃薯的赖氨酸含量较高，且易被人体吸收利用。脂肪含量为0.1%左右。矿物质比一般谷类粮食作物高1～2倍，含磷尤其丰富。在有机酸中，以含柠檬酸最多，苹果酸次之，其次有草酸、乳酸等。马铃薯是含维生素种类和数量非常丰富的作物，特别是维生素 C，每 100 克鲜薯，含量高达 20～40 毫克，1 个成年人每天食用 250 克鲜薯，即可满足需要。马铃薯是一种粮饲菜兼用的作物，营养成分齐全，在欧洲被称为第二面包作物。

(一)我国的马铃薯栽培区

根据马铃薯种植地区的气候、地理、栽培制度及品种类型等把我国划分为四个马铃薯栽培区：北方一作区，中原二作区，南方二作区，西南一、二季垂直分布区。

(二)块茎和种子休眠

刚收获的块茎和实生籽即使给予最好条件也不会萌芽，这叫休眠。休眠期的长短因品种而异，早熟品种的休眠期 60 天左右，中晚熟品种的休眠期 90 天左右。未通过休眠期的种薯进行下季作栽培，必须打破休眠期催芽播种。

实生种子也有休眠期，当年收获的实生籽发芽很困难。用种子生产种薯时，一般采用 1～2 年前收获的种子为宜。

(三)马铃薯科学种植技术

1. 轮作换茬 马铃薯最忌连作。如连作后病虫害加重，产量显著降低。也不能和茄科作物轮作(如烤烟、番茄、茄子等)，否则易发生晚疫病、青枯病等多种病害。应与谷类作物、豆类作物轮作，轮作年限 3 年以上。如果一块地上连续种植马铃薯，不但引起病害严重，如青枯病等，而且引起土壤养分失调，特别是某些微量元素，使马铃薯生长不良，植株矮小，产量低，品质差。

2. 整地及施肥 马铃薯对土壤的要求。马铃薯的根系很不发达，主要分布在耕作层内，具有怕涝、怕旱的特点，加之又是在土里结薯，马铃薯块茎膨大需要疏松肥沃的土壤。因此，种植马铃薯的地块最好选择地势平坦、土层深厚、结构疏松、通透性良好、有机质多、有灌溉条件且排水良好的沙壤土。

(1)深耕整地　前茬作物收获后，要进行深耕细耙，然后做畦。

畦的宽窄和高低要视地势、土壤水分而定。地势高排水良好的可做宽畦，地势低，排水不良的则要做窄畦或高畦，如南方雨水多，整地时做成高畦，畦面宽 2～3 米，两畦间沟距和沟深各 25～30 厘米。深耕可疏松土壤，能使水、肥、气、热协调，促进马铃薯生长发育，广大农民中也流传有“深耕细耙、旱涝不怕”的说法，故在整地时以深耕 25 厘米以上为好。

(2)施足基肥　马铃薯在生长期中形成大量的茎叶和块茎，因此需要的营养物质较多。肥料三要素中，以钾的需要量最多，氮次之，磷最少。施足基肥对马铃薯增产起着重要的作用。马铃薯的基肥要占总用肥量的 3/5 或 2/3。基肥以腐熟的堆厩肥和人畜粪等有肥机为主，配合磷、钾肥。一般每亩施有机肥 1 000～2 000 千克，过磷酸钙 15～25 千克。基肥应结合做畦或挖穴施于 10 厘米以下的土层中，以利于植株吸收和疏松结薯层。播种时，每亩用尿素 2.5～5 千克作种肥，使出苗迅速而整齐，促苗健壮生长。

3. 种薯处理

(1)精选种薯　在选用良种的基础上，选择薯形规整，具有本品种典型特征，薯皮光滑、柔嫩、皮色鲜艳无病虫、无冻伤的健康种薯作种。选择种薯时，要严格去除表皮龟裂、畸形、尖头、芽眼坏死、生有病斑或脐部黑腐的块茎。

(2)切块与小整薯作种　种薯切块种植，能促进块茎内外氧气交换，破除休眠，提早发芽和出苗。但切块时，易通过切刀传病，引起烂种、缺苗或增加田间发病率，加快品种退化。切块过大，用种量大，一般以切成 20～30 克为宜。切块时要纵切，使每一个切块都带有顶端优势的芽眼。切块时要剔除病薯，切块的用具要严格消毒，以防传病。单作每亩用种量 150 千克左右，间套作每亩用种量 100～120 千克。

小整薯作种，可避免切刀传病，而且小整薯的生活力和抗旱力强，播后出苗早而整齐，每穴芽数、主茎数及块茎数增多。因而采用25克左右健壮小薯作种，有显著的防病增产效果。但小薯一般生长期短，成熟度低，休眠期长，而且后期常有早衰现象。栽培上需要掌握适当的密度，做好催芽处理，增施钾肥，并配合相应的氮、磷肥，才能发挥小薯作种的生产潜力。

(3)催芽　催芽是马铃薯栽培中一个防病丰产的重要措施。播前催芽，可促进种薯解除休眠、缩短出苗时间、促进早熟、提高产量。同时，催芽过程中，可淘汰病烂薯，减少播种后田间病株率或缺苗断条，有利于全苗壮苗。催芽方法：将种薯与沙分层相间放置，厚度3～4层，并保持在20℃左右的最适温度和经常湿润的状态下，种薯经10天左右即可萌芽。催芽时，种薯用0.5～1毫克/升赤霉素液或0.1%～0.2%高锰酸钾液浸种10～15分钟，均可提高催芽效果。

4. 播　种

(1)播种期　确定马铃薯播种适期的重要条件是生育期的温度。原则上要使马铃薯结薯盛期处在日平均气温15℃～25℃条件下。而适于块茎持续生长的这段时期越长，总重量也越高。在此前提下，各地可结合当地的温度变化状况和耕作栽培制度来安排播种适期。

春播时在10厘米地温稳定在6℃～7℃时即可播种。北方一作区一般在3月中旬至4月下旬播种。中原二作区，春薯一般在小寒至立春间播种；秋薯的播期较为严格，通常以当地平均气温下降至25℃以下时为播种适期。南方二作区，大体上秋薯于9月下旬至10月下旬播种；冬薯于12月下旬至1月中旬播种。

(2)播种方法　马铃薯适于垄作栽培，垄作的播种方法根据播种后种薯在垄中的位置分为三类：种薯播在地平面以上或与地平面持平，或把种薯种在地平面以下。平播后起垄，垄作一般覆土厚度为7～8厘米。若春旱严重，可酌情增加厚度并结合镇压，若播期偏早，应稍浅播。

在我国华北、西北大部分地区马铃薯生长期间气温较高，雨量少，蒸发量大，又缺乏灌溉条件，多采用平作形式。在秋耕耙的基础上，播种时先用犁开出 10～15 厘米深的播种沟，点种施肥后再开第二沟并给第一沟覆土。一般行距 50 厘米左右，播后再将地面耱平保墒。

5. 合理密植　合理密植就是要使单位面积内有一个合理的群体结构，既能使个体发育良好，又能发挥群体的增产作用，以充分利用光能、地力，从而获得高产。合理密植应依品种、气候、土壤及栽培方式等条件而定。晚熟或单株结薯多的品种、整薯或切大块作种、土壤肥沃或施肥水平高、高温高湿地区等，种植密度宜稍稀；早熟或单株结薯少的品种、土壤瘠薄或施肥水平低，不利于发挥单株生产潜力的，应适当加大密度，靠群体来提高单产。

在目前生产水平下，北方一作区以每亩种植 3 800～5 500 株为宜(以茎数计每亩 9 000～12 000 茎为宜)；南方地区，由于多采用早熟品种，生育期短，所以密度比北方偏高，一般每亩种 6 000 株左右，每株 2～3 茎较为适宜。

在相同密度下，通常以宽窄行方式和放宽行、株(穴)距，适当增加每穴种薯数的方式较好，可改善田间的光照和小气候条件，提高光合强度，使群体和个体能得到协调地发展，从而获得较高产量。

6. 田间管理

(1)查苗补苗　马铃薯出齐后，要及时进行查苗，有缺苗的及时补苗，以保证全苗。补苗的方法是：播种时将多余的薯块密植于田间地头，用来补苗。补苗时，缺穴中如有病烂薯，要先将病薯和其周围土挖掉再补苗。土壤干旱时，应挖穴浇水且结合施用少量肥料后栽苗，以减少缓苗时间，尽快恢复生长。如果没有备用苗，可从田间出苗的垄行间，选取多苗的穴，自其母薯块基部掰下多余的苗，进行移植补苗。

(2)中耕培土　中耕松土,使结薯层土壤疏松通气,利于根系生长、匍匐茎伸长和块茎膨大。出苗前如土面板结,应进行松土,以利出苗。齐苗后及时进行第一次中耕,深度8～10厘米,并结合除草;第一次中耕后10～15天,进行第二次中耕,宜稍浅;现蕾时,进行第三次中耕,比第二次中耕更浅,并结合培土,培土厚度不超过10厘米,以增厚结薯层,避免薯块外露,降低品质。

(3)追肥　马铃薯从播种到出苗所需的水分、营养都由种薯供给,所以在基肥充足的情况下,一般不需施苗肥。到现蕾期结合培土追施一次结薯肥,以钾肥为主,配合氮肥,施肥量视植株长势长相而定。开花以后,一般不再施肥,若后期出现脱肥早衰现象,可用0.3%磷酸二氢钾溶液60～75千克进行叶面喷施。

(4)灌溉和排水　马铃薯对水分较敏感,其排灌水应视苗情、天气而定。苗期畦面要保持湿润,促进出苗整齐。现蕾开花期需水量大,如遇干旱应及时沟灌,水深不超过畦高1/3。生长中后期,正值梅雨天气,土壤通透性差,应及时清沟排渍防涝害。

(5)防治病虫害　马铃薯病虫害以病害为主,常见的病害有环腐病、晚疫病、病毒病、黑茎病、青枯病等。①发生青枯病,可用72%农用链霉素可溶性粉剂5克对水50升喷治。②发生晚疫病,应立即拔除病株深埋,并每亩用64%噁霜·锰锌可湿性粉剂100克对水50升喷雾。③防治蚜虫、瓢虫,可用40%乐果1 000倍液喷治。④防治地老虎,每亩用6%四聚乙醛颗粒剂700克碾碎拌细土,于温暖天气的傍晚,撒在受害株附近根部行间。⑤生长期间杂草繁生,可亩用10.8%氟吡甲禾灵乳油20～30毫升(杂草3～5叶时)或6.9%精噁唑禾草灵浓乳40～60毫升对水35～40升。

7. 收获　马铃薯当植株生长停止,茎叶大部分枯黄时,块茎很容易与匍匐茎分离,周皮变硬,比重增加,干物质含量达最高限度,即为食用块茎的最适收获期。种用的应提前5～7天收获,以减轻生长后期高温的不利影响,提高种性。

8. 贮藏　马铃薯贮藏的目的主要是保证食用、加工和种用品质。食用商品薯的贮藏，应尽量减少水分损失和营养物质的消耗，避免见光使薯皮变绿，食味变劣，使块茎始终保持新鲜状态。加工用薯的贮藏，应防止淀粉转化为糖。种用马铃薯可见散射光，保持良好的出芽繁殖能力是贮藏的主要目标。采用科学的方法进行管理，才能避免块茎腐烂、发芽和病害蔓延，保持其商品和种用品质，降低贮藏期间的自然损耗。马铃薯贮藏期间要经过后熟期、休眠期和萌发期三个生理阶段。

首先，仓库或窖要清理、消毒、通风换气，将库(窖)内湿气排除，使温度下降。对要入库(窖)的马铃薯先晾晒，使其在库(窖)外度过后熟期。然后装袋码垛入窖贮藏。马铃薯贮藏期间的温度与湿度调节最为重要。最适宜的贮存温度是，商品薯 4℃～5℃，种薯 1℃～3℃，加工用的块茎以 7℃～8℃为宜。马铃薯无论商品薯还是种薯，最适宜贮藏的空气相对湿度为 85％～90％。

第五节　杂粮作物科学种植技术

杂粮通常是指水稻、小麦、玉米、大豆和薯类五大作物以外的粮豆作物。主要有：高粱、谷子、荞麦(甜荞、苦荞)、燕麦(莜麦)、大麦、糜子、黍子、薏苡、籽粒苋以及菜豆(芸豆)、绿豆、小豆(红小豆、赤豆)、蚕豆、豌豆、豇豆、小扁豆(兵豆)、黑豆等。其特点是生长期短、种植面积小、种植地区特殊、产量较低，一般都含有丰富的营养成分。本节主要介绍高粱、谷子、绿豆、小豆的科学种植技术。

一、粟(谷子)科学种植技术

粟原产我国，是广泛栽培的最古老的传统谷类粮食作物之一。远在 7 000 年前的新石器时代，谷子就已成为重要的栽培作物。我国各地均有栽培，以淮河以北各地栽培为主，其中东北和黄河中下游地区最多，如黑龙江、吉林、辽宁、内蒙古、山东、河北、河南、山西、陕西、宁夏等地种植较多。根据我国各地自然条件、地理纬度、种植方式和品种类型，可将全国划分为四个产区：东北春粟区、华北平原区、内蒙古高原区、黄河中上游黄土高原区。

粟是粮草兼用作物，谷草的饲用价值接近豆科牧草。谷糠是畜禽的精饲料。粟耐旱、耐瘠薄，抗逆性强、适应性广，是很好的抗灾作物；籽实有坚硬外壳，可防湿御虫，耐贮藏，又是重要的贮备粮食。

(一)我国粟的类型

(1)普通类型Ⅰ(按刺毛、米质性状划分)。主要有黄毛黏谷、黄毛谷、白黏谷、白米品种等。

(2)普通类型Ⅱ(栽培上常见，以株穗形态和栽培特性继续划分)。主要有齐头黄、黄谷、白谷、带毛白谷、齐头谷、母鸡嘴和金谷苗等。

(3)特殊类型(或变种)。籽粒颜色明显易辨，穗形结构特殊的性状。主要有黑谷、红谷、金谷、青谷(乌谷、绿谷)、龙爪谷(佛手、鸡爪、龙爪等)、猫足谷等。

(4)生育期 为 70～140 天。春粟 100～140 天，其中少于 110 天为早熟品种，111～125 天为中熟品种，125 天以上为晚熟品种。夏粟生育期为 70～90 天。

(二)粟科学种植技术

1. 选地轮作　粟不宜连作，前茬作物以豆科作物为佳，马铃薯、甘薯、麦类、玉米亦是较好的前茬作物。

2. 土壤耕作　春粟多在旱地种植，前茬作物收获后应浅耕灭茬，接纳雨水，秋季深翻，春季耙地保墒。夏粟为了争取时间，在前茬作物生育后期应浇水蓄墒，收获后免耕播种。

3. 施肥　一是基肥，以农家肥为主，每亩施优质农家肥 2 000～3 000 千克，过磷酸钙 40～50 千克混合作基肥，结合翻地或起垄时施入土中。追肥多在拔节期结合中耕培土进行，每亩追施尿素20～30千克。

4. 播　种

(1)播前种子处理　对谷种进行风筛选、盐水选，清除秕粒、草籽、杂物等，将种子阴干，然后用药剂处理，防止地下害虫和白发病。

(2)播种期及播量　春播种期，我国北方地区多在4月下旬至5月上旬。播种方式多为条播，行距25～30厘米。播种量每亩1～1.5千克，播种深度4～5厘米，播后镇压。播后遇雨，雨后破除板结以利于出苗。

5. 密度　我国北方春播每亩留苗1.5万～3万株，夏播每亩留苗4万～5万株为宜。

6. 田间管理　在幼苗3～5片叶时间苗，“谷间寸，如上粪”，幼苗6～7叶时进行定苗。“旱谷涝豆”，谷子是比较耐旱的作物，一般不用灌水，但在拔节孕穗和灌浆期，如遇干旱，应及时灌水，并追施孕穗肥，促大穗，争粒数，增加结实率和千粒重。生育期间要及时防治黏虫、土蝗、玉米螟，干旱时注意防治红蜘蛛，后期多雨高湿，应及时防治锈病。

7. 适时收获　一般在蜡熟末期或完熟初期收获，为最佳期，收早了“镰下一把糠”，降低产量，收晚了鸟弹或吃、风刮落粒，影响产量。

二、高粱科学种植技术

高粱又名红粮，是我国古老的作物之一，具有较强的抗旱、抗涝、耐盐碱特性，在平原、山丘、涝洼、盐碱地无不可种植。高粱既是人们的粮食，又是牲畜的好饲料和酿酒的主要原料。高粱具有丰富的营养成分，除用于酿酒、食用和作饲料以外，在制糖加工工业上也有广阔的用途。高粱帚可作帚把，高粱秆可制成胶合板作建筑材料等。

根据各地自然条件和生产情况，可将我国高粱栽培划分为4个大区，即春播早熟区、春播晚熟区、春夏兼播区，南方区。其中春播晚熟区是主要产区，包括辽宁、河北、山西、陕西等省的部分地区。栽培面积较多的地区有辽宁、河北、山西、黑龙江、吉林、内蒙古、四川、山东及安徽。

（一）高粱的类型

我国栽培的高粱品种，根据用途不同，分为以下几类：

1. 粒用高粱 以获得籽粒为目的。茎秆高矮不等，分蘖力较弱。茎内髓部含水较少。籽粒品质较佳，成熟时，常因籽实外露，易落粒。按籽粒淀粉的性质不同，可分为粳型和糯型。

2. 糖用高粱 茎高，分蘖力强，茎秆多汁含糖量约13%。籽粒包被在颖片内，或稍露，不易落粒，籽粒品质不佳。

3. 饲用高粱 分蘖力强，茎细，生长势旺盛，茎内多汁，含糖较高。

4. 帚用高粱 通常无穗轴或较短，分枝发达，穗呈散形，籽粒小，不易落粒，供制帚用。

（二）高粱的科学种植技术

1. 播种保苗

（1）整地保墒 秋季深翻，耕深20厘米以上增产显著，耕后进行耙、耢作业，蓄水保墒，平整地面。

（2）种子准备 播种前进行种子精选，选用纯度高、饱满均匀、无病虫害、发芽率高、发芽势强的优良种子。播种前进行发芽试验，以便确定播种量，并晒种、浸种、药剂拌种提高种子的发芽率和出苗率。

（3）适时播种 一般在5厘米地温稳定在10℃～12℃时播种较为适宜。我国北方春高粱适宜的播种期：东北中北部多在5月上中旬，东北南部在4月下旬至5月上旬，华北及西北在4月中下旬至5月上旬。华北夏高粱在6月上中旬至下旬。

(4)播种深度　适宜播深3～5厘米，干旱条件下应深播种浅盖土。

2. 合理密植

对于茎秆较强的品种，适宜密度在每亩6 500～8 000株；对于茎秆较弱的品种，抗倒性较差，适宜密度较低些，一般以每亩种植5 500～6 500株为宜。

种植方式在生产中普遍应用等行距种植，一般行距40～60厘米，株距因密度而不同。东北垄作地区，通常行距50～60厘米。采用宽窄行种植方式的，一般大行距60～70厘米，小行距26～33厘米。

3. 施　肥

(1)基肥　每亩施基肥有机肥2 000～3 500千克，过磷酸钙20～35千克。

(2)种肥　每亩施硫酸铵5千克为宜。

(3)追肥　拔节初期每亩追施氮素5～8千克。

4. 灌溉　高粱为抗旱耐涝作物，但在高产条件下，仍须及时灌溉。当土壤含水量低于田间持水量70%时，必须及时灌水。如遇雨涝，应注意排水。

三、绿豆科学种植技术

绿豆在我国栽培已有2 000多年。自古以来它就是重要的粮食、蔬菜、绿肥、药用作物。由于绿豆品种类型多，播种适期长，生育期短，适应性广，加之耐旱耐瘠，农民多以它为旱地、田埂隙地、灾后救荒、缺苗补种的重要作物。

(一)绿豆的类型

1. 依生长习性分　绿豆可分为直立、蔓生和半蔓生三种类型。直立型植株抗倒，一般表现早熟；蔓生和半蔓生型可充分利用当地生长季节，多为晚熟种。

2. 依分枝多少分 分枝数有少(0～1 个)、中(1～5 个)、多(5 个以上)三种类型。分枝数与单株荚数、粒数呈极显著正相关，与百粒重呈极显著负相关。

3. 按籽粒大小分 可分为大粒型(百粒重在 5 克以上)、中粒型(3～5 克)、小粒型(3 克以下)。东北品种多为大粒型，华北栽培中粒型，华南则多种植中粒或小粒型。

(二)绿豆科学种植技术

1. 选用优良品种 据鉴定，河北高阳小绿豆、辽绿 25 号生育期 70 天左右，早熟、适应性广、丰产性好。房山小绿豆在华北、辽宁和沿江地区表现出广泛的适应性。中绿 1 号适应性强，稳产性好，粒大、明绿。我国名贵的品种有张家口绿豆、大明绿豆、山东绿豆、安徽明光绿豆等。

2. 轮作倒茬 绿豆为重要的肥地作物，是禾谷类作物的优良前作。绿豆忌连作，"土地年年调，产量年年高"，绿豆轮作模式有：①一年一作，如绿豆—谷子、高粱或玉米。②一年两作，如小麦—绿豆。③两年三作，如小麦—绿豆—棉花—小麦—绿豆(谷子)。④三年五作，如小麦—绿豆—春甘薯—春玉米、小麦—绿豆(大豆)。

3. 种植方式 绿豆的种植方式有间种、套种、混种、复种和纯种 5 种。

(1)间种 绿豆对光照不敏感，较耐荫蔽。利用其株矮、根瘤固氮增肥的特点，常与高秆作物间作，以光补肥和通风透光，有利于提高主作物的产量，可一地两熟，达到既增收又养地的目的。间作模式有两种。

①绿豆、谷子(高粱)：2 行玉米、4 行绿豆或 2 行玉米(高粱)、2 行绿豆或 4 垄玉米、2 垄绿豆。以玉米为主，增收绿豆；以绿豆为主，增收玉米。

②绿豆、谷子：俗称“谷骑驴(绿)”，1耧谷子，4行绿豆。绿豆、谷子都可增产10％。

(2)套种　主要有绿豆套甘薯和棉花套绿豆两种。①绿豆套甘薯。埂上栽甘薯，沟内穴播或条播1行绿豆，每亩可多收40～50千克绿豆，甘薯不少收。②棉花套绿豆。宽行1.2米种绿豆，窄行0.5米种棉花。棉、绿同期播种，在棉花铃期收完绿豆。

(3)混种　一般在玉米、高粱行间或株间撒种绿豆或掩种绿豆。通常用于玉米等主栽作物补缺，使缺苗主栽作物少减收；并可以养地，达到增收目的。

(4)复种　复种主要是在多熟地区，利用麦类或其他下茬作物种植绿豆，实行一地多收，提高土地利用率。有小麦—绿豆、水稻—绿豆、油菜—绿豆等种植方式。

(5)纯种　纯种即一年种一季绿豆，多在无霜期较短以及贫瘠的沙薄地、岗地或坡地种植，尤其是气候干燥、土层薄的干旱地区，以及管理粗放地区实行绿豆纯种，获得一定产量。

3. 精细整地　绿豆子叶大，顶土力较弱。同时，绿豆主根深，侧根多。因此，整地要求深耕细耙，上虚下实，无坷垃，深浅一致，地平土碎。土壤通透良好，利于根瘤菌发育和土壤微生物活动。整地要求早秋深耕，加厚活土层，早春顶凌耙地。

4. 适期播种

(1)种子处理

①选种：利用风选、水选或机选，清除秕粒、小粒、杂质、草籽，选留干净的大粒种子播种。

②晒种：播前选晴天中午将种子薄摊席上，翻晒1～2天，增强活力，提高发芽势。

③擦种：将种子中粒小、色暗、皮糙、组织坚实、吸水力差、不易发芽的“铁绿豆”摊于容器内用新砖来回轻搓，使种皮稍有破损，容易发芽和出苗。

④接种根瘤菌:接种方式有土壤接种和种子接种。土壤接种采用上年绿豆地表土 100 千克,均匀撒于绿豆新植地。种子接种系在播种前将菌肥或根瘤加水调成菌液,徐徐倾入种子上;或在种子上洒少量水,将菌剂撒于湿种子上拌匀,随拌随用。根瘤菌肥勿与化肥、杀菌剂同时使用。常用固氮菌品种每克固体菌剂含根瘤菌 3 亿个的,每亩用量为 125 克;每克固体菌肥含根瘤菌 1.5 亿的,每亩用量为 250 克。

(2)选择播期　一般在 10 厘米地温达 16℃～20℃时即可播种。北方适播期短,一年一作春播期在 5 月初至 5 月底,夏播期在 5 月下旬至 6 月初,前作收获后应尽量早播。播期越早,产量越高,个别地区最晚可延至 8 月初播种。

(3)播种方法　有条播、穴播和撒播,以条播为多。条播要防止覆土过深、下籽过稠和漏播。间作套种和零星种植多为穴播,每穴 4～5 粒,行距 60 厘米,穴距 15 厘米。撒播要防止稀稠不匀,播量依据品种特性、气候条件和土壤肥力等因地制宜确定。整地质量好,籽小播量可少些,反之则多。

5. 科学施肥

(1)基肥施用　一般亩用钙镁磷肥 20 千克加草木灰 25 千克,再均匀拌和沙壤土 300 千克盖种。若施优质生物有机肥 15 千克粉碎后和沙壤土 300 千克盖种的效果更好。

(2)施肥原则　以农家肥为主,无机肥为辅;农家肥和无机肥混合施用;施足基肥,适当追肥。基肥每亩施有机肥 1 000～3 000 千克。追肥要适时适量,宜于苗期和花期在行间开沟施入,每亩分别施尿素或复合肥 5～10 千克或 8～15 千克。开花结荚期叶面喷肥有明显效果,喷钼酸铵、硫酸锌 0.1%～0.3%溶液,可增产 7%～14%。

6. 合理密植　合理密植的原则是:早熟种密,晚熟种稀;直立种密,半蔓种稀,蔓生种更稀;肥地稀,瘦地密;早播种稀,晚播种密。采用直生型和丛生型品种，行距为株高的1～1.2倍，株距为株高的1/4～1/3，每亩为6000～15000株，半蔓生为4000～6000株/亩，蔓生为3000～4000株/亩。

7. 田间管理

(1)间田定苗　应在第一片复叶展开前适当间苗，将过密多余豆苗拔除。做到间小、留大，间杂、留纯，间弱、留强，利于透光；第二片复叶展开后定苗，实现苗全苗壮。

(2)中耕除草　从出苗至开花前中耕除草3～4次，中耕深度掌握浅→深→浅的原则，并进行培土，以利于护根排水。

(3)灌水　绿豆需水较多，但忌涝。开花期是需水高峰期，增花保荚，增粒增重，浇好绿豆灌浆水。

(4)病虫害防治　注意抓好叶斑病、枯萎病和白粉病以及地老虎、蛴螬、豆荚螟、豆蚜等病虫害的防治。

绿豆的主要病害有根腐病、病毒病、黄叶病。在根腐病发病初期，用黄腐酸盐40克对水40升，或用杀菌壮600～800倍液叶面喷施。要及时喷豆虫清600～800倍液，不但能迅速杀死蚜虫、红蜘蛛、豆椿象、豆荚螟、食心虫等害虫，而且可有效防治病毒病、黄叶病，还能促进植株生长，一药三效。

8. 适时收获　绿豆成熟不一致，需多次采收。大面积栽培的，以在豆荚有2/3以上变黑时收获为宜，收获时最好用刀割，不要连根拔，因为连根拔，拔除了根瘤，不利于培肥地力。收获后要及时晒干脱粒，清选后入库，并用药物熏蒸以防绿豆象危害。如作绿肥种植，于结荚期翻压肥效最佳。

四、小豆科学种植技术

我国是小豆的原产地。至今，在我国喜马拉雅山麓尚有小豆野生种和半野生种存在。印度、朝鲜、日本等国也有栽培，以我国出产最多。小豆种植遍及全国，以华北最多，东北次之。根据我国各地的气候特点以及小豆籽粒大小和熟期早晚，大致可归纳为五个小豆生态类型区，即：东北、华北、黄河中下游，长江中下游生态区以及南方热带极晚熟生态区。

小豆是集粮、药、肥于一身的重要作物。小豆的药用功效，具利水除湿、活血排脓、消肿解毒作用。小豆还是良好的倒茬作物，因其品种熟期类型多，适于同多种作物搭配倒茬。小豆耐湿性较好，有“旱豇豆涝小豆”之说。小豆对土壤要求不高，耐瘠薄，黏土、沙土都能生长，川道、山地均可种植。排水良好、保水保肥的土壤有利于高产。既耐涝，又耐旱，晚种早熟，生育期短，栽培技术简单，可作补种作物。小豆秸秆是家畜的良好饲草。

(一)小豆的类型

小豆生长习性分直立、蔓生和半蔓生三种。生长习性与熟性有关，直立型早熟，半蔓生型中熟，蔓生型多晚熟。结荚习性分有限型和无限型两种。

(二)小豆科学种植技术

1. 优良品种 我国是世界上小豆资源最多的国家，遍及全国各地。目前我国各栽培区都有适合种植的优良品种，但当前生产上农家品种也占有一定面积。如天津红小豆粒色鲜艳，皮薄，沙性好；东北大红袍、唐山红小豆粒大色深；崇明红小豆色泽艳丽等。表现好的优良品种还有：京农5号、京农6号、兴安红小豆、安次朱砂红、冀豆1号、冀豆2号、冀红4号、冀红9218、冀红8937、济南红小豆、泗阳红小豆、龙小豆1号、白城153、吉红1号等。

2. 选择适宜的茬口　种植红小豆忌与豆科作物重茬，重茬造成根瘤减少，植株长势弱，病虫害加重，造成大幅度减产，以间隔3～4年为宜。种植红小豆应选择前作茬为谷类或马铃薯的地块。

3. 种植方式　红小豆的种植方式主要有单作、间作、套种及水田畦埂点种等。北方常与玉米、向日葵、甘薯、谷子等间作；零星地块也可用来点种小豆。播种方法主要是条播和穴播，单作以条播为主，间作、套种和零星种植常用穴播。

4. 适期播种　小豆有春、夏、秋播之分。一熟制多春播，两熟制多夏播，三熟制多秋播。为提高品种纯度和种子发芽率，在播种前应进行种子晾晒和精选，有条件的可进行种子药剂处理，能有效防治病虫害。小豆单作亩播种量一般为2～3千克，留苗0.6万～1.2万株。行距以40～60厘米，株距以10～15厘米为好。播深3～5厘米。合理密植一般应掌握早熟宜密，晚熟宜稀；肥地宜稀，旱薄地宜密的原则。

5. 田间管理

（1）间苗　小豆播种后要确保苗全、苗齐、苗壮。一般在第一片复叶展开后开始间苗，间苗时注意拔除病苗、弱苗、杂苗和小苗；第二片复叶展开后定苗。在干旱威胁较大的地块，应适当推迟间苗、定苗时间，但最晚不宜迟于第三复叶期。如有缺苗断垄现象应及时补苗。

（2）中耕除草　红小豆出苗后遇雨，应及时中耕除草，破除板结。全生育期要中耕2～3次，封垄前最后一次结合中耕进行培土。后期，遇天气干旱应灌水；涝洼地则需注意排水。生育后期喷施磷肥及微量元素，晚熟品种喷施乙烯利有较好的增产效果。

（3）防治虫害　花前应注意防治蚜虫、红蜘蛛危害。开花期防治豆荚螟、豆象、豆叶蛾、棉铃虫等。

6. 适期收获　红小豆有上下荚果成熟不一致的习性，收获可采取一次性收割和分次采摘两种方式。当红小豆中下部茎秆变黄、下部叶片脱落、中部叶片变黄，80%左右豆荚变黄成熟时，即为适宜收获期，这时收获产量及品质均为最佳。小面积栽培时，可分期采摘。收获过早粒色不佳，粒形不整齐，瘪粒增多，降低品质和商品质量。收获过晚，不但荚果开裂，籽粒散落降低产量，而且粒色加深，光泽减退，异色率增加，影响产品外观质量。收获后及时脱粒、晾干。

第三章 经济作物科学种植

经济作物包括纤维作物、油料作物、糖料作物及嗜好作物等。

纤维作物除棉花外，主要是麻类作物，如大麻、亚麻、苘麻、剑麻等，其产品为韧皮纤维和叶纤维。

油料作物包括花生、油菜、芝麻、向日葵等，大豆种子含油量较高，也属于油料作物。脂肪是油料作物种子的重要贮存物质，也是食物中产热量最高的物质。

糖料作物中，甜菜和甘蔗是世界上两大糖料作物，其块根或茎秆中含有大量的蔗糖($C_{12}H_{22}O_{11}$)，是提取蔗糖的主要原料。

嗜好作物主要有烟草、茶叶、薄荷、咖啡、啤酒花等。

第一节 棉花科学种植技术

棉花产品包括棉纤维和籽，是唯一由种子生产纤维的农作物。棉纤维是纺织工业的主要原料；棉籽含油分、蛋白质，是食品工业的原料；棉短绒也是化学工业和国防工业的重要物资。

棉属中包括许多棉种，其中有四个栽培种：草棉、亚洲棉、陆地棉和海岛棉。栽培最广泛的是陆地棉，其产量约占世界棉花总产量的90%；海岛棉占5%～8%；亚洲棉占2%～5%；草棉已很少栽培。

根据气候、生态特点和种植制度、生产水平，可将我国棉花种植区域分为南北两大棉区，北方棉区又可分为黄河流域棉区、北部特早熟棉区和西北内陆棉区；南方棉区可分为长江流域棉区和华南棉区。目前，我国棉花形成了黄河流域、长江流域和新疆棉区，三大棉区棉花总产各占全国的1/3左右。特别是新疆棉区发展迅速，棉花面积和总产均位居全国之首。

一、棉花栽培品种分类

按品种熟性可分为短季棉、中早熟、中熟和晚熟品种，其基本依据是达到霜前开花率晚熟类型≥15℃积温在4 500℃以上，早熟品种只需要3 000℃～3 600℃，相差900℃～1 500℃。

从生产上讲，某一品种霜前花达80%以上为早熟，达70%～80%为中熟，达60%以下为晚熟。陆地棉的早熟品种生育期一般为115天左右，中熟品种为130～140天，晚熟品种可达200天左右。

二、棉花高产栽培技术

棉花的一生，是由种子萌发开始，经过发根、增叶、长茎、分枝等营养生长，并在此基础上进行花芽分化、现蕾、开花、结铃、吐絮等生殖器官的发育，直至种子成熟，完成其生活史。

棉花高产栽培的中心任务是：协调棉花生长发育与外界环境条件、营养生长与生殖生长、群体与个体之间的矛盾，达到早发苗、健壮生长、早熟而不早衰的目的。其中，播种保苗，合理密植，肥水运筹，整枝，化控，病、虫、草害防治等是高产栽培中必不可少的基本技术。

（一）播种保苗

播种保苗是夺取棉花丰产的首要环节，主攻目标是一播全苗。要求达到“早苗、全苗、齐苗、匀苗、壮苗”。“早”是指适时播种；“全”是指不缺苗断垄，保证田间密度；“齐”是指出苗快，棉苗整齐；“匀”是指棉苗分布均匀一致，长势平衡；“壮”是指根健株壮，长势稳健。

1. 种子萌发出苗　棉花种子在适宜的水分、温度和氧气条件下，就开始萌动，种子的发芽经历吸胀、萌动和萌发三个阶段。适宜的温度、足够的水分与充足的氧气是棉籽萌发、出苗不可缺少的外在条件。

棉花种子吸水达本身风干重量的60%～80%为萌发的适宜含水量。种子吸水速度与温度有关，水温高，则吸水速度快，反之则慢。由于棉籽壳不易通气透水，所以播种时的最适宜的土壤含水量为田间持水量的70%左右。一般确定为5厘米地温稳定通过14℃为适宜播种期。棉花种子内的蛋白质、脂肪含量远高于禾谷类作物的种子，萌发出苗时需要有充足的氧气。因此，要求播种时土壤疏松，播种后防止土壤板结，以避免因氧气供应不足，不利于萌发出苗和幼苗生长。

在北方棉区，低温、少雨是主要限制因素。在南方棉区，土壤含水量过高是主要限制因素。盐碱地春季温度回升慢，土壤返盐，低温、盐害是主要限制因素。在外界条件满足的前提下，种子本身的品质即种子播种质量是决定因素。播种用的种子要成熟好，饱满，发芽率高。成熟好的种子在浸水后呈黑棕色，未成熟的种子呈浅褐色或黄色。

2. 播前准备 精选种子可以提高种子的质量，提高发芽率。晒种一般在播种前半个月进行，可提高发芽率10%～20%。种子处理有消毒杀菌和促进发芽、出苗等作用。

(1)*种子包衣* 种衣剂是一种用于种子处理的农药剂型，通常由杀虫剂、杀菌剂、微肥、生长调节剂和成膜剂等配套助剂组成。棉种必须经过硫酸脱绒，光滑种子表面才能包衣。

(2)*温汤浸种* 其作用是促进萌发出苗，特别是在土壤墒情较差的条件下，有利于实现一播全苗。同时，由于浸种的温度较高，还有杀灭种子附带的微生物的作用。

(3)*药剂拌种* 常用的药剂和处理方法是：按10千克干棉种用50%多菌灵可湿性粉剂50克加50%福美双可湿性粉剂30克拌种；或用40%福美双可湿性粉剂125克拌种；或用80%炭疽福

美双可湿性粉剂 60 克。立枯病较重的地块，可用种子重量 0.3%～0.4%的五氯硝基苯拌种。南方棉区还可按 10 千克种子用 25%甲基胂酸锌可湿性粉剂 50 克拌种。

北方棉区春季常常干旱，棉田必须浇足底墒水，保好表墒才有利保全苗。土质中等或用偏黏的水浇地棉田，应争取秋冬灌溉，而且地温回升快。在不得不进行春灌的地方，也要争取早春灌，一般在播前半个月结束，让地温有个回升的时间，灌溉后应及时耙耱，碎土保墒。沙质土则应在播前灌水，灌后浅耕耱耙保墒。

结合播前整地施基肥。棉田强调基肥要饱，基肥要深施、多施、集中施用效果好。基肥以有机肥为主，再配合适量的氮、磷、钾肥。一般壤质土棉田，将氮肥总用量的 60%～70%在播前或秋耕时作基肥，剩余的 40%～30%在现蕾至开花期间的适宜时间施入；无霜期短的棉区，追肥时间要提前。早熟品种、水资源缺乏、土壤黏重的，可将全部氮肥作基肥。沙壤及轻壤质棉田，则将氮肥总量的 40%～60%作基肥，剩余的 60%～40%在现蕾至开花期间分 2 次或 1 次追入。一般情况下，磷肥和钾肥作基肥一次性施用。

北方棉区对播前整地要求为地暖墒好，上虚下实，地面平整疏松、细碎无结块。“上虚”是指表层土壤疏松，水分适宜，有利于温度上升和通气，“下实”是指种子以下的土壤比较细密而墒足。南方棉区雨水较多，播前的土壤应注意增温和透气。以施肥改土，促进生土变活土，板土变松土。冬翻稍深，翻后不碎土，充分冻融风化。春翻后要随即碎土整平。行内间作绿肥的要适时翻埋。

3. 播种　一般以 5 厘米地温稳定在 14℃时为播种适期。从终霜期考虑，应掌握“冷尾暖头”抢时播种，或在终霜前播种，终霜后出苗。若墒情过差，宁可推迟播期，也要先行造墒润墒而后播种。在适宜播期范围内，肥水条件好的高产田，使用生育期较长、后发性强的品种，宜适期早播；肥水条件差的棉田或盐碱地，选用生育期短的品种，宜适当晚播。条播的播种量一般是单位面积播种种子数是留苗密度的8倍。计算公式为：

$$单位面积播种量=\frac{计划密度}{每千克种子粒数\times 发芽率}\times 8$$

点播每穴3～5粒种子，脱绒包衣的种子可减少到每穴2～3粒种子。土壤墒情差、土质黏或盐碱地，地下害虫严重时应酌情增加播种量。

墒情好、质地黏重的土壤播深宜浅，墒情差、质地偏沙的土壤宜适当深播。北方棉区播深以3～4厘米为宜，南方棉区播深有"深不过寸，浅不露籽"的经验，深度以1.6厘米左右为宜。播后根据土质和墒情适当镇压，沙土和轻壤土必须镇压，土壤湿度大的棉田要在表土变干时进行，以防硬结。

旱地棉区抗旱播种时，先用耧把种子深种在湿土里，待种子扎根顶土时，再用耧挑去上层表土。

在基肥不足时，一般每亩施过磷酸钙5～8千克、硫酸铵或硝酸铵3～4千克，可随种子施入条播沟中。而尿素和碳酸氢铵不适宜作种肥。

4. 播后管理　北方棉区播种后种子常有落干现象，要及时镇压提墒，墒情过差时，可采取少量喷灌或隔行在行间浇小水。若播后遭受雨拍，雨后要及时松土。若覆土过厚，棉苗顶土困难，则应扒土救苗。南方棉区，播后多雨，在播前清好田沟，防渍防涝。套作棉田，为改善温光条件，要扶理前茬，"扎把露苗"，加快出苗，提高出苗率。

(二)合理密植

种植密度的确定要依据当地土壤、水肥、气候条件、种植制度、品种和栽培技术水平而定。

1. 土壤条件　土层厚，保水、保肥力强的土壤，应适当稀些；土层薄，保水、保肥力差的土壤(如旱薄地、丘陵地、盐碱地等)，适当密些。即肥地宜稀、瘦地宜密。

2. 水肥条件　施肥水平高的地块宜稀，施肥水平低的宜密；旱地棉田及干旱少雨地区应适当密些，水浇地及降雨多的地区应适当稀些。

3. 气候条件　如南方棉区，棉株生长高大，衰老较迟，密度要适当小些；无霜期较短、温度较低的北方棉区，密度则应适当大些。

4. 与种植制度的关系　如果棉花有前茬作物，一般受前茬作物的影响，播种期推迟，生育期缩短，单株营养体较小，种植密度应较一熟棉田适当增加；夏播短季棉由于生育期短，营养体小，密度常比一熟春棉高出1～2倍。当前我国棉花栽培方式有直播、育苗移栽和地膜覆盖等。

5. 与品种的关系　早熟、株型紧凑或容易早衰的品种，宜适当增加密度；中晚熟、株型松散、后发性强的品种宜适当稀植。

6. 与栽培管理水平的关系　在管理粗放、栽培棉花技术水平相对较低时，宜适当稀植；反之，可适当密植。每亩的种植密度，黄河流域棉区春棉为3 000～4 000株，夏棉5 000～8 000株；长江流域棉区春播为2 500～3 500株；西北内陆棉区为10 000～16 000株；特早熟棉区为6 000～7 500株。在生产上特别强调“稀植稀管，密植密管”的原则。

7. 行株距　棉花行株距有等行距和宽窄行。一般中等肥力的棉田和间套作棉田多采用宽窄行；高产棉田和不易发棵的丘陵地和旱薄地多采用等行距。黄河流域棉区，等行距种植，每亩可产100千克左右皮棉的高产棉田行距多为80～90厘米；旱薄地为50～60厘米；宽窄行种植，一般宽行80～100厘米，窄行40～60厘米。南方棉区随着棉田肥力水平的提高，在原有株行距基础上，采用“扩行降株”的方式；而西北内陆棉区，尤其是地膜棉，多采用宽窄行种植方式（宽行距为50～60厘米，窄行距为20～30厘米）；特早熟棉区地膜覆盖棉田采取100～110厘米大垄双行种植，小行距40厘米。

(三)苗期的田间管理

棉花苗期是指从出苗至现蕾期间,北方棉区一般从 4 月底至 6 月上中旬,南方棉区从 4 月下旬至 6 月上旬。

1. 生育特点 棉花苗期长根、长茎、长叶,以增长营养体为主,通常为 40 天左右。在苗期,根的生长较快,主根伸长比地上部株高增长快 4.5 倍。

影响棉苗生长的主要环境因素是温度,光照问题不突出。幼苗株体小,对养分吸收量不多,但对养分反应敏感,缺氮影响营养生长,缺磷则抑制根系发育。氮肥过多,会使棉苗营养生长过旺,呈旺苗长相。苗期对水分要求较低,土壤水分偏少时,有利于根系下扎,地上部敦实,促苗早发。

在一播全苗基础上,达到壮苗早发,其关键在于促进根系发育,壮苗先壮根,发苗先发根。只有根系长得深而广,才能培育壮苗,才能促进早发,早现蕾、早开花、早结桃,桃多、桃大。

2. 栽培管理 苗期管理的总要求是保证全苗,在此基础上培育壮苗,促苗早发。主要是克服不良自然因素的影响,改善生育环境,保证幼苗正常生长。

播种后要及时检查,发现漏播、露籽,要立即补种、覆土。

间苗要求齐苗后进行,间到“叶不搭叶”的程度,穴播棉田每穴保留 2～3 个棉苗,到 1～2 片真叶期再定苗,并及早进行株间松土。定苗时按密度留苗,缺苗断垄处留双株,定苗时间最晚不得晚于 3 片真叶期。

北方棉区,苗期一般进行 3 次中耕。第一次在子叶期,中耕深度 4～5 厘米。第二次中耕在 2～3 片真叶期,深度 6～7 厘米。第三次中耕在现蕾前,深度 7～8 厘米。南方棉区,应在清沟排渍的同时,进行松土除草。待真叶长出后适当加深中耕松土深度。套作棉田,待前茬作物收获后,应抓紧中耕灭茬松土。

在基肥用量不足时,尤其是中低产棉田,苗肥以化肥为主,一般每亩施速效氮肥 3～5 千克、过磷酸钙 20～25 千克、硫酸钾 5～7.5 千克，或配合追施腐熟好的饼肥和人、畜粪。基肥用量足的高产棉田，可不施苗肥。

北方棉区的一熟棉田，播前浇足了底墒水的，苗期一般不浇水，做好中耕保墒工作，第一次浇水争取推迟到现蕾后。实在需要浇水的，则应小水轻浇，隔沟浇，浇后要中耕，改善通气状况，提高地温。苗期田间持水量以 55%～70%为宜。麦田套作棉花，苗期正是小麦灌浆成熟期，耗水量大，遇旱应浇水、避免棉苗生长受抑制。南方棉区由于雨水多，苗期强调清沟排渍，以降低土壤湿度，提高地温，减少病害，促根生长，提早发育。

(四)蕾期的田间管理

棉花蕾期是指现蕾至开花这一段时间，一般一年一熟棉田蕾期从 6 月上中旬至 7 月上旬。

1. 生育特点 蕾期棉株生长最快，是营养生长和生殖生长并进时期。蕾期的生育要求是协调好营养生长和生殖生长的关系，在氮素供应充足同时，必须供给磷、钾肥，以促进生殖生长，控制营养生长。总的要求是在壮苗早发基础上，实现增蕾稳长。

蕾期的棉株长相为株型紧凑，茎秆粗壮，节密，果枝向四周平伸，着生角度较大，节间分布匀称，叶片大小适中，蕾多、蕾大。

2. 栽培管理 北方棉区，对于地力好、基肥足、长势强的棉花，可少施或不施速效氮肥，但可酌施磷、钾肥；对地力差、基肥不足、棉苗长势弱的棉田，可适当追施速效氮肥，一般每亩施 10～20 千克氮肥。一般迟发棉田或未施苗肥长势差的棉花，要当早施、多施，对早发或苗肥足、长势强的棉花，要适当晚施、少施或不施。南方棉区，则有施“当家肥”的经验，为花蕾期施，花铃期用，以有机肥料为主，再根据苗情和地力配合适量的化肥。

北方棉区，蕾期一般雨量偏少，易干旱，应适时、适量浇水。对高产棉田，容易徒长，应适当推迟浇头水，以利棉株稳长，根系深扎，增强抗旱能力。头水要控制水量，小水隔沟浇，切忌大水漫灌。南方棉区的蕾期，一般正值梅雨季节，继续加强清沟排水，清除明涝、暗渍。

蕾期中耕可起到抗旱保墒、抑制杂草、促根下扎、提高地温，使棉株生长稳健的作用。做到雨后锄、浇后锄、有草锄。对有疯长趋势的棉田进行深中耕，有控制营养生长的作用。

通过整枝去掉叶枝（油条、疯杈），主要作用是促使果枝生长良好，避免田间郁蔽。通常在棉花现蕾后，可以区别果枝与叶枝时，及时去掉第一果枝节位以下的叶枝。去叶枝时一定要保留主茎叶，禁止"捋裤腿"。

主茎和果枝的叶腋里，常会长出一些芽，这些芽没有实际意义，但这些芽生长时，消耗养分。生产上，对于赘芽要随出随抹，力求及时和彻底。

（五）花铃期的田间管理

花铃期是指从开花至吐絮这一段时间，一般从 7 月上旬至 8 月底，历时 60 天左右。

1. 生育特点　这一时期是决定产量和品质的重要时期，棉株逐渐由营养生长与生殖生长并进，转向以生殖生长为主，边长茎、枝、叶，边现蕾、开花、结铃。

花铃期又可分为初花期和盛花结铃期。初花期是指棉株开始开花，到第四、第五果枝的第一果节开花时，约 15 天。在此期间，营养生长和生殖生长并进，是棉花一生中生长最快的时期，主茎日增量、花蕾增长量和叶面积均迅速增长。初花期的营养生长旺盛，若氮肥过多，容易疯长，提早封垄，造成棉田郁闭，蕾、铃脱落严重。盛花期后若肥、水跟不上，易于早衰，影响产量和品质。对花铃期的生育要求是：控初花，促盛花，带大桃封行，既不疯长又不早衰。

花铃期正常的棉株，株高每日增长量，初花阶段为 2～2.5 厘米，不超过 3 厘米。盛花阶段保持 1 厘米以上。最终株高，北方棉区以80厘米左右为宜，南方棉区以100厘米左右为宜。棉田的适宜封行时间：北方在7月25日前后大桃形成时封行，南方在7月底至8月初大桃形成后封行。

2. 栽培管理　花铃期的管理原则是，初花期到盛花期适当控制营养生长，盛花期后要促进生殖生长。

花铃期棉桃大量形成，是棉花一生中需要养分最多的时期，提倡重施花铃肥。一般情况下，花铃肥用量约占总追肥量的50%以上，每亩施标准氮肥15～20千克，高产棉田可增加至30千克。施肥水平高的地区，分初花期和盛花期两次施用，初花期速效肥与缓效肥混合施用，盛花期只施用速效肥。只进行一次追肥的，对于肥水条件好、基肥较多、棉株长势强的棉田，应在棉株基部坐住1～2个成铃时施用。对于地力较差、基肥用量不足、蕾肥施用少、棉株长势弱的棉田，应适当提早到初花期追施。花铃肥开沟或打穴深施，做到“施肥不见肥”，以利于根系吸收利用，禁止土表撒施。

叶面肥又称根外追肥。叶面喷肥的肥料种类和适宜浓度一般是1%～2%尿素、2%～3%过磷酸钙和0.3%～0.5%磷酸二氢钾。喷施时间一般在8月中下旬至9月上旬。根据棉株长势，每次间隔7天左右，共喷2～3次，每亩每次喷溶液50～75升，以晴天下午喷于中上部叶片的背面为好。

花铃期棉株对水的反应敏感，如水分失调，代谢过程受阻，大量的蕾铃脱落，并引起早衰。灌溉应坚持“看天、看地、看棉花”的原则。“看天”即根据当地的气候特点，并注意当时天气变化；“看地”即考虑土壤含水量、地下水位、土壤质地等；“看苗”即掌握棉花的长相和缺水表现，如顶部叶片在中午明显萎蔫、下午15～16时仍不能恢复时，应立即灌溉。棉田肥力差、土壤瘠薄、保水能力差、棉株长相弱的要适当早浇。棉田长势旺的应适当迟浇。雨季则应注意排水，以免雨后田间积水，影响根系活动，导致蕾铃脱落。

由于浇水或下雨以及整枝、防虫等田间作业，致使棉田土壤紧实板结，通透性差，导致根系早衰。因而在花铃期尚未封行时，应进行中耕、培土。到了花铃期，棉根再生能力逐渐下降，中耕不宜过深。否则，切断大量细根，削弱根系吸收能力。培土可结合中耕进行。

打顶的主要作用是抑制主茎生长，有利于多结铃，增加铃重。打顶时间依条件而异，肥力低、密度大、长势弱、无霜期短的地区应适当提早打顶；反之，则应适当推迟打顶。北方棉区多在7月中旬进行打顶，南方棉区多在7月下旬打顶。棉农的经验是"时到不等枝，枝到看长势"。打顶方法，应采取轻打，去一叶一心，防止大把揪。同一棉田要求一次打顶，省工不漏打。对主茎和果枝叶腋处长出的赘芽、疯杈应及时抹掉。

(六)吐絮期的田间管理和收花

一般在8月下旬至9月初开始吐絮，持续70～80天。

1. 生育特点 吐絮期的管理，一般棉田要防止早衰，丰产棉田要防止晚熟。

2. 栽培管理 吐絮期的管理，主要是促进早熟和防止早衰。

在秋旱年份，高产棉田应及时浇水。浇水方法以小水沟灌为宜。如植株表现缺肥，可叶面喷施1%～2%尿素溶液和0.5%过磷酸钙溶液。南方棉区要注意排水。

棉田进入吐絮期，需要进行剪空枝、打老叶等项整枝工作。

3. 收花 目前，我国大部分棉区还是人工收花，收花的间隔时间以7～10天为宜。收花要做到"五分"、"四净"、"两不收"。"五分"即不同品种分收，留种与一般分收，霜前花与霜后花分收，好花与僵瓣分收，正常成熟花与剥出的青桃花分收。"四净"即将棉株上的花收净，铃壳内的瓤摘净，落在地上的拾净，棉絮上的叶屑杂物去净。"两不收"即没有完全成熟的花不要急着收，棉絮上有露水的暂时不要收。

第二节　大豆科学种植技术

大豆，俗称黄豆，我国是大豆的故乡，在古代称之为“菽”。据考证，大豆在我国已有 4 600 年人工种植的悠久历史，与谷子、玉米、小麦、水稻合称“五谷”，北起黑龙江沿岸，南到海南省三亚市的广大地区，都有大豆种植。大豆油是世界上使用最多的食用油脂。油脂提炼后的副产品大豆豆粕含有丰富的植物蛋白，是畜牧、水产养殖主要的蛋白质饲料来源。

大豆是营养价值最高的作物之一。在大豆所含有的干物质中，蛋白质、脂肪、碳水化合物和矿物质含量分别占 40%、20%、35%、5%。在构成大豆油的脂肪酸组分中，不饱和脂肪酸的比例在 80%以上。此外，大豆还含有一些对健康有益的微量成分，如异黄酮、低聚糖、皂苷、磷脂、维生素 E 等，被视为保健食品。

发展大豆生产，有助于提高我国人民的蛋白质营养水平。大豆是豆科作物，根部有根瘤菌共生。农谚说：“大豆不瘦田，种一季保两年”，充分说明了大豆的养地作用。大豆籽粒中含有丰富的蛋白质，秸秆中蛋白质含量也达 5.7%，所以大豆是优质蛋白质饲料。

美国、巴西、阿根廷是大豆的主产国，我国位居第四，四国大豆产量之和占世界总产量的 90%。2004 年，美国大豆产量占世界总产量的 40%，巴西占 24%，阿根廷 18%，我国只占 8%。

一、栽培大豆的分类

大豆在长期自然选择和人工选择的条件下，形成了形态特征与生物学特性各异的众多品种类型。

(一)按照用途划分

一般分油用、蛋白用、兼用和菜用型等不同类型。

(二)按照种皮颜色划分

分为黄大豆、青大豆、褐大豆、黑大豆和双色豆五大类。

(三)按照种粒大小划分

种粒大小以百粒重来衡量。按照百粒重大小,可将大豆品种分为极小粒种(6 克以下)、小粒种(6.1～12 克)、中粒种(12.1～18 克)、大粒种(18.1～24 克)、特大粒种(24.1～30 克)、极大粒种(30 克以上)。

(四)按照播种季节和生育期划分

我国的大豆按照播种季节可分为北方春大豆区、黄淮流域夏大豆区和南方多作大豆区三个大区。由于各地区播种季节不同,生产上使用的品种生育期也不同。

1. 北方春大豆区　是中国第一大豆主产区。本区分为七个品种类型。极早熟品种生育日数为 120 天以下,早熟品种为121～130 天,中早熟品种为 131～135 天,中熟品种为 136～140 天,中晚熟品种为 141～145 天,晚熟品种为 146～150 天,极晚熟品种为 151 天以上。一般 4 月下旬至 5 月上旬播种,9 月中下旬收获,单作为主,间混作为辅。鼓粒期间光照充足,昼夜温差大,有利于油分的积累。

2. 黄淮流域夏大豆区　习惯称为黄淮海地区,是我国第二大豆主产区,大豆种植面积约占全国的 35%,产量约占全国的 30%。本区分为四个品种类型。早熟品种生育日数为 100 天以下,中熟品种为101～110 天,晚熟品种为 111～120 天,极晚熟品种为 120 天以上。区内农作制度为一年两熟,大豆多在小麦或油菜收获后播种,9 月中旬至 10 月上旬收获。部分地区为 2 年 3 熟制的春大豆,4 月下旬播种,9 月收获。

3. 南方多作大豆区简称为南方区　是我国第三大豆产区,可种植春、夏、秋大豆,小部分地区还可种植冬大豆。春大豆分为 3 个品种类型。早熟品种的生育日数为 100 天以下,中熟品种为

101～110天，极晚熟品种为111天以上。夏大豆分为四个品种类型。早熟品种生育日数为120天以下，中熟品种为121～130天，晚熟品种为131～140天，极晚熟品种为141天以上。秋大豆分为三个品种类型。早熟品种生育日数为100天以下，中熟品种为101～110天，晚熟品种为111天以上。长江流域亚区及西南高原亚区以麦豆两熟的夏大豆为主，一般5月下旬至6月上旬播种，9月下旬至10月下旬收获。中南亚区及东南亚区有春大豆和秋大豆，前者面积较大，3月下旬至4月中旬播种，6月中旬至7月下旬收获；后者面积较小，7月下旬及8月上旬播种，11月上旬至翌年1月下旬收获。

二、大豆优质高产栽培技术

(一)选用良种

优质大豆生产必须选用优质品种。所谓优质品种是某种或某些营养物质成分含量较高、适合特定加工利用需要的品种，如高油品种、高蛋白品种、高异黄酮品种、低亚麻酸品种等。按照国家大豆品种审定标准，油分含量达到21.5%的品种称为高油品种，蛋白质含量达到45%的称为高蛋白品种。在大豆优质栽培中，品种选择应该注意以下几点：

1. 适宜的生育期　引进新品种时，要求其成熟期与当地推广品种一致。熟期过早，浪费光热资源，产量降低；熟期过晚，成熟不良，会影响品质。

2. 优质　根据生产的目标，选择不同类型的品种。例如，油用大豆品种的含油率不得低于18%，否则就不宜作为制油的原料。在我国目前推广的高油品种中，各地适用品种有：

(1)高油品种

①适合黑龙江省推广的品种有：黑农37、黑农41、黑农44、黑农45、合丰40、合丰41、合丰42、合丰45、绥农14号、绥农18号、

绥农20号、黑河19、黑河21、黑河27、垦农18号、垦农19号、东农46等；

②适合吉林省的有：吉科豆1号、吉育60、吉育47、吉育35、吉育57、长农13等；

③适合辽宁省的有：辽豆11、辽豆14、铁丰31号、开育12、开育9号、丹豆10号、中黄20等；

④适合内蒙古自治区的有：蒙豆9号、蒙豆12号、疆莫豆1号、合丰40、黑河27等；

⑤适合黄淮海地区的有：冀黄13号、五星2号、中黄13、中黄20、中黄24、邯豆4号、鲁豆11、鲁99－1、滨豆1号、齐黄31、晋豆29号、晋遗30、晋大70、豫豆11号、豫豆15号、周豆12、徐豆12号等；

⑥适合南方地区的有：湘春豆14、湘春豆16、湘春豆17、湘春豆18、湘春豆19等。

(2)高蛋白品种

①适合黑龙江省推广的有黑农35、黑农43、黑农48、黑生101、东农42、垦农6号等；

②适合吉林省推广的有：吉林28、吉林40、通农10号、通农11、通农13、通农14等；

③适合辽宁省的有：铁丰29、丹豆7号、丹豆8号、沈农8510等；

④适合黄淮海地区的有：冀豆12、沧豆5号、科丰14、中黄22、鲁豆10号、鲁豆12、齐黄27、鲁宁1号、菏豆12、豫豆12号、豫豆16号、豫豆19号、豫豆21号、豫豆22号、豫豆24号、豫豆25号、豫豆28、豫豆29、郑92116、皖豆6号、皖豆15、皖豆18、皖豆19、徐豆9号、泗豆288等；

⑤南方地区的大豆品种多为高蛋白类型，推广面积较大或新审定的品种有中豆8号、中豆32、鄂豆4号、鄂豆6号、鄂豆7号、南农88－48、浙春2号、浙春3号、浙春5号、成豆4号、贡豆6号、南豆3号、南豆4号、赣豆1号、桂春1号、柳豆2号、桂早1号等。

(3)具有特异生化品质的品种　中豆28(低胰蛋白酶抑制剂)、中黄18、绥无腥1号、五星1号、五星2号(低豆腥味)、中黄16(低豆腥味且低胰蛋白酶抑制剂)、中豆27(高异黄酮)。

(4)菜用大豆品种　台75(Greta 75,日本品种)、AC－92(高雄1号)、矮脚毛豆、华春18、新六青等。

更换品种时,要详细了解品种的特征特性和适宜栽培的地区。

3. 产量高　根据当地的水分、土壤状况和生产水平选择株型合适、稳产、高产的品种。

4. 抗病虫品种　病虫害不仅能显著降低大豆的产量,而且影响其外观品质和内在品质,选择抗病虫的品种是高产优质的基础。

(二)适区种植

每个优质品种都有其最适宜的种植区域,越区种植将造成产量和品质的下降。一般来说,将一个品种从其最适宜区域北移,生育期将延长,难以保证霜前或下茬作物播种前成熟。品种从其最适宜区南移时,生育期会缩短,蛋白质含量会有所升高,但脂肪的含量下降。因此,优质品种一定要在其适宜区域内种植,才能保证产品质量。从全国大豆品质地理分布的规律看,北方大豆油分含量高、蛋白偏低;南方大豆蛋白含量高、油分偏低。

(三)轮作倒茬

大豆不耐连作,重、迎茬常导致产量下降,病虫害加重,品质变劣。除豆科作物外,进行过深翻和施肥的小麦、玉米、高粱、谷子以及亚麻、甜菜、马铃薯等,都是大豆的良好前茬。前茬作物施肥较多时,大豆可少施甚至不施肥料。

在我国东北地区,较好的轮作方式有:大豆—玉米—玉米、大豆—小麦—小麦、大豆—小麦(亚麻)—玉米等。黄淮海地区可采用冬小麦—夏大豆—冬小麦、冬小麦—夏大豆—冬小麦—夏杂粮、冬小麦—夏大豆—冬闲后种植春玉米、高粱、棉花等轮作倒茬方式。南方地区大豆与其他作物的轮作方式有:冬播作物(小麦、油菜)—夏大豆(一年二熟)、冬播作物(小麦、油菜)—早稻—秋大豆(一年三熟)和冬播作物(小麦、油菜)—春大豆—晚稻(一年三熟)等方式。

(四)精耕细种

土壤耕作包括深松、整地等环节。夏大豆在冬小麦、油菜等冬播作物收获后播种,生长期较短,需要抢墒播种,整地速度要快,尽量减少水分散失。在雨水较多的南方地区,经常出现涝害,需要将大豆种在高畦上。畦沟便于排水,使大豆在通气状况良好的畦上生长。旱时还可以利用畦沟灌水。

大豆的播种方法分为条播、穴播和点播三类。在东北地区,近十几年来推广的先进播种方法有"三垄"栽培、等距点播、窄行密植(包括大垄窄行密植、小垄窄行密植、平作窄行密植)、行间覆膜等。在黄淮海地区,耧播和人工撒播仍很普遍。

(五)合理施肥

肥料的种类和配比对油分和蛋白质的形成和积累有重要影响。在保证适量氮肥的基础上,增施有机肥、磷肥、钾肥,配合施用钼、硼等微肥,生长后期叶面喷施磷酸二氢钾,有提高油分含量的作用。增施氮肥有利于蛋白质的形成,施用硫、镁肥和钼、硼、锰、锌、硒等微肥也有利于蛋白质含量的提高。肥料施用量可根据土壤养分状况而定。

1. 基肥 优质大豆生产应多施有机肥作底肥,配合施用矿质肥料,如磷矿粉和过磷酸钙等。猪粪、马粪和堆肥是质量较好的有机肥,每亩施用量为 1～1.5 吨。采用秸秆还田,也是培肥地力、改造土壤的有效措施。磷肥与有机肥一起施用时,最好在有机肥堆积发酵前加入,使难溶性的磷转化为大豆易于吸收的可溶性有机态磷,减少土壤对磷的固定。一般以每吨有机肥中加入磷矿粉或过磷酸钙 40～50 千克为宜。

基肥的施用方法因整地方法而异。东北一季作地区,最好在伏秋翻地时加入，通过耕翻和耙地将基肥翻耙入18～20厘米的土层中。如果在秋季或春季进行破垄夹肥，可将基肥施入原垄沟，然后破茬打成新垄，使基肥正好深施于新垄台下。这样可减少有效成分的挥发，避免肥料与种子和幼芽直接接触，减轻肥料对结瘤的抑制作用，同时又利用大豆根系的趋肥性，诱导根系下扎。

夏大豆产区需要抢墒播种，如没有时间施用基肥，应通过对前茬作物多施基肥，使大豆利用前茬残肥增产。

2. 种肥　种肥是指播种时施用的肥料，一般每亩施用磷酸氢二铵5～10千克、尿素2.5～5千克、氯化钾3～5千克，氮、磷、钾有效成分的比值保持在1.0∶1.2～1.5∶0.5～0.7。土壤养分状况不同，施肥量也要调整。

施用种肥时应避免种子与肥料直接接触，最好采用种下深施、双侧深施或单侧深施。

在施用有机肥的基础上，接种、施用根瘤菌、磷素活化剂、磷细菌、钾细菌等生物肥，也有利于产量的提高和品质的改善。

3. 追肥　初花期追施氮肥对大豆增产有一定效果，增产幅度在5%～20%，在肥力较差的地块增产效果尤为明显。具体做法是，在大豆开花初期或最后一次中耕时，将化肥撒在大豆植株的一侧，随即中耕培土。有灌溉条件的地区，可结合灌水追肥。氮肥的追施量为每亩硫酸铵5～10千克或尿素3.5～5千克。

4. 根外追肥　大豆生长后期，根系吸收功能及固氮活性下降，此时在叶面上喷施速效肥料，具有明显的增产效果。根外追肥以初花期至鼓粒期为宜。根据大豆生长情况和土壤养分状况，每亩可用尿素0.5～1千克，钼酸铵15～30克，磷酸二氢钾100～300克，对水30～50升。有条件的也可加硫酸锌5～25克，硫酸锰50克，钼酸铵5～50克，硼砂或硼酸5克。

（六）适期播种

播种期不仅对大豆的生长发育、成熟期和产量有直接作用，而且对大豆品质有明显影响。在我国,不同地区、不同播期类型大豆品种含油率和蛋白含量存在的明显差异也与播种期有关。一般来说,春播大豆的含油率高于夏播大豆,夏播大豆高于秋播大豆。蛋白质含量的趋势则相反。同一品种在不同时期播种时,品质性状的差异也很大。因此,适期播种对保证大豆的优质十分重要。

北方春大豆适宜的播期应在10厘米地温稳定通过7℃～8℃时开始,在黑龙江省中南部地区一般为4月25日至5月10日,北部、东部地区为5月5日至5月15日;吉林省平原地区和辽宁省为4月20日至4月30日,山区和半山区为4月25日至5月5日;内蒙古自治区南北差异较大,大豆播种期在4月20日至5月20日。黄淮海地区夏大豆生长期有限,播种期越早,生育期越长,产量越高,品质越好。长江流域夏大豆适宜播期为5月下旬至6月上旬。南方秋大豆在早稻或中稻收获后播种,播期以7月下旬至8月初为宜,立秋以后播种,产量下降。冬大豆产区四季皆可播种大豆,播种期取决于当地的降水条件、前作的收获期、病虫害发生情况及花荚期温度等。一般冬播以11月下旬至12月中旬为宜,早熟品种以1月中旬前后为宜。

值得强调的是,同一品种在不同时期播种,生育期是不同的。一般来说,早播生育期长,晚播生育期短。在调整播期时,应特别注意品种的光温反应特性。

(七)合理灌溉

土壤干旱时及时灌溉可以提高含油率,但土壤水分过多也不利于油分的积累。因此种植高油大豆应选择地势平坦、排水良好的地块,并根据大豆长势和气候、土壤条件,适时适量灌水。气候湿润、土壤含水量高、气温高有利于蛋白质的形成和积累,因此,在生产高蛋白大豆时,应保证充足的水分供应。

(八)及时防治病虫草害

我国大豆的主要病害有大豆病毒病、胞囊线虫病、灰斑病、锈病等;大豆虫(螨)害有大豆蚜虫、食心虫、豆荚螟、红蜘蛛、椿象、豆秆黑潜蝇和叶食性害虫等;大豆杂草的种类很多,地区性差异很大。大豆病虫草害防治应坚持"预防为主、综合防治"的方针,着眼于"治早、治小、治了"。在绿色、无污染大豆的生产过程中,应严格按照有关规定,采用生物防治方法、物理方法或低毒低残留农药进行病、虫、草害防治,杜绝使用剧毒、高残留农药。

(九)适期收获

适期收获是保证优质的重要措施。大豆在鼓粒末期至黄叶期,油分含量最高,如果不及时收获,含油率会分别降低1.62%～2.60%和0.9%～2.7%。因此,高油大豆应在落完叶片时尽快收获。

第三节 油菜科学种植技术

油菜籽既是油料作物,又是蛋白质作物,也是重要的工业原料作物,在我国种植有几千年的历史。油菜籽一般含油量40%～50%,出油率35%以上。油菜籽榨油后出饼率达到60%～65%,饼粕中含有35%～40%的蛋白质,还有多种氨基酸及磷、钾等矿物质盐类,是优良的饲料及有机肥料。油菜产业的发展能推动养殖业、养蜂业、加工业等相关产业的发展。

优质油菜是指品质性状经过改良,使菜籽油和菜籽饼的品质明显比普通油菜优良的油菜品种。一般是指低芥酸、低硫代葡萄糖甙品种。双低优质品种不仅产量高,而且油和饼的营养价值也高。

一、油菜生产概况

油菜以其较强的适应性和广泛的用途,在世界油料作物中占有很重要的位置,是世界四大油料作物大豆、向日葵、油菜、花生之一。世界油菜主要分布在亚洲、欧洲和北美洲。过去世界许多国家的油菜主要以白菜型、芥菜型为主，现在均以甘蓝型油菜为主。

目前我国油菜面积、产量居世界第一位。世界油菜单产以欧洲各国最高，一般达到180～200千克/亩。欧洲是一年一熟制的晚熟高产品种，加拿大是一年一熟的春油菜，我国和印度是一年多熟的早中熟品种。

我国从南到北，从平川到高原都有油菜的分布，以长江、黄淮流域面积比较集中。我国油菜按照各地气候条件的差异和油菜播种季节的不同，可概括地划分为两大区：冬油菜区，包括华北长城以南及黄河中下游地区、长江中下游地区、四川盆地、云贵高原和华南沿海诸省，是我国油菜的主产区，面积约占全国油菜面积的90%，产量约占全国总产量的95%。春油菜区可分为三个亚区，即青藏高原亚区、蒙新内陆亚区和东北平原亚区，其面积和总产量均占全国油菜的10%以下。

二、油菜的分类

（一）根据油菜的植物学形态特征分类

我国栽培的油菜分为三种类型：白菜型油菜、芥菜型油菜、甘蓝型油菜。它们具有截然不同的外部形态及生物学特性。油菜不仅在类型（种）之间存在差异，而且在品种之间，其生物学性状和产量性状也存在着很大差异。

甘蓝型油菜植株高壮，叶色蓝绿，薹茎叶无柄半抱茎。常异花授粉作物，自交结实率一般在70%以上。种皮光滑为黑色或黑褐色，千粒重3.5～4.5克。抗性强、耐肥、易高产。

芥菜型油菜株高中等，叶色深绿，叶缘有锯齿，薹茎叶有柄不抱茎。常异花授粉作物，自交结实率70%～80%。角果短小，千粒重1.5～2.5克。耐贫瘠，低产。

白菜型油菜植株矮小，叶色淡绿，叶基部全抱茎。异花授粉作物，自然异交率75%～95%。角果肥大，种皮粗糙为褐、黄褐色或黄色，千粒重 3～6 克。抗性差、不耐肥、不稳产。

以上三大类型油菜广泛分布于世界各国，并已形成四大主要产区：东亚（以中国为主，以甘蓝型油菜为主）、南亚（以印度为主，以芥菜型油菜为主，白菜型油菜次之）、欧洲（以西欧的法、德、英和中欧的波兰等国为主，以甘蓝型冬油菜为主）和加拿大（以西部三个农业省为主，以甘蓝型春油菜为主，白菜型春油菜次之）。

（二）根据油菜在苗期通过感温阶段对温度要求的不同分类

可以把油菜分为春性品种、半冬性品种和冬性品种。

春性品种感温阶段（春化阶段）不需要低温条件，在较高温度下，一般为 9℃～12℃，经过较短时间就能转入生殖生长。春性品种在春季播种一般都能正常开花结实，夏季或秋季成熟，属早熟或极早熟品种。

半冬性品种感温阶段对低温的要求不很严格，适应范围很大，在 3℃～15℃经过 20～30 天，就能正常开花结实，一般为中熟或早熟品种。黄淮流域生产上推广的品种一般都是半冬性品种，如豫油 2 号、4 号、5 号等。

冬性品种对温度比较敏感，对低温的要求严格，需要 0℃～5℃的低温经过 15～35 天以上才能通过春化阶段，转入正常的花芽分化进行生殖生长而开花结实。否则，不能正常开花结实。冬性品种一般成熟晚，属于晚熟或中熟品种。

（三）根据油菜在苗期通过感光阶段对光照要求的不同分类

可以把油菜分敏感型、迟钝型。敏感型春油菜，开花前需经过 14～16 小时的平均日照长度，9～10 叶期最敏感。迟钝型冬油菜，花前需经平均日长为 10～11 小时，11～12 叶期最敏感。

三、油菜高产栽培技术

（一）直播油菜的田间管理技术

1. 直播油菜的播种技术　油菜播种期与油菜的高产和能否

安全越冬有关。不同地区、不同耕作制度，油菜的适宜播种期也不同，油菜适宜播种期要根据以下因素来确定：

(1)当地的温度条件　油菜播种出苗、幼苗期要求气温在15℃～22℃。油菜移栽后，至少还有40～50天的有效生长期才能进入越冬(3℃以下)。

(2)栽培制度　依据当地的栽培制度、作物换茬衔接情况来考虑适宜播种期。应根据前茬作物的收获期确定油菜移栽期，依据移栽期来判断播种期。较晚熟品种先播，早熟品种迟播。

(3)品种特性　白菜型品种一般春性强，早播易引起提早开花，降低产量，宜适当迟播。甘蓝型品种一般冬性较强，早播能发挥品种特性，适当早播有利。总之，迟熟品种应早播，早熟的宜迟播。

(4)虫害的发生情况　早播的油菜，由于气温相对较高，病虫害较迟播为重。甘蓝型品种较能抗病，可以适当早播，白菜型抗病力弱，宜偏迟播。直播田适宜播期为9月15～30日，育苗田为9月10～20日，以保证壮苗安全越冬。

2. 苗期管理

(1)缩短缓苗期促油菜安全越冬　移栽油菜有缓苗期，一般7天左右，长的可达10天以上，缓苗期长，会影响移栽油菜增产优势的发挥。

油菜壮苗的形态标准是：苗高20～25厘米，绿叶6～7片，根茎粗、脚矮，叶色深绿、叶肉厚，根系多，无病虫害。壮苗移栽的最佳适期是10月下旬至11月上旬。

(2)油菜越冬保苗措施　在1月份最冷天气出现前后，可采取如下防冻措施。磷能促进油菜根系发育，增强抗性；钾能提高油菜抗寒、抗病、抗倒能力。每亩施钾(KCl)5～8千克。油菜田应进行中耕松土，土壤封冻前结合中耕，进行培土壅根，提高土壤温度。培土以7～10厘米厚为宜。为保护菜苗安全越冬，可采用培土、盖土、盖干粪等防冻措施。冻后灌水，应在晴天中午进行。进入越冬期前，应视苗情追一次“腊肥”。每亩施1 000～15 000千克猪牛粪或2 500～3 000千克有机肥。冬前进行叶面喷施磷、钾肥，可提高抗寒能力。在越冬期间喷施磷酸二氢钾、活力素溶液，对缺硼的油菜喷施0.2%硼砂溶液。一般用10%吡虫啉10～15克对水喷雾防治油菜蚜虫、跳甲虫；用多菌灵或硫菌灵防治猝倒病。对早抽薹的油菜可喷施多效唑药液，每亩用15%多效唑粉剂35～50克，对水55～70升，均匀喷雾，控制早薹。还可及时摘薹，减轻冻害程度。寒流过后，及时培土扶苗；雨雪天气及早排除田间积水。

3. 蕾薹期管理

此期要根据土质、气候和春前施肥情况，结合苗情科学施肥。特别是冬油菜区，油菜越冬期长，大部分叶片被冻死，养分消耗多，要及时施肥。春季油菜田间管理的具体措施为：

(1)蕾薹肥　地力肥沃，腊肥足，油菜长势强，应少施。土壤肥力差，油菜苗长势弱，要早施，重施。特别对基肥不足，又未施腊肥的油菜，早春要及时补施。早熟品种要早施、少施，干旱地要水肥结合施用。一般每亩用尿素5～10千克或碳酸氢铵10～15千克，可沟施、耧施或结合灌水、中耕除草撒施。

(2)喷施硼肥，防止花而不实现象　蕾薹期喷0.1%～0.2%硼酸溶液，可防治油菜花而不实现象，增产效果十分明显。

(3)搞好排水防渍和抗旱保墒　开春后，南方油菜区雨水多，要搞好田间沟系建设，排水防渍。北部油菜区，蕾薹期如比较干燥，应根据墒情适当灌溉。

(4)中耕除草，疏松地表，提高地温　中耕的原则为：旺苗深，弱苗浅。

(5)防治病虫害　在油菜蕾薹、开花期，菌核病、病毒病，以及蚜虫、潜叶蝇等病虫害容易发生，应及时做好防治工作。

4. 油菜花期管理　开花期是油菜营养生长和生殖生长都很

旺盛的时期,田间管理的主攻方向是:促花和稳长,实现粒多、粒重夺高产。在具体措施上可从以下4个方面进行管理:

补施花肥,可使油菜多结实,增粒增重。但这时植株高大,施肥不便操作,一般采取根外追肥补充。用1%过磷酸钙或磷酸二氢钾、0.2%~0.3%硼酸溶液对水50升进行叶面喷施。

油菜春季增施钾肥,可以增强抗倒、抗病、抗寒、抗渍能力。一般在2月下旬至3月上旬进行。

这一阶段主要是防治菌核病。采取摘除病叶、黄叶,带出田外,减少病源;药剂防治,在油菜的始花、盛花、终花期,用25%多菌灵400倍液50升喷雾。

油菜怕渍,要清好沟,排好水,滤暗水,保证雨停田干。

5. 油菜灌浆期管理 这一时期,油菜叶片开始死亡,光合器官逐渐为角果取代,角果的光合产物为种子灌浆物质的主要来源。建立油菜合理的结角层群体结构,增加油菜结角层厚度,提高角果皮光合生产力,以积累较多的光合产物,提高结实率和千粒重。主要栽培措施是清沟排水,防止倒伏,防治病害,促使油菜活熟不早衰,及时收获,达到丰产丰收。

6. 适时收获,科学贮藏 植株主序中部角果内籽粒开始转黄为褐(一般为终花后28~30天),主花序角果全部、全株和全田角果达到70%~80现黄时,即可收获。这就是油菜"黄八成,收十成","黄十成,收八成"的道理。收获应选晴天上午进行,以免角果爆裂损失。收割时茎秆应留长些,然后小捆架晒,堆放几天促进后熟,再摊晒脱粒,晒干扬净后及时入库,做到颗粒归仓。对优质油菜应做到单独收割、单独脱粒、单独晾晒、单独贮存和单独销售加工,防止混杂,影响质量。

(二)育苗移栽油菜的关键栽培技术

1. 油菜苗床地的选择和播种 苗床地一般应选择土质肥沃疏松,地势高爽平整,靠近水源,排灌方便的田块。并且按秧田:

大田比例为1∶4～5留足秧田。播种前苗床应施足基肥。基肥以每亩人粪尿20担，复合肥40～50千克或碳酸氢铵25千克＋过磷酸钙20～25千克为宜。苗床应做到泥细而平整，上松下实，干湿适度。油菜苗床整地总的原则是：翻地不必过深，土壤必须细碎，厢面必须平整。

适播期一般在9月中旬，播时应以厢定量，均匀播种，一般亩播种量0.6千克左右。要求一次播种一次齐苗，力争早出苗，早全苗。如果种子发芽率高，土壤疏松、墒情好，播种量应适当减少；反之播种量应适当增多。种子播完后应及时细土浅盖。应根据前茬作物收获期，在适宜的播种期内灵活安排播种时间，早茬早播种育苗，晚茬适当推迟播种育苗，即分期分批播种育苗。若播育苗期间遇到长期干旱，播完后即可用稻草盖住厢面，并浇透水，2～3天后如见种子萌动，即可将厢面稻草揭掉。如果在厢面不加覆盖物，人工浇水时间最好在下午4～5时进行，而且需每天连续浇泼，直到种子萌动出苗。

2. 苗床地管理 齐苗后早疏苗，匀留苗，适时定苗，做到“一叶疏，二叶间，三叶定”。一般苗床间苗2～3次，第一次在1叶时进行，主要间除丛苗；第二次在齐苗时进行，要求叶不搭叶，苗不靠苗，苗距3～5厘米。出现3片真叶时进行定苗，苗间距以6～8厘米为宜。间苗的原则是“五去五留”，即去弱苗留壮苗，去小苗留大苗，去杂苗留纯苗，去病苗留健苗，去密苗留匀苗。

苗期的追肥次数和施用量视幼苗的生长情况确定。2～3片真叶时，如果叶色由绿转黄发红，生长缓慢，应立即追肥，每亩施尿素3千克左右提苗。生长到5片真叶时，根系比较发达，应适当控制肥水，促使秧苗老健，达到壮苗移栽。

油菜苗期是治虫的关键时期，因此苗期治虫要治早、治小、治了。油菜苗期害虫主要有蚜虫、菜青虫等，在出苗后开始为害，可用药剂氯氰菊酯＋40％乐果2000倍液防治。

多效唑能促使秧苗壮根、增叶、茎脚变矮，培育矮壮苗。可在油菜的 3 叶期用 15％多效唑 50 克对水 50 升喷雾。

3. 适时移栽　移栽前一定要精细整地加厚土壤的疏松层，改善土壤的理化状况，以利于排水灌溉，调节土、水、气比例，提高地温，加速土壤微生物的活动，使土粒细碎匀松，无大泥块、大空隙，为提高移栽质量和发根壮苗创造良好条件。

油菜移栽期是根据当地的气候条件、栽培制度、土壤条件、品种特性等来确定的。一般在 10 月中下旬至 11 月上旬移栽。一般移栽完经 7 天左右的缓苗期，缓苗后冬前再长 20～30 天，长出4～5 片叶，营养体面积可达到移栽前的状态。提高移栽质量，在大田精细整地施足基肥的基础上，进行移栽。技术上抓好以下几点：一是取苗不伤根，多带护根土。为取好苗，在苗床干旱时，取苗头一天浇透水，取苗时省力不易伤根。拔苗时分批进行，拔大苗，留小苗，拔苗后施清水粪或少量化肥，促小苗迅速长大，在适栽期内第二批移栽。二是实行沟栽。在北方油菜还实行东西行向阳沟栽，有利于提高地温，保苗越冬，即东西行开沟，沟深 10 厘米，将土培在沟的北侧，沟内挖穴栽油菜。三是精细移栽。移栽时做到“三要”、“三边”和“四栽四不栽”，即“行要栽直，根要栽稳，棵要栽正”；“边起苗，边移栽，边浇定根水”；“大小苗分栽不混栽，栽新苗不栽隔夜苗，栽直根苗不栽勾根苗，栽紧根苗不栽吊根苗(根不悬空，土要压实)”。同时，要注意高脚苗深栽，防止越冬死苗。四是施压根肥，浇定根水。油菜移栽前如基肥不足，移栽后每亩及时追人粪、尿 500 千克和过磷酸钙 40 千克作压根肥，促苗发育。同时，及时浇定根水，有利于根系与土壤紧密接触，活棵返青快。

移栽技术：在移栽的头一天下午，先用清粪水泼浇苗床，以免起苗时伤根。移栽时选生长健壮的直立苗，先将植株直立于窝心，四周壅土并按紧，然后将植株向上轻提一下，以使下部根系散开，促其尽快返青。移栽后立即施用清粪水作定根水。

油菜移栽时期一般在10月上旬开始，11月上旬移栽完毕比较合适。移栽苗龄一般以35～40天为宜。移栽油菜栽培密度要视油菜苗的素质、移栽的迟早及土壤肥力状况而定。一般中等肥力田块，在正常苗龄下适期移栽的（苗龄35天，10月20日前移栽），移栽密度以7 000～8 000株/亩为宜。移栽时间推迟的，要适当增加密度，以较大的密度保证产量。

第四节　花生科学种植技术

花生荚果出仁率60%～80%。花生仁含油率45%～55%，蛋白质含量24%～36%，碳水化合物含量6%～23%，纤维素含量为2%，还含有丰富的维生素E、维生素B_1、维生素B_2、维生素B_6和维生素C。花生油粕中蛋白质含量达50%以上。花生叶片含粗蛋白质约20%，茎约10%，并含丰富的钙和磷。花生果壳含70%～80%纤维素，16%戊糖，10%的半纤维素，4%～7%的蛋白质。花生的油饼、叶、茎蔓、果壳均为很好的蛋白饲料。特别是红皮花生的种皮含有大量的凝血脂类，有良好的止血作用。花生是我国主要出口作物，年出口花生30万～40万吨，约占花生世界贸易的1/3。花生适应能力强、抗旱耐瘠，增产潜力大；根瘤菌的共生固氮作用，可以补充氮肥的不足，在作物轮作制中占有重要位置。

花生主要分布在南纬40°至北纬40°之间的广大地区。主要集中在两类地区，一是南亚和非洲的半干旱热带，包括印度、塞内加尔、苏丹等，面积约占世界总面积的80%，总产约占65%。另一类是东亚和美洲的温带半湿润季风带，包括中国、美国、阿根廷，面积约占20%，总产约占35%。

一、我国花生区划

我国划分为七个花生区：①北方大花生区；②南方春秋两熟花

生区;③长江流域春夏花生区;④云贵高原花生区;⑤东北早熟花生区;⑥黄土高原花生区;⑦西北内陆花生区。其中①②③三个区合计花生面积占全国的97%,是我国花生主产区。

二、花生科学种植技术

(一)花生栽培的土、肥、水条件

1. 适宜的土壤条件 土质疏松有利于果针入土和荚果发育,有利于根系发育和根瘤菌固氮。每亩产400~500千克的花生田,土层厚度至少应为80~100厘米。一般亩产500千克以上花生地块要求土壤有机质为7~11克/千克,全氮0.5~0.9克/千克,速效磷22~66毫克/千克,速效钾55~85毫克/千克,代换性钙1.4~2.5克/千克。花生适宜的pH值为5.5~7,不耐盐碱,不耐连作。

2. 需肥量 花生的需肥量随产量的增加而提高,据统计,每生产100千克荚果,全株吸收的氮(简称需氮量)平均为5.45千克,五氧化二磷1.04千克,氧化钾2.615千克,全株吸收氧化钙1.5~3.5千克,一般为2~2.5千克。

氮是花生吸收最多的营养元素。花生一生中吸收的氮,结荚以前主要积累在茎叶中(叶明显高于茎),饱果期以后氮逐渐向生殖体转移,到收获时全株70%~80%的氮分配在荚果中。在贫瘠不施氮的土壤上,根瘤供氮率可达90%以上;而在肥力中等、施氮量适中的土壤上,根瘤供氮率一般为40%~60%,且随施氮量的增加而降低。

花生一生中吸收的磷,结荚以前主要积累在茎、叶中(叶略高于茎),饱果期以后磷逐渐向生殖体转移,到收获时全株70%左右的氮分配在荚果中。

花生植株中含钾(K_2O)量仅次于氮,与氮、磷不同的是,钾在营养器官中含量高于生殖器官。与氮、磷相比,钾在生殖器官的分配率较低,成熟时只占全株的50%左右。茎中钾所占比率在花生整个生育期都较高，结荚后基本不再降低。

花生属于喜钙作物，钙主要积累在营养器官中，生殖器官含钙虽少，但钙对荚果和种子发育却有极重要作用。一般普通型大花生结果要求的土壤临界钙含量为 250 毫克/千克，普通型小花生佛州蔓生只需 120 毫克/千克，小粒的珍珠豆型则更低。土壤中代换性钙以 0.14%～0.25%为宜。

3. 需水量　花生每生产 1 千克干物质，约需耗水 450 升。花生播种出苗期要求土壤耕层含水量应达田间持水量的 70%以上；出苗至开花期是花生最耐旱的时期，适宜土壤含水量应达田间持水量的 50%～60%；开花至结荚期耗水量大增（花生需水临界期早熟种在花针期，大果中晚熟种在盛花结荚和饱果初期），盛花期要求土壤含水量应达田间持水量的 70%；结荚至成熟土壤适宜含水量应达田间持水量的 50%～60%。总之，花生需水规律可概括为“两湿两润”，两湿即播种至出苗和开花至结荚，两润是指出苗至开花和结荚至成熟。

（二）花生的栽培技术

1. 培肥地力、轮作换茬　花生能很好利用前茬作物施肥的残效。前茬作物施肥、培肥地力是花生增产的基本环节。深耕增肥、防除病虫害、选用耐连作品种等措施，在一定程度上可减轻连作危害。花生可与禾本科作物（棉花、烟草、甘薯等）轮作，但不宜与豆科作物轮作。

2. 适期播种　播种前要进行种子精选、催芽、拌种。当 5 厘米地温稳定在 15℃（珍珠豆型小花生 12℃）以上，即可播种，而以地温稳定在 16℃～18℃时，出苗快而整齐，一般北方花生区春播适期为 4 月中旬至 5 月上旬。带壳播种能提早播种 10 天左右。地膜覆盖栽培可比露地栽培早播 10～15 天。丘陵旱地地膜栽培花生，延迟到 5 月份播种可使花针期与雨季吻合。花生播深为 5～7 厘米，土壤墒情好的地块，播深宜在 4～5 厘米。

3. 合理密植 种植密度取决于地力、品种、气候和播期等因素。北方花生区，春播密枝丛生品种适宜密度为 1.2 万～1.6 万株/亩，蔓生品种 0.8 万～1.4 万株/亩；疏枝中熟丛生大花生为 1.4 万～1.8 万株/亩，珍珠豆型早熟品种 1.8 万～2 万株/亩。在上述范围内，地力肥、供水条件好宜取其下限，晚播者应适当增加密度，目前北方夏花生适宜密度为 1.8 万～2 万株/亩。

我国为穴播，每穴 2 粒。行距和穴距可按密度调配，丛生品种穴距一般不小于 15 厘米，不大于 40 厘米，行距不小于 30 厘米，不大于 50 厘米。肥地行距应宽些，薄地行穴距力求接近。

北方花生春播有平种、垄种、畦种、地膜覆盖等方式。两熟制花生，前茬作物主要为小麦，有大沟麦套种、小沟麦套种、行行套种和夏直播等方式，后两者为夏花生。

平种即平地开沟(或开穴)播种。土壤肥力高，无水浇条件的旱薄地和排水良好的沙土地，均适于平种。平种行穴距任意调节，适合密植，宜于保墒，是北方花生的基本种植方式。但在多雨、排水不良的条件下，易受渍涝，烂果较多，收刨易落果。

垄种是在花生播种前先行起垄，将花生播种在垄上。春季升温快，便于排灌，结果层通气好，烂果少，易收刨，但垄种时行距较大，不便于增加密度，适用于肥力较高，密度较低或排水不良的易涝地块。单行垄种：垄距 40～50 厘米，垄高 10～12 厘米。双行垄种：垄距 90 厘米左右，垄高 10～12 厘米，垄面宽 50～60 厘米，种双行，垄上小行距 35～40 厘米，垄间大行距 50～55 厘米。

畦种亦称高畦种植，在我国长江以南被普遍采用。主要优点是便于排灌防涝，适合于多雨地区或排水差的低洼地。畦宽140～150 厘米，沟宽 40 厘米，畦面宽 100～110 厘米，种 4 行花生。

大沟麦套种，在小麦播种前起垄，垄底宽 70～80 厘米，垄高 10～12 厘米，垄面宽 50～60 厘米，种 2 行花生，垄上小行距 30～40 厘米，垄间大行距 60 厘米；沟底宽 20 厘米，播种 2 行小麦，沟内小麦小行距 20 厘米，大行距 70～80 厘米。花生播种期可与春播相同或稍晚，畦面中间可开沟施肥，亦可覆盖地膜，或结合带壳早播。这种方式适用于中上等肥力，以花生为主或晚茬麦等条件。一般小麦产量为平种小麦的 60%～70%，花生产量接近春花生。

小沟麦套种，在小麦秋播前起高 7～10 厘米的小垄，垄底宽 30～40 厘米，垄面种一行花生；沟底宽 5～10 厘米，用宽幅耧播种一行小麦，小麦幅宽 5～10 厘米。麦收前 20～25 天垄顶播种花生。

4. 合理施肥　中肥地上氮的最佳用量为 4～5 千克/亩；低肥地（全氮低于 450 毫克/千克）氮用量为 9～10 千克/亩。磷的最佳用量在 0.33～0.77 千克（五氧化二磷）/亩，氮：磷比例约 0.77～1.55。由于花生多种在保肥力不强的沙质土上，尤应重视有机肥与化肥的配合施用，且以有机肥为主，一般可施优质有机肥 2 000～3 000 千克/亩。一般高产田才需要施用钾肥，在钾肥种类上采用草木灰或硫酸钾，不要用氯化钾，以免影响根瘤固氮。

花生施肥应遵循重视前茬施肥，重施有机肥和磷肥，重施基肥，有机肥、氮、磷、钾肥配合施用的原则。北方春花生所用肥料都应在播种以前茬作物为基肥施足，采用全层施肥法并以深施为主。基肥的 2/3（包括有机肥和氮、磷等化肥）结合耕翻施入犁底，1/3 的基肥结合春季浅耕或起垄做畦施入浅层以满足生育前期和结果层的需要。钾肥应全部深施（施入结果层以下）、早施，避免集中施在结果层，以防结果层含钾过多，阻碍荚果对钙的吸收。在 pH 值 5 以下的酸性土壤上，可结合耕翻全层施用；在土壤近中性时，可于初花期把石膏施在结果层，每公顷用量 375～450 千克；在偏碱性的土壤上，不能施用钙肥。

在基肥不足的瘠薄沙土地上，苗期至初花期施用 1～2 千克/亩氮肥能有效地促进营养生长，促进花芽分化，有一定增产作用。磷肥未施足者，花针期在结果层施过磷酸钙或氮、磷混合肥，亦能促进荚果发育，增加果重。结荚期在喷施杀菌剂的同时，喷洒1%～2%尿素，2%～3%过磷酸钙或0.1%～0.2%磷酸二氢钾液，能在一定程度上防止早衰，促进荚果发育。北方春花生基肥一次性施足，很少追肥。麦套花生等基肥不足的可施用种肥（注意肥料与种子隔离），或在苗期至初花期追施。

花生上常需补充的是铁、锌、硼和钼。缺硼地上可用硼酸或硼砂0.1%～0.25%水溶液于花针期喷施。

5. 加强田间管理 清棵是指花生基本齐苗进行第一次中耕时，将幼苗周围的表土扒开，使子叶直接曝光的一种田间操作方法。清棵一般可增产6.6%～23%，平均增产12.9%。花生一般中耕3～4次，第一次在齐苗后结合清棵进行；第二次在团棵时进行；最后一次应在下针、封垄前不久进行。化学除草主要为芽前除草剂，如乙草胺、异丙甲草胺（都尔、杜尔）、甲草胺等。覆膜花生使用除草剂可适当减少药量，而露地花生则要适当加大药量。北方花生区春花生播种前后土壤干旱，药效不易发挥，应注意造墒保墒。在大批果针入土之际培土，可以缩短果针入土距离，即所谓“迎针下扎”，并可为果针入土和荚果发育创造疏松的结果层土壤。培土的要点：培土的适宜时间应在盛花期，基部个别果针入土，大量果针即将入土之际；培土时掌握培土不壅土的原则，做到“穿空不伤针，培土不扰蔓”。

花生在足墒播种的情况下，整个苗期都能维持适宜水分而不必浇水。苗期耗水少，抗旱性较强，土壤相对含水量低于40%～50%时才需浇水。花针期至结荚期，当土壤相对含水量低于60%应及时浇水。北方此期多为雨季，应注意排水。饱果成熟期干旱影响荚果充实，对晚熟品种影响更大，当土壤相对含水量低于50%时需浇水，但此期水分过多会增加烂果和发芽。

在花生上使用的植物生长调节剂主要是植物生长延缓剂B9（比久、Alar、丁酰肼）和多效唑（PP333、氯丁唑）或其中主要成分是 B9 或多效唑的各种生长调节物质。施用目的是抑制茎、叶生长，控制旺长，防止倒伏。

6. 适期收获与带壳贮藏　植株中下部叶片脱落，上部 1/3 叶片叶色变黄，叶片运动消失，产量基本不再增长，这是花生收获期的极限；花生植株上荚果饱果率超过 80％是收获的适宜时期；气温下降到 15℃以下，花生物质生产已基本停止，亦应及时收获。在多熟制中，花生收获期必须照顾后茬作物播种的要求，麦套和夏直播花生在不影响小麦播种的情况下，应适当推迟收获。

新收获的花生荚果含水 45％～65％，必须将荚果尽快晒干（或人工催干），防止发热、霉变。尽快晒干的关键是通风，催干主要靠鼓风。

荚果的安全贮藏含水量为 10％（南方潮湿地区为 8％），一般花生种子在空气相对湿度 75％时，平衡水分为 8.0％～9.0％。北方地区 11 月至翌年 4 月空气相对湿度很少超过 75％，气温又低，只要入仓时晒干到 10％的含水量，注意贮藏场所的通风，便能安全贮藏。留种用的花生，一定要带壳贮藏，播前再脱壳。越夏贮藏的则应在晒干的基础上密闭贮藏为宜。

(三)花生专项栽培技术

1. 花生地膜栽培要点　花生地膜覆盖栽培一般增产 20％～40％，在北方已得到广泛应用，并进一步推广到丘陵旱地。目前，已有配套的覆膜播种机械，起垄、施肥、播种、喷除草剂、覆膜、压土等工序一次完成，大大提高了覆膜效率，促进了地膜栽培花生的大面积推广。

一般采用幅宽 85～90 厘米无色透明的微膜（厚 0.007±0.002 毫米，用量 4.3～4.8 千克/亩）和超微膜（厚 0.004±0.002 毫米，用量 2.8～4 千克/亩），或用带除草剂的药膜和双色膜。

选用增产潜力大、中晚熟的大果品种，如海花 1 号，鲁花 11 号、鲁花 14 号，花育 16 号、花育 17 号，丰花 1 号、潍花 6 号等。

地膜花生长势旺吸肥强度大，消耗地力明显，应增施肥料，尤其是有机肥。有机肥可撒施，化肥可集中包施在垄内，亦可适量作种肥施用。肥料于播种前施足，一般不宜追肥。

精耕细耙，足墒播种或抗旱播种。垄距85～90厘米，垄高10～12厘米，垄面宽55～60厘米，畦沟宽30厘米。双行种植，垄内小行距不小于35～40厘米，墩距15～18厘米，每亩0.8万～1万穴。地膜花生可先播种后覆膜(土壤墒情差的地区和机械化播种的情况)，在播种沟处膜上压厚约5厘米的土埂；亦可先覆膜后打孔播种(土壤墒情好的地区)，孔径3厘米，孔上覆土呈5厘米土堆。无论哪种方式都要做到盖膜前喷好除草剂，提高盖膜质量。

出苗时及时破膜引苗，使侧枝伸出膜面，先盖膜后播种的及时撤土清棵，防止高温伤苗。中后期防旱、排涝。旺长的及时喷施生长延缓剂控制。防治叶斑病，叶面喷肥防止早衰。

2. 夏直播花生栽培要点 夏直播花生一般指麦茬直播，也有其他夏茬。

生育期一般100～115天，与春花生相比，有“三短一快”的特点。一是播种至始花时间短，约短15天，苗期营养生长量不够，花芽分化少；二是有效花期短，仅15～20天；三是饱果成熟期短，比春花生短25天左右，因而单株饱果数不可能很多；“一快”是指生育前期生长速度快，结荚初期叶面积多数可达3以上。但是在肥水充足、高温多雨情况下，更容易徒长倒伏。

一般应种在有排灌条件的高产田，采用地膜覆盖栽培。夏直播花生高产途径概括为“前促、中控、后保”。前期促快长，促进群体发育，结荚初期叶面积指数达3以上，田间封垄，主茎高30～35厘米，结荚期叶面积指数稳定增长保持在4.5左右；中期控制营养生长旺长防止倒伏，促进荚果发育和充实；后期防治叶斑病保叶防止早衰。具体栽培要点：培肥地力，多施基肥，麦收后，抓紧时间整地、施足基肥；选用中熟或中早熟大花生良种；适当增加种植密度，适宜密度为 1 万～1.3 万穴/亩，每穴 2 株；抢时早播，前茬小麦收后，应及时早种，力争 6 月 15 日前播种，最迟不能晚于 6 月 20 日；加强田间管理，夏花生对干旱十分敏感，尤其是盛花和大量果针形成的下针阶段(7 月下旬至 8 月上旬)是需水临界期；同时，夏花生也怕芽涝、苗涝，应注意排水。

3. 麦田套种花生栽培要点　一般指畦麦套种，小麦按常规种植，不留套种行。在小麦灌浆期套种，亦称夏套花生或麦套夏花生。麦套花生是黄淮海地区主要种植方式，鲁西及河南省面积更集中。麦套花生已出现大面积 500 千克/亩以上的高产地块，并形成了一套较完善的栽培技术体系。

麦套花生生育期介于春花生和夏直播花生之间，为 130 天左右。麦套花生播种后与小麦有一段共生期，使花生有较长的生长期，有效花期、产量形成期和饱果期均长于夏直播花生。不利因素主要是遮光，近地层气温比露地低 2℃～5℃，出苗慢始花晚，主茎基部节间细长，侧枝不发达，根系弱，基部花芽分化少，干物质积累少。遮荫下生长的花生在麦收后一去除遮荫，还需一段适应缓苗过程，生长极慢。小麦灌浆期耗水很多，干旱时花生常出现“落干”、“回苗”现象，不易全苗齐苗。麦套花生不能施基肥，苗期生长受影响。

麦套花生高产的关键是要苗全苗齐苗壮，有足够密度。重点做好以下几项工作：前茬作物培肥，实行小麦、花生一体化施肥，在小麦播种前施足两作所需肥料，或在春季重施小麦拔节孕穗肥兼作花生基肥；采用中熟大花生品种；适时套种，一般以麦收前 15～20 天为宜，中低产麦田可适当提前到麦收前 25～30 天套种；足墒播种，争取一播全苗；合理密植，一般为 1.8 万～2 万株/亩。种植方式主要根据小麦种植方式，以保证密度为原则(小麦等行距23～30 厘米均可，以 25～27 厘米为宜，采用“行行套”的方法，使行、穴距大致相当，充分利用空间，亦利于保证密度)；麦收后及时灭茬、中耕、松土以促根、壮苗、清除杂草；若基础肥力不足，应在始花前结合浇水，每公顷追施优质有机肥 15 000～30 000 千克、尿素 300 千克、过磷酸钙 450～750 千克；花针期至结荚初期生长过旺时，用多效唑控制旺长；中后期注意防治叶斑病，叶面喷肥防止早衰。

第五节　糖料作物科学种植技术

用于制糖的作物称为糖料作物。制糖的原料主要有两种：一是种甘蔗，它是一种高高的绿色的茎；另一种是甜菜，它是一种长在地下的膨大的根。人们榨取它们的汁液，把汁液收集起来转化为糖的结晶。在我国，北方一般以甜菜为原料制糖，南方则常以甘蔗为原料制糖。这类作物对自然条件要求严格，气候、雨量、土质适宜就能高产，反之，单产就会下降。因此，因地制宜、适当集中地发展，就可少占用耕地，以较少的消耗生产更多的糖料作物。

一、甘蔗科学种植技术

甘蔗是禾本科甘蔗属植物，原产于热带、亚热带地区。甘蔗种植面积最大的国家是巴西，其次是印度，我国位居第三，种植面积较大的国家还有古巴、泰国、墨西哥、澳大利亚、美国等。我国蔗区主要分布在广东、台湾、广西、福建、四川、云南、江西、贵州、湖南、浙江、湖北等地。甘蔗是一种高光效的植物，光饱和点高，二氧化碳补偿点低，光呼吸率低，光合强度大，因此甘蔗生物产量高，收益大。甘蔗是我国制糖的主要原料。

新植甘蔗采用栽种甘蔗苗繁殖，栽种后不久即生根，长出许多嫩芽，形成丛状。收割时仅收割甘蔗茎，将根仍留在土壤内，即宿根，翌年，宿根重新分枝生茎。因此，甘蔗为多年生植物，它的收获多的可达 7～8 次，在我国一般为 3 次，即三年后挖去宿根，重新种植。

(一)整地、开植蔗沟

1. 整地　整地是为甘蔗生长提供一个深厚、疏松、肥沃的土壤条件,以充分满足其根系生长的需要,从而使根系更好地发挥吸收水分、养分的作用。同时,整地还可减少蔗田的病、虫和杂草。

深耕是增产的基础。甘蔗根系发达,深耕有利于根系的发育,使地上部分生长快,产量高。深耕是一个总的原则和要求,具体深耕程度必须因地制宜,视原耕作层的深浅,土壤性状而定,一般30厘米左右。深耕不宜破坏原来土壤层次,并应结合增施肥料为宜。

早耕能使土壤风化,提高肥力。所以,蔗田应在前茬作物收获以后,及时翻耕。早耕对于稻后种蔗的田块更为重要。

2. 开植蔗沟　开植蔗沟使甘蔗种到一定的深度,便于施肥管理。

(1)*常规蔗沟*　蔗沟的宽窄、深浅要因地制宜,一般深为20厘米左右,沟底宽20～25厘米,沟底要平。

(2)*抗旱高产蔗沟*　我国南方80%以上的是旱地甘蔗,推广"旱地甘蔗深沟板土镇压栽培技术"具有较好的抗旱作用。具体方法是:环山沿等高线开沟,深沟板土镇压,沟深40厘米,沟底宽25厘米,沟心距100厘米,用下沟的沟底潮土覆盖上沟的种苗。覆土6.6厘米,压实。

(二)施　肥

甘蔗生长期长,植株高大,产量高。所以,在整个生长期中,施肥量的多少是决定产量高低的主要因素之一。由于甘蔗的需肥量大,肥料在甘蔗生产成本中占有很大的比重,因此正确掌握施肥技术,做到适时、适量,而又最大限度地满足甘蔗对肥料的需要。

1. 甘蔗的需肥量　据研究,每生产1吨原料蔗,需要从土壤中吸收氮素(N)1.5～2千克,磷素(P_2O_5)1～1.5千克,钾素(K_2O)2～2.5千克。

2. 甘蔗各生育期对养分的吸收　甘蔗各生育期对养分吸收

总的趋势是苗期少，分蘖期逐渐增加，伸长期吸收量最大，成熟期又减少。对养分的吸收主要是在前、中期，磷、钾肥尤其明显。并且根据生理学的研究，在前中期吸收的磷、钾素可通过转移和再利用，供给蔗株后期生长所需。因此，生产上强调早施磷、钾肥是符合甘蔗的吸肥规律的。磷、钾肥一般与有机肥拌匀作基肥，施于种苗周围。

3. 施肥原则 根据甘蔗在不同生育期的需肥特征，制定出的施肥原则是："重施基肥，适时分期追肥"。如果只施追肥，而不施基肥，则甘蔗容易长成：头重脚轻，上粗下细，容易倒伏。反之，只施基肥，不施追肥，则后劲不足，形成"鼠尾蔗"，影响产量。

(1)重施基肥　肥料主要是有机肥、磷钾化肥和少量氮素化肥。磷肥和钾肥主要作基肥施用，因为甘蔗对磷肥的吸收主要是在前中期，而且磷肥在土壤中的移动性小，需要靠近根部才易被吸收。甘蔗对钾肥的吸收也主要是在前中期(占80%左右)。而且蔗株在前中期吸收的钾素可供后期所需。所以，钾肥宜早施，量少时作基肥一次施用；量多时，拿一半作基肥，另一半在分蘖盛期或伸长初期施用。

(2)分期追肥　按照甘蔗的需肥规律，追肥的施用原则可概括为"三攻一补、两头轻、中间重"。"三攻"就是攻苗肥、攻蘖肥、攻茎肥。"一补"就是后期补施壮尾肥。"两头轻"指苗期、伸长后期施肥量要少。"中间重"指伸长初期施肥量要多。

(三)下种(大田直播)

1. 精选种苗 精选种苗能够提高萌芽率和萌芽速度。所谓"种好苗自壮，母壮儿也肥"，就是蔗农对精选种苗的深刻体会。

(1)块选　选择大田生长较好，没有病虫危害(尤其是绵蚜虫)的新植蔗作种。因为新植蔗生长后劲足，蔗梢中可溶性养分较多，蔗芽萌发力强。如果种苗不足，也可留宿根蔗作种。选好留种田后，应加强甘蔗生长后期的水肥管理，使蔗梢吸收充足的水分和养分，有利于播种后蔗芽萌发生长。

(2)株选 在砍收时进行株选。选择直立、茎粗、未开花的蔗株作种；剔除混的品种，以保证良种的纯度。

(3)留种长度 根据需要而定。种苗充足的留梢头苗30～50厘米；种苗欠缺的留半茎作种；需要进行加速繁殖的良种则留全茎作种。留梢头苗作种时，应把生长点(俗称鸡蛋黄)砍去，以免堆放期间生长点继续生长，消耗养分或下种后只是顶芽长出1苗，其他的蔗芽生长受到抑制，不能萌发成苗。

2. 砍种 种苗由于含蔗芽数目的不同而有单芽苗、双芽苗和多芽苗之分。生产上普遍采用双芽苗，很少采用单芽苗和多芽苗。

(1)多芽苗 由于“顶端优势”的关系，一般上位芽先萌发，上位芽萌发后会诱发生长素的产生，对下位芽的萌发起抑制作用。导致萌芽不整齐。这种现象，芽数越多越严重。

(2)单芽苗 虽然不存在“顶端优势”的影响，但由于芽的两端都有切口，易于旱失水和受病虫危害，也很少采用。

(3)双芽苗 由于“顶端优势”的影响不像多芽苗那样严重，且种苗中间有一个完整的节间，不像单芽苗那样容易失水和受病虫危害。萌芽率高，萌芽比较整齐，因此在生产上被普遍采用。梢头苗的节间短，芽较密，可采用3～4个芽为一段。

从芽下部节间2/3处砍断，因为蔗芽萌发所需水分和养分首先是由芽的下部节间供给的。砍种时，芽向两侧，一刀断，不要砍裂蔗种。

3. 种苗处理 包括晒种、浸种消毒和催芽。目的是提高萌芽率，加快萌芽速度，减少病虫害。用贮藏过一段时间的蔗茎或中下段蔗茎作种时，种苗处理尤其重要。

(1)晒种 新鲜种苗含水量高，需要晒种。晒种时先把较老的叶鞘剥去，留下嫩的叶鞘，阳光下晒2～3天。晒种可以提高温度，促进酶的活动，加速种苗内蔗糖分的转化，增强呼吸作用，打破种苗的休眠状态，促使种苗尽快萌发。

(2)浸种　浸种使种苗吸收充足的水分使种苗从相对休眠状态转化为活动状态，促进种苗的萌发。生产上主要采用清水浸种和石灰水浸种两种方法。清水浸种以流水为好，常温下浸1～2天。方法是把整捆的蔗种放入清水中浸1～2天后，捞起，剥叶、砍种。

石灰水浸种用2%的浓度，浸12～24小时，茎基部的种苗浸种时间可延长至36～48小时。总的原则是：种苗嫩，温度高时浸种时间短些；种苗老，温度低时，浸种时间长些。石灰水浸种能够杀死部分粉介壳虫和病菌，兼有消毒作用。

(3)催芽　催芽方法较多，蔗区一般采用堆集法和堆肥法两种。堆集法是把种苗堆集在一起，靠自身发热来提高堆内的温度，从而促使种苗萌发。效果较好的是堆肥法，具体做法是：选择背风、向阳、靠近水源的地方，先铺上一层大约10厘米厚的半腐熟的厩肥，然后放一层20～25厘米厚的种苗，接着放一层厩肥，再放一层种苗，如此堆3～4层，堆高大约1米，堆长和堆宽大约1.3米，在堆的四周盖一层10厘米厚的厩肥，再用稻草、蔗叶、泥浆或塑料薄膜覆盖，以保持堆内的温度。堆肥湿度控制在手握不成团为度。封堆后需要经常检查堆内的温湿度，温度控制在30℃左右，即用手摸感到热乎但又不烫手为度。催芽程度以“根点突起，芽呈鹦哥嘴状”即可。注意避免“胡须根”，催芽所需时间为3～5天。催过芽的种苗，下种时蔗田要保持湿润，如果土壤干旱，已萌发的根和芽会失水干萎，出苗率反而降低。

4. 下种期　依下种期的不同而分为春植(立春至立夏)、秋植(立秋至立冬)和冬植蔗(立冬至立春)。春植蔗的下种期：一般10厘米地温稳定在10℃以上即可下种。适期早种，是保证甘蔗高产的重要措施。早春季节温度相对低一些，种根先于蔗芽萌发，为幼苗的前期生长打下了基础。同时，早种能够早生快发，充分利用高温多湿的生长季，延长生长期，增加株高和茎粗，为高产创造条件。

5. 种植密度　种植密度与甘蔗产量有密切的关系。如种植过稀则有效茎数少，产量不高；过密则株弱茎细，死茎增多，蔗糖分低，亩产糖量也不高，因此需要合理密植。合理密植的原则是"依靠母茎，充分利用早期分蘖"。因为母茎和早期分蘖的成茎率高（分别占有效茎数的 70%～80%和 20%～30%），单茎重，糖分高。下种量是合理密植的具体措施。下种量的多少要因气候、品种和栽培技术因地制宜确定。一般来说，气温高，水肥条件好的，下种量可少一些，反之则多一些；茎细、直立的品种可密一些，反之则稀。

（四）田间管理

1. 查苗补苗　保证全苗是获得高产的条件之一。但是往往由于种苗的选择或处理不当，下种期不适，下种技术粗放，气候失调或病虫危害等原因造成缺苗。所以，必须做好查苗补苗工作。补苗时期：在萌芽基本结束，蔗苗长出 3～5 片真叶时，发现缺株断行达 50 厘米以上的就要及时补苗。补苗用种苗来源：①用假植苗来补，即在蔗沟两端或田边按下种量的 5%多播一些蔗种，以备补苗之用。②用预育苗来补。③移密补稀。④挖不留宿根的蔗蔸来补。补苗技术：挖苗带土，剪去半截叶片，浇足定根水。

2. 间苗定苗　拔除过多分蘖，减少养分消耗，使蔗株分布合理，生长健壮。①除蘖原则：可归纳为"五去五留"，即：去弱留强，去密留稀，去迟留早，去病留健，去浅留深。在操作上需要"稳"、"狠"相结合。"稳"就是做到心中有数，同时又留有余地。即根据甘蔗生长状况和水肥管理水平，确定每亩有效茎数。在这个基础上多留 10%～15%的苗，同时大体上计算出每 1 米行长应留的苗数。狠"就是在确定了应留的苗数后，应坚决间掉多余的分蘖，以免白白消耗养分，影响生长。②间苗时间：一般在分蘖末期至伸长初期结合大培土进行。

3. 中耕、除草和培土

(1)除草　甘蔗在封行之前，杂草容易生长，消耗养分遮盖蔗苗，所以要及时进行蔗田除草。一般结合中耕培土，以手工操作进行。但近年来用化学除草剂防除蔗田杂草有很大的发展。常用除草剂有西玛津和莠去津等，每亩用200～250克对水50～75升在甘蔗出苗之前喷雾处理土面，效果良好，药效长达3～4个月，喷药1次就可解决苗期的杂草问题。

(2)培土　是甘蔗栽培上一项必须而又繁重的田间管理工作。一般要求进行3次。小培土是在幼苗有6～7片真叶，出现分蘖时进行。培土高约3厘米有助于根系发育和促进早期分蘖的作用。中培土是在分蘖盛期，蔗株开始封行时进行。培土高约6厘米，有促进生长的作用。大培土是在伸长初期进行，培土高度20～30厘米。作用有：①让基部节与土壤接触，诱发新根长出，形成更加庞大的根系，增强吸收能力，促使地上部分迅速伸长。②抑制后期分蘖的发生和防止倒伏。注意事项：将基部脚叶打掉，使根点与土壤接触。培土还能起到中耕、除草的作用，并结合施追肥进行。

4. 灌溉和排水　甘蔗的需水规律：甘蔗一生需水量大但不耐涝，总的需水趋势是“两头少，中间多”。即萌芽期、分蘖期和成熟期需水量少，伸长期需水量大。因此，蔗田应分别保持“润－湿－润”状态。云南气候是冬春干旱，夏秋多雨。所以，在甘蔗生长前期，需水量虽少，但应加强灌溉。伸长期时逢雨季，一般不需灌溉。云南有80％多的蔗地没有灌溉条件。甘蔗不耐涝，蔗田积水会引起烂根，需及时排水。

5. 剥叶和防倒　随着蔗茎的伸长，基部叶片自下而上逐渐枯黄，在甘蔗生长后期打去枯黄脚叶，有增产、促熟、增糖的作用。在湿热蔗区，剥叶可以降低田间湿度减少气根和侧芽萌发对养分的消耗，减轻鼠害和病虫危害。不打脚叶的情况：由于打脚叶增加了蔗田的通透性，土壤水肥蒸发量大，所以干旱地不宜打脚叶，以利于保水防旱;留种田不宜打脚叶,以保证蔗芽不受损伤。

6. 收获　适期收获是甘蔗丰产丰收的最后环节,收获期由成熟度而定。

(1)甘蔗的收获特点　甘蔗是工业原料作物,它的生产特点是:栽培分散,加工集中,收获物数量大,砍下的蔗茎不耐贮存,需要及时加工制糖。因此,收获甘蔗时需要加工部门、运输部门和蔗农密切配合,做到砍、运、榨一条龙。这往往需要在当地政府的统一领导下,由糖厂和蔗农进行甘蔗的估产和编制砍、运、榨计划,保证在甘蔗高产丰收的基础上多出糖、出好糖。

(2)砍收方法　提倡"快锄低砍",保证砍收质量。入土深度随种蔗深浅、培土高低而异,一般 3～9 厘米,蔗桩基部留下 10 厘米左右即可;不留宿根的可砍到"头"。快锄低砍的优点有:可多收甘蔗,增加产量。据测算,入土低砍 6～9 厘米每亩可多收 200～500 千克。有利于来年宿根蔗的萌发。低砍可保持蔗头湿润,减少蔗桩失水,促进低位芽萌发。可减轻螟虫危害。螟虫的幼虫一般在土面下 3～6 厘米的蔗桩上过冬,低砍破坏了螟虫幼虫过冬的场所,可以减轻翌年的螟虫危害。

二、甜菜科学种植技术

甜菜是二年生草本植物,第一年主要是营养生长,在肥大的根中积累丰富的营养物质,第二年以生殖生长为主,抽出花枝经异花受粉形成种子。甜菜的栽培种有四个变种:糖用甜菜、叶用甜菜、根用甜菜、饲用甜菜。糖用甜菜起源于地中海沿岸,在我国仅有 100 多年的种植历史。我国甜菜主产区分布在北纬 40℃以北的东北、西北和华北地区。

甜菜块根是制糖工业的原料,也可作饲料。甜菜糖既可食用,还可作为食品、医药和工业的原料。甜菜茎叶、根尾、青头和采种后的老母根,可作饲料或酿造原料,可以说甜菜浑身都是宝。

(一)选地和轮作

1. 甜菜的选地 种植甜菜最好选平川地、平岗地。干旱地区可选排水良好的二洼地。甜菜耐涝性差,土壤含水量过大易感染根腐病,因此要避免在低洼地种甜菜。地下水位高、降雨量大的地区应采取高畦或大垄栽培。甜菜最好种在中性或微碱性土壤上。如果是酸性土壤(pH 值 5.0 以下),应施用石灰等碱性材料中和酸性。

2. 甜菜的轮作 合理轮作是甜菜获得优质高产的重要措施。甜菜根系强大,吸肥多,生长期长,从土壤中吸取的营养物质及水分远远高于其他作物;同时甜菜经常发生各种病虫害。因此,甜菜最忌连作(即重茬)或隔年连作(既迎茬)。重茬、迎茬栽培的甜菜不仅块根产量、质量严重下降,而且易导致病虫害、特别是易发生根腐病并会逐年加重。

轮作周期,一般地区为 4 年;褐斑病、黄化病毒发生地区应在 5 年以上;在根腐病发生严重地区,应实行 6 年以上的轮作;丛根病地区实行 8～10 年以上轮作。

甜菜最好的前茬作物是麦类作物(大麦、小麦、莜麦等)、油菜、亚麻等复收作物。这些作物吸收肥料少,生长期较短,土壤残肥较多;同时,收获后能进行伏耕灭草,有利于土壤熟化,地力恢复快,杂草较少。

大豆等豆类作物也是甜菜的良好前茬作物。豆类作物根部的根瘤菌可固定土壤中游离氮,土壤氮素水平高,有利于甜菜生长。但豆类作物茬口的缺点是地下害虫(主要是大黑金龟子幼虫——蛴螬)较多,尤其是隔年豆茬,地下害虫可造成缺苗而减产,严重的甚至要毁苗改种别的作物。因此,豆茬种甜菜必须加强防虫。同时,豆茬地氮素水平高,应防止氮肥过量,注意增施磷、钾肥,避免引起茎叶徒长,降低块根含糖率。

此外,马铃薯、玉米、棉花等作物也是甜菜较好的前茬作物。

由于甜菜需肥量较多,因此在种过甜菜的地块种其他作物会造成营养不良。如种玉米、高粱时常出现“红苗”现象,种大豆会贪青晚熟。这主要是种甜菜时施肥不足,造成土壤中氮、磷、钾三要素比例失调。种植麦类和玉米可以解决这一问题。

我国各甜菜产区自然气候不同,轮作方式也不尽相同。

(二)耕地与整地

1. 甜菜的耕地　甜菜是深耕作物,要求土壤疏松,透气、透水良好,水肥供应适宜,杂草少。为达到上述要求,甜菜地的深耕整地是必不可少的。深耕的好处是:能够疏松土壤、扩大耕层,增加土壤的通透性;通透性增加可提高土壤蓄水能力,增加土壤蓄水量,有利于提高地温;深耕还可以消灭田间杂草,增加土壤中有机质含量,扩大耕层,甜菜根系可以得到伸展,扩大吸收水分及养分的范围,加速植物的生长。深耕的增产效果显著,一般可增产20%左右。

甜菜适宜的耕翻深度因各地气候、土壤及机械化水平不同而有所差异。一般应达到 20～25 厘米;在有条件的地方深耕 30 厘米结合增施有机肥,增产可达 30%以上。据报道,国外甜菜耕翻深度一般都在 30～50 厘米。

在土层较薄的地块或盐碱地,为避免深耕时把犁底层未熟化的土壤或盐分高的土壤翻到表层而不利于幼苗生长,可以采取深松的办法。深松也有深耕的效果。

甜菜耕地的时间,可分为伏耕(夏耕)、秋耕和春耕 3 个时期。前茬作物为麦类、亚麻、油菜等夏收作物的地块,普遍采用伏耕;前茬作物为玉米、大豆、棉花等晚秋作物的地块,普遍采用秋耕。北方地区秋收晚而当年不能进行秋耕的地区,一般翌年春季进行春耕。一般来说,以伏耕效果最好,秋耕好于春耕。

甜菜耕整地目前普遍采用机引犁。应根据耕层厚度确定耕翻深度。一般应达到 20～25 厘米,深松应达 35 厘米。耕地时应做到深度一致、行下直，不乱土层，不漏耕，不重耕，较少开闭垄，不漏地边、地头。

采用畜力耕地，在黑龙江省等垄作区，提倡“三犁川”耕地方法。即用畜引犁在原垄沟内深耕一犁，然后用犁破开原垄，把土推入旧垄沟内，原垄台变成新垄沟；最后在新垄沟再深耕一犁，把犁起的土集中到新垄台上，形成新垄。

2. 甜菜的整地　在深耕或深松的基础上进行整地。用耙或耱破碎土块、平整地面、疏松土壤，保储水分。耙地以对角线和横向耙地最好。耙深4～5厘米，一般耙1～2次，土块多的地块应增加耙地次数。总之，要达到土壤细碎、疏松、保温、保水，为甜菜种子提供适宜的苗床。春整地最佳时机是土壤返浆期进行翻地，做到翻、耙、压连续作业，在煞浆前结束。

在内蒙古河套等平作区，秋翻地后应立即磙、耙、耖（用木耧在地里纵横向浅串）保墒。早春地表刚一解冻，立即“顶凌耙墒”，以减少水分蒸发。如果墒情差，播前进行磙、耙、耖连续作业，多者达两磙、两耙、三耖，以利于土壤保墒。

新疆种植区冬季无雪、少雪或地下水位低的地方，应先耕后灌，使土壤保蓄较多的水分；冬季有雪或地下水位高的地方，应先灌后耕，并控制灌水量。

(三)耕作形式

1. 垄作　垄作是我国东北和内蒙古地区主要的耕作形式。这种形式适合于当地生长期短、气候冷凉、夏季多雨的自然条件。近年来，内蒙古中部和新疆部分地区也已采取垄作。垄作与平作比较，可增产10%以上，含糖率高0.5%～1%。

垄作的优点是：耕层厚、沃土和肥料集中，利于根系发育和块根膨大；垄作土壤受热面积大，地温高，有利于出苗；垄能减弱风力，防止风害和土壤风蚀；土壤通透性好，可调节水、热、气状况，有利于有益微生物生长，可改善土壤营养状况；垄作中耕培土的同时也消灭了杂草；垄作有利于排水，可减轻涝害及根腐病的发生；同时，坡地筑横垄还可防止土壤被水冲蚀。

垄作形式有：随播随起垄、先起垄后播和平播后起垄三种。随播随起垄是按确定的行距播种，同时用中耕铲在播种行间起垄。平播后起垄是按确定的行距播种，甜菜出苗后，结合行间中耕培土逐渐成垄。上述两种垄作中，甜菜的播种部位均与平作相同，保墒较好，有利于出苗。但地温回升慢，发苗慢，垄低，苗易受风害，块根产量低于先起垄后播种的。

先起垄后播种是典型的甜菜垄作形式。起垄时期最好是伏(夏)耕秋起垄；其次是秋耕秋起垄；来不及秋耕整地的，可采取春耕起垄，为防止土壤跑墒，应做到起垄、镇压连续作业。

甜菜垄作的行距一般为 60～66 厘米，有条件的地区应推广 50 厘米行距，垄高一般为 12～15 厘米。这是提高单位面积的甜菜种植株数，提高产量和含糖量的有效措施之一。

2. 平作　我国西北甜菜区普遍采用平作栽培甜菜。平作的优点是：地面热、蒸发面积小，有利于土壤保墒；与其他作物轮作时容易改变行距，实行合理密植，可不像垄作那样受原垄行距的限制；不用起垄，比较省工；便于实行机械作业。在旱区，平作比垄作有明显增产效果。

3. 畦作　畦作是我国多雨或地下水位高的地区精耕细作的一种耕作栽培方式。其做法是在深耕的基础上，在播种前开沟做畦。

畦作的优点是：畦面不易积水，畦沟又可排水，可避免涝旱；畦上土壤疏松肥沃、地温较高有利于甜菜生长；可以合理密植，畦沟有利通风透气；畦沟还可作为田间步道或排灌水的渠道便于田间管理；在低温盐碱地，采用多行畦作既可排水，又可减少土壤水分蒸发，防止返碱。畦作的形式：

(1)平畦　适用于雨水较少的干旱地区。按行距 40～50 厘米种植4～8行做畦，畦埂高28厘米左右，畦长因地势而异，以有利于灌溉为原则。平畦保墒好，便于耕作。缺点是不利于排水，雨后或灌水土壤易板结。

(2)高畦　按行距40～50厘米种4～6行作畦。畦床一般高出地面28～33厘米，长度不限，以有利于排出积水为度。畦沟深大致同畦高，宽28厘米。高畦适用于多雨或地下水位高、土壤湿度大而黏重的地区。畦上土壤疏松，沃土集中，土温较高，有利于甜菜生长。

(3)平畦后起垄　做畦方法与平畦一样。甜菜出苗后，结合中耕培土逐渐形成垄。其优点和平播后起垄耕作形式相同。

(4)小畦、深沟双行种植　北方地区也叫高台大垄双行种植。整地时按两畦沟相距1米做畦床，把畦沟上土翻到畦床上，畦床高33厘米左右，畦沟底宽40厘米，每畦(垄)种2行甜菜，行距40厘米，株距20～25厘米。在高温多雨或地下水位高、易涝地区，这种方式有利于排水防涝并能有效防止或减轻根腐病的发生。

(5)宽畦双行大小垄　按畦宽2米做畦，开沟，畦上种4行甜菜；在两行中间开一小畦沟，把大畦变成两个小畦。小畦内甜菜行距33厘米；两小畦间甜菜行距66厘米。这种方式畦间距离大，可充分利用光能，还便于田间管理，做畦比较省工。

(四)合理施肥

每亩施农家肥1 500千克～2 000千克作基肥，结合整地时施入。使用化肥有两个方案：方案1：每亩施用复合肥或甜菜专用肥(15—15—15)50千克，种肥亩施尿素5千克，追肥施尿素5～8千克。方案2：亩施磷酸二铵20千克、尿素20千克、50%硫酸20千克。其中种肥亩施尿素5千克、亩追肥尿素5～8千克，机械施肥深度15厘米左右，利于根系吸收。种肥在播种时与种子一起播下，但要播在种子底下5厘米左右以免产生肥害。

喷施叶面肥防治心腐病。7月2日前，每公顷喷尿素8千克+

速效硼200～300毫升;7月20日后,每公顷喷磷酸二氢钾3千克+速效硼200～300毫升;生育期每隔5～7天喷施1次。全生育期喷施不少于4次。需要注意的是在钾肥使用上一定要选用硫酸钾肥,不要用氯化钾肥,否则会影响甜菜产量。

(五)品种选择、种子处理

采用优良品种,用种子重量0.1%的50%多菌灵或用种子重量0.8%的敌磺钠干粉拌种。

(六)适时播种

甜菜是藜科作物,抗低温能力较强。能抗－3℃～－5℃的低温,当5厘米地温稳定通过5℃时即可播种(正常年份在4月15～25日)。

(七)种植密度

甜菜是地下块根作物,要想获得高产,除了秋整地、深耕打破犁底层和合理施肥外,还必须靠群体数量达到增产。要求:行距65厘米、株距20厘米,每亩保苗株数在5 000株,到秋天实际收获甜菜株数要达到4 500株以上。行距为43厘米,株距为20厘米,亩保苗7 700株。大垄三行,行距43厘米,株距20厘米,亩保苗7 700株。

(八)播种方法

1. 机械条播或点播　株距20厘米,亩保苗株数5 000株以上。播种时播种机前面加上一根木方把垄耢平刮掉干土。当土壤水分偏大时,可采用先播肥,再播种的两遍作业。当土壤水分偏小时,可同时播肥、播种一次完成,播后及时镇压。采用等距穴播,株距20厘米,亩保苗株数5 000株以上。人工播种要推掉干土层,把种子播在湿土上,种与肥隔距在5～6厘米,避免肥害。

2. 播种后及时镇压　即播后土表有干土层,立即镇压,再过2～3天,种床松动时再镇压,以利下层水分沿着毛细管上升到播种床。

(九)田间管理

1. 化学除草 播后苗前用96%精异丙甲草胺,每公顷用1 300～1 800毫升,苗后用甜菜宁6 000～9 000毫升+12.5%烯禾啶1 250～1 500毫升或每亩用甜菜安330～350毫升(在甜菜4片叶时喷施)。

2. 查田补苗 苗出齐后,对缺苗的及时催芽坐水补种,用20℃温水浸种24小时,然后捞出放在暖处催芽,不要过热,种球露白时即可播种,迟了伤芽,失去生长能力,或在两对真叶前集团带土移栽,深挖坑,土培严,踩实或进行纸筒育苗移栽补苗。

3. 疏苗和定苗 一对真叶出现后开始疏、间苗,2～3天内完成,埯种的每埯留2～3株,条播的打成3～5厘米间隔的单株。疏苗10天后结合中耕定苗。

4. 苗期深松 结合耥头遍地,用深松铲在垄沟进行深松25～30厘米。

5. 中耕除草 出齐苗后三铲三耥,第一次在疏苗后进行,第二次在定苗后进行,第三次在封垄前进行。

6. 中耕标准 铲头遍地时以深松为主,然后用小铧耥张口垄,少上土或不上土,铲二遍时中耕深度7～8厘米,耥时要用打耳铧,耥碰头土,不要培土过多过紧。铲三遍逢草下锄,用大铧加上培土板耥紧耥严。后期拔净大草,利于增产和起收。

7. 追肥 结合耥二遍地每亩追尿素5～8千克,人工刨坑,施在两株之间并覆土(或用播种机侧施肥),这样肥料利用率高,利于增产。

8. 保护功能叶片 甜菜的第十一至第三十叶片是基本功能叶片,叶面积大,生命力强,寿命长达87～100天,对甜菜产量和糖分积累起到重要作用。所以,不要掰甜菜叶片,如果掰叶会减产14%～37%,降低含糖率2%以上。

(十)病虫害防治

1. 虫害防治

(1)防治跳甲、金龟子　用90%敌百虫原粉50克配制成1000倍液或用50%辛硫磷乳油800～1000倍液喷雾或灌根防治。或每亩用菊酯类杀虫剂20～30毫升机械喷雾。

(2)防治甘蓝叶盗、草地螟等　一定要将甘蓝叶盗、草地螟等消灭在3龄以前，下午16时开始用药，用2.5%溴氰菊酯乳油2500倍液或用氰戊菊酯乳油1200倍液喷雾处理或用其他菊酯类杀虫剂，每亩用量25～30克。

2. 病害防治

(1)立枯病　一是播种前拌种，用种子重量0.1%的50%多菌灵或用种子重量0.8%的敌磺钠干粉拌种；二是适时播种提高抗病能力，不要播得过早；三是及时松土，破除土壤板结层，雨后松土，提高地温，保持土壤疏松，减轻立枯病发生；四是药剂防治，用75%敌磺钠对水喷施。

(2)褐斑病　甜菜生育中后期，7～8月份易发生褐斑病，用50%甲基硫菌灵500～800倍液每亩用药50～60克或用50%多菌灵800～1000倍液喷雾处理或用70%代森锰锌每亩40克喷雾处理。

(十一)收　获

最佳收获时间在10月中下旬。霜降前收完，以免造成减产。

第六节　烟草科学种植技术

烟草属茄科烟草属，是含有尼古丁的叶用一年生作物。烟草的老家在美洲、大洋洲和南太平洋的岛屿上，16世纪传入我国。最初传入的是晒烟，1900年才传入烤烟。我国烟草从滨海平原到海拔2000米以上的高山地区都有种植。烟草生长越旺盛，新生根越多，合成的尼古丁也越多。烟草喜温、喜光、耐旱、怕涝、耐瘠薄和需钾量较多。烟叶除作为烟草工业的原料外，其副产品可制成杀虫剂；烟茎中的纤维素和木质素，可压成纤维板。烟叶加工过程中的烟末，可制成烟草薄片。从烟叶中还能提取蛋白质。

烟草是世界性经济作物之一，目前我国的烟草产量居美国、俄罗斯之后排在第三位，而优质烟的产量占第七位，由于烟草的经济价值高，其种植条件也比一般作物要求严格，特别是对肥料配比的科学性要求更高。

一、烟草产区

烟草在我国分布相当普遍，烟草生产遍及全国。由南至北，从热带至寒温带，横跨 7 个气候带；从东南向西北纵越湿润、半湿润、半干旱和干旱四个农业类型区。烟草分布形成了 7 个一级区，即北部西部烟区、东北部烟区、黄淮海烟区、长江上中游烟区、长江中下游烟区、西南部烟区、南部烟区，以及 27 个二级烟区。我国南方烟区多为优质烟草产区。

二、烟草分类

普通烟草又称红花烟草，如烤烟、晒烟、晾烟、香料烟、白肋烟等。黄花烟均为晒烟，前苏联地区和印度较多。我国西北、东北部分省、自治区栽培的晒烟中，有一小部分是黄花烟草。

三、烟草科学种植技术

(一)选地冬耕

凡是种植黄烟的地块一定要冬耕，深度为 40～45 厘米，以消灭部分病原菌虫害；二是增加土壤的透气性；三是加大持水量，提高抗旱能力，水源较差的地块更需做好此项工作。翌春解冻后，及时抢墒细耙。

(二)整地、施肥、起垄、覆膜

备好的地块起垄时再次搂平耙细。起垄时的湿度不宜过大，相对湿度55%最好。古话讲，干晒瓜墩，扬尘烟意思是说如果湿度大，易造成板结，透气性差，对生长发育不利。垄底宽75～85厘米，垄高25～30厘米，行距95～100厘米，起垄时间以移栽前15～20天为宜。

垄底开两条5～8厘米的沟，把备好的基肥一半施入沟中，垄起至15厘米再把另一半施于垄顶中间。垄顶宽25～40厘米，呈槽形，中间凹，有利于前期保温保墒。覆膜前，亩用50%的乙草胺乳油100克，对水40升，均匀喷布在垄心，然后盖膜压膜待栽。膜用0.006～0.007毫米厚的银灰色的驱蚜膜最好，对预防共叶型病有好处。

(三)育　苗

烟草种子在催芽以前，应放在15℃～20℃的日光下晒2～3天，以提高种子的发芽势及发芽率。要培育壮苗，一是采用双层薄膜纸筒育苗新技术，纸筒直径不小于4厘米，高度为6～7厘米，每亩育苗625棵，10米^{2}1畦的苗床可供4 667米^{2}烟田栽植使用。二是配制营养土，用60%的大田土和40%经过腐熟的猪圈粪作为基质，每畦约需营养土0.8～1米^3，消毒后再拌入复合肥3～4千克。三是适时早播，早移栽，可使产量提高20%，品质提高25%。黄淮海烟区应在立春前后至2月中旬播种。四是苗床管理，由于播种时气温较低，易受低温危害，要按照烟苗生长对温湿度的要求，及时调控。一般进行两次间苗，第一次在十字期后进行，苗距1.5～2厘米，第二次间(定)苗在4～5片真叶时进行，苗距6～8厘米。

1. 烟叶苗床管理技术

(1)塑料薄膜育苗

①密封保温阶段：从播种到出苗，为密封保温阶段。当膜内温度超过30℃时，可在两头进行短时间的通风降温，以防幼苗徒长

和发黄。

②通风降温阶段：幼苗十字期前后，气温增高，生长加速，晴天中午前后膜内温度可达 35℃以上，如不通风降温，则会引起烟苗徒长。开始通风时可先开启苗床两头，以后增加两侧通风孔，一般于上午 9 时至下午 4 时进行通风。

③揭膜炼苗阶段：烟苗于 5～6 片真叶时开始揭膜炼苗，此阶段中午揭膜晒苗，下午覆盖。于移栽前 15 天左右进行昼夜揭膜炼苗，使烟苗逐渐适应外界条件，增强烟苗抗逆力。

(2)早间苗、早定苗　为了保证出苗后烟苗良好生长，应做到小十字期间苗，4 片真叶前定苗，同时彻底清除杂草，若苗床缺苗，及时进行假植。

(3)苗床补水及追肥　苗床播种前要灌足底墒水，施足基肥。若苗床底墒或基肥不足，就要进行补水和追肥，补水时用喷壶轻洒，以保持田间最大持水量的 70%左右为宜。追肥时用 5‰的硝酸钾或复合肥溶液轻浇。移栽前 15 天不再供水和追肥。

(4)炼　苗

①揭膜炼苗：烟苗 5～6 片真叶后，中午开始揭膜晒苗，促根茎生长，至移栽前 15 天左右，逐渐过渡到昼夜揭膜炼苗，若遇阴雨天气，则需覆盖农膜，以防烟苗雨后徒长，对壮苗不利。

②控水炼苗：控水可改善土壤通气状况，有利于增加地温，促根系发育，提高抗逆力，移栽后成活率也高。苗床后期控水是炼苗的重要措施。

③剪叶炼苗：苗床剪叶可增强苗床通风透光，减少病害发生，促进根系发育。具体做法是：4～5 片真叶时对大苗剪叶，剪掉大叶 1/3，6～7 片真叶时应普遍进行剪叶，整个苗床期剪叶 3～5 次，使烟苗生长一致。

(5)病虫害防治

①病害：猝倒病、立枯病、炭疽病是苗期易产生的主要病害，可

通过通风排湿，加强光照来控制。药剂可选用70%甲基硫菌灵1 000～2 000倍液、25%甲霜灵400～500倍液喷洒。

②虫害：主要有蚜虫、蝼蛄等。可用90%敌百虫1 000倍液防治蚜虫，对蝼蛄可用毒饵撒于苗床附近诱杀。

③苗床防治花叶病：苗床期防治花叶病，一是防治蚜虫，切断传毒媒介；二是栽前喷施硫酸锌、病毒必克等药物防治。

2. 烤烟苗床期的生长发育特点和管理要点

烤烟苗床期是指从播种到成苗移栽到大田前这段时间。因各地的环境条件、育苗方式和管理技术不同，苗床期的长短相差较大，一般为60～70天。根据幼苗的形态特征及地上、地下部分的动态变化，可大致划分为出苗期、十字期、猫耳期、成苗期四个生育时期。

(1)**出苗期生长特点和管理要点**　指从播种至两片子叶展开称出苗，10%达到此标准时称出苗初期，50%达到此标准时称出苗期。

①影响出苗的因素主要有温度、水分、氧气、光照：

第一，温度。烟草种子萌发最适宜的温度是25℃～28℃，最低温是11℃～12℃，最高是35℃。超过28℃可能发芽快，但不整齐；低于10℃，则萌动迟缓；低于2℃则遭受冻害；高于35℃，幼胚便会遭受灼伤。云南烟的经验是出苗期温度应比最适宜温度25℃～28℃稍低一些，在20℃～25℃，这样幼苗虽然生长得慢一些，但幼苗生长健壮，如果育苗期间经常处于最适温度下，则烟苗生长迅速，但是烟苗不健壮。云南省有些地方，苗床温度不够时，可采用覆盖塑料薄膜，来提高苗床温度。此外，云南省大多数烟区还要在苗床土采用覆盖物，一般都是覆盖青松毛。覆盖青松毛有以下优点，可以避风吹、日晒；调节苗床光照；避免浇水时水对苗床土壤的直接冲刷，保持良好的土壤结构，以利于幼苗生长；青松毛圆滑、轻，不会压紧幼苗；还可防自然灾害，如冰雹等。缺点是青松毛细小，揭盖困难。

第二，氧气和水分。这是一对矛盾，出苗和幼苗生长需要适宜的水分和空气，出苗期要求土壤保持田间最大持水量的80%，即要求苗床供水要经常保持床面2寸以下的土壤湿润而不是潮湿。这样才能保证既供给了出苗需要的水分，又保证了氧气的供应。如果水分过多，则种子周围易形成一层水膜，推迟出苗。

第三，光照。对光照的反应，不同的品种差异较大。一般烤烟种子成熟之后，在黑暗中可以发芽，但光照仍有一定的促进作用，特别是在发芽初期。

②出苗期生长特点：从播种经子叶平展，到第一片真叶出现，主要是幼胚器官的生长发育，为形成烟苗自养生活所必需的营养器官打下基础；幼胚的生长发育虽然缓慢，但需要可溶性有机养分的供应，于是便形成了这一时期的主要矛盾，即异养和自养的矛盾。在适宜的环境条件，当两片子叶出土进行光合作用，异养过程便告结束而进入自养过程。

③管理要点：保温保湿，增强光照。烟草出苗和幼苗生长，要有适宜的温度、湿度、通气状况、光照和土壤、空气条件。水分过多，影响土壤通气，过少而干旱则胚根不能下伸，均不利于幼苗生长。土壤应保持田间最大持水量的80%，使土壤处于湿润状态；苗床温度保持在25℃～28℃，过高则幼苗嫩弱，积累营养物质少，过低则延长出苗期；出苗以后呼吸作用逐渐增强，因此也要有良好的通气条件；子叶展开后开始进行光合作用，应给予适当的光照条件，使其制造更多的自养物质。

(2)十字期生长特点和管理要点　从第一片真叶出现，到第五片真叶出生，称十字期。当第一、第二两片真叶出现并与两片子叶交叉形成十字形时，称为小十字期。第三、第四片真叶与第一、第二片真叶交叉形成较大的十字形时称为大十字期。

①生长特点：幼苗进入十字期后，真叶陆续出现，随着真叶的出现，侧根随之发生，开始进入自养阶段。叶片的扩张速度很小，

主要功能叶是子叶：幼苗输导组织才刚刚开始发生，根系入土约4厘米，侧根开始发生，尚没有须根，主要靠胚根吸收水分、养分和子叶合成有机物供幼苗生长的需要；由于胚根的吸收能力较弱，子叶的光合产物不多，幼苗生长极为缓慢；当初生真叶光合作用超过子叶，侧根的吸收能力超过胚根时，便出现第三片真叶而进入生根期。

②管理要点：保温保湿，防止高温和干旱危害烟苗。这一阶段幼苗小而弱，对环境条件的反应比较敏感。温度要求与出苗期相差不大，超过30℃幼苗生长停顿甚至灼伤；土壤湿度保持田间最大持水量的60%～70%或略高些，表土干旱会影响幼苗的生长，但水分过多影响土壤的通气性，也会使幼苗生长迟滞；幼苗对光照的要求较高，以便合成较多的光合产物供其生长。对养分的要求不高，一般在施足基肥的基础上，不再追肥，必要时也可追少量氮、磷、钾肥，促进根系发育；要经常翻动覆盖物，要间苗、拔草，适当减少覆盖，给予幼苗适当的光照，光照不足易形成高脚苗，要适当增加每次浇水的数量，减少浇水的次数，防治病虫害。

(3)猫耳期生长特点和管理要点　从第五片真叶出现到第七片真叶生出，第三或和第四片真叶(最大叶)略向上，像猫耳朵，称猫耳期。

①生长特点：此期特点是幼苗合成能力已提高，但叶面积不大，主要功能叶前期是初生叶，后期是第三至第五片真叶，叶片脉网已形成，输导组织已完善。根系发育很快，主根明显加粗，根的生长速度大于地上部分，根系的生长量约为十字期的9倍。地上部茎叶比前期也有较快地生长。一级侧根大量发生，二级或三级侧根陆续长出，具有一定的抗逆力，对光、肥、水有更高的要求。

②管理要点：协调地上部分与地下部分生长的矛盾，采取各种措施，以促进地下部根系生长为主，适当照顾地上部分；全部揭除覆盖物；要供给适当的水分；视苗色合理追肥；除草、防治病虫害。

此期也是进行营养袋假植排苗的最佳时期，要抓紧进行营养袋的假植排苗上袋工作。

(4)成苗期生长特点和管理要点　从第八片真叶出现到烟苗有一定苗垫，可以移栽时，称为成苗期。近年来规范化栽培要求进行两段式育苗，即母床和假植床(子床)，出苗期、十字期、猫耳期在母床内度过，然后将成苗假植到营养袋中。因此，成苗期在营养袋内度过。

①生长特点：生长中心转移到地上部，根系继续发育，但地上部分的生长逐渐超过地下部分。成苗期已有完整的根系，输导组织已基本健全，吸收合成能力均已普遍增强，幼苗生长很快，叶面积迅速扩大，茎的生长也快，对光、肥、水都有较高的要求。

②管理要点：成苗期管理的各种措施应以"蹲苗"为主，促进幼苗敦实健壮。一是此期需要水分和养分较多，但若水肥过多，容易造成猛长，使幼苗茎叶组织疏松，细胞含水量增高，抗逆性弱，栽后缓苗慢。因此，在成苗期应减少水肥供应，以控制地上部分生长为主，尤其是要控制苗床水分，以降低幼苗的含水量，增加幼苗内有机物的含量，使茎叶组织致密。二是此期需要较强的光照。若光照不足，则光合产物减少，苗弱。因此，应增加光照时间，使其逐渐锻炼而适应大田的环境条件。三是在温度方面也应进行适应性锻炼。

烟苗各生育期虽有不同的特点，但各个时期又是互相联系的。一方面，烟苗数量的多少关键在于前期，幼苗的壮弱关键在于后期，成苗迟早关键在于出苗期，管理上前期以促为主，后期以控为主；另一方面，苗多苗少主要决定于水，苗迟苗早主要决定于热(温度)，幼苗壮弱主要取决于光，还有很多次要和间接的因素，管理上既要灵活，又要抓住主要矛盾。要保证水肥供应，采取促进与控制相结合的办法来加速成苗和炼苗、可采用适当的断水锻苗，掐叶炼苗等措施来培育壮苗。

(四)移　栽

移栽是大田栽培的开始,也是烟草生产的关键一步,此项工作的好处关系到整个生产期的成与败,时间要在日平均气温稳定在12℃～13℃方可,不宜过早,也不宜推迟,过早防冻害,生长慢,容易出现早衰,而降低产量;过迟,烟苗过大,成活率低,缓苗慢。黄淮烟区的最佳移栽期应在清明至谷雨前栽完。栽植密度应控制在每亩1 200～1 300株。采用地膜覆盖栽烟,不仅可以起到增温保湿的作用,且能提高烟株抗旱防涝性能,并可以防止烟叶黑暴。移栽前若下透雨,可在雨后及时盖膜,保墒提温。若无雨,要在栽烟时带足底水,栽烟后将地膜盖严。若在清明前后栽烟,因气温较低,可先盖膜后露苗,等气温稳定时再划开地膜,掏出烟苗并在根部封口压膜以防失水。

(五)保　苗

移栽后,三天内查苗,因质量不好、虫咬创伤等,及时补新苗,并适当浇水,保证成活率达100%。

(六)大田管理

烤烟生产最突出的问题是产、质矛盾。一般是产量越高、品质越差,但也不是产量越低,品质越好。因此,管理上要在稳定产量、保证质量上下工夫。

1. 适量施肥　以基肥为主,采用平衡施肥新技术。移栽前每亩施纯氮肥量,低肥田为6千克,中肥田5千克,高肥田3千克,氮磷钾肥的比例以1∶2∶3为宜。中后期发现缺肥时,采用叶面喷施的方法追肥。

2. 及时灌排水　在烟草需水关键期烟田干旱情况下,喷灌1次,可增产8.1%～13.1%,提高品质。烟田渍水1～2天,将减产47.8%～65%。低洼烟田或多雨季节要注意清沟排水。

3. 注意中耕培土　干旱情况下及时中耕,对保墒蓄水具有重要意义。雨后及时中耕,可降低土壤湿度,增加土壤通透性,提高地温,促进根系生长。中耕还可以消灭杂草,减少病虫害。结合中耕适时培土,可促发新根,扩大吸收水肥能力,有利于排水防涝,增强抗旱及防风抗倒能力。

4. 适时打顶除杈 打顶除杈不仅可使产量提高31%～49%,还是提高烟质的主要途径。打顶一般应根据留叶数分两次打完,促进烟株整齐生长落黄一致,而利于烘烤。株杈要及时清理。

5. 加强病虫害防治 以防为主,药剂防治及人工捕杀相结合。

(七)综合防治

1. 移栽成活后6～7天长液出两片新叶 称为团棵期,也叫伸根期。用70%恶霉灵2 500倍液灌根,叶面喷施壮苗2 116烟草专用型600倍液+蚜虱速克1 500倍液+20%病毒A粉剂500倍液,能有效地防治猝倒病、根黑腐病、普通花叶型病毒病、烟青虫、蚜虫等病虫害,确保初期的健壮生长。

2. 10叶期 这个时期的气温升高,如果降水偏大,土壤中的湿度大,是各种病害发病的高峰期,抓好此期的防病工作是整个烟季丰收的保证。2116烟草专用型600倍液+天达菌毒速杀1 000倍液+天达2%阿维菌素1 500倍喷雾可有效地防治各种病虫害的发生,间隔8天后再喷一次菌毒速杀1 000倍液,效果更好。

3. 14叶期 是黑胫病、蛙眼病的发病高峰期,也是普通花叶病的继发期,用2116烟草专用型600倍液+天达70%恶霉灵2 500倍液,加20%病毒A粉剂500倍液喷雾防治。

4. 18叶期 是赤星病的高发期,也是蚜虫的高峰期,白粉病、蓟马也同时发生,喷好此次药是最后的关键。用2116烟草专用型600倍液+杜邦快净2 500倍液+天达蚜虱速克1 500倍液,可有效地控制病虫害的发生,并确保烟草正常生长与成熟。

(八)采　收

成熟采收是优质烟生产的重要环节之一。烟叶成熟的特征是:叶片由绿色变为黄绿色,叶面上茸毛脱落,茎叶角度增大(近似

90°)。下部叶片主脉发白,中部叶支脉发白,上部叶主支脉发白,且在叶面上出现黄斑,才可采收烘烤。

第七节　茶树科学种植技术

茶树为多年生常绿木本植物,按树干来分,有乔木型、半乔木型和灌木型三种类型,一般多为灌木。在热带地区也有乔木型茶树高达 15～30 米,基部树围 1.5 米以上,树龄可达数百年至上千年。栽培茶树往往通过修剪来抑制纵向生长,所以树高多在0.8～1.2 米。在云南普洱县有棵"茶树王",高 13 米,树冠 32 米,已有 1 700 年的历史,是现存最古老的茶树。茶树的叶片呈椭圆形,边缘有锯齿,叶间开五瓣白花,果实扁圆,呈三角形,果实开裂后露出种子。春、秋季时可采茶树的嫩叶制茶,种子可以榨油,茶树材质细密,其木可用于雕刻。有许多茶树的变种用于生产茶叶,主要有印度阿萨姆、中国、柬埔寨几种。

我国是茶树的原产地,是世界上最早种茶、制茶、饮茶的国家,茶树的栽培已有几千年的历史。唐朝陆羽所著的《茶经》是世界第一部关于茶的科学专著,他被人们称为世界第一位茶叶专家。我国现代茶区主要分布在秦岭以南的地区。茶树喜高温多雨,年平均气温 12℃～20℃,降水量 1 400 毫米以上,排水良好的丘陵地带最为适宜。适宜在热带、亚热带酸性土壤(pH 值 4.5～6.5 为宜)上生长,最低气温不能低于 10℃。因此,茶树主要分布在我国的南方地区。

茶是世界三大饮料作物之一,生产的茶类以绿茶为最多,其次是红茶,还有乌龙茶、黄茶、白茶、花茶、紧压茶以及多种特种名茶。各种茶叶品种不同,更多的是加工方法不同。另外,茶树的种子可以榨油,茶树材质细密,其木可用于雕刻。

一、茶树分类

茶树是多年生常绿木本植物,按树干来分,有乔木型、半乔木型和灌木型三种类型。

乔木型茶树:形高大,主干明显、粗大,枝部位高,多为野生古茶树。云南是普洱茶的发源地和原产地,在云南发现的野生古茶树,树高10米以上,主干直径需二人合抱。

半乔木型茶树:有明显的主干,主干和分枝容易分别,但分枝部位离地面较近,如云南大叶种茶树。

灌木型茶树:主干矮小,分枝稠密,主干与分枝不易分清,我国栽培的茶树多属此类。

二、茶树科学种植技术

(一)茶园建设技术

1. 建园条件

(1)气温　茶树品种不同,对气温要求各异。一般中小叶种要求年平均气温在12℃以上,≥10℃积温在3 800℃以上,所能忍受的极限低温不能低于－12℃。

(2)雨量　全年降水量不少于800毫米,而且要求4～9月份降水量不少于100毫米。

(3)土壤质地　以沙壤土、壤土、黏壤土为宜;土层厚1米以上,底土无硬盘,地下水位在1米以下。

(4)土壤酸碱性　土壤微酸,pH值为4.5～6.5,表土、底土酸性反应,含钙量不超过0.2%。

(5)海拔　不超过1 000米。

(6)坡度　坡地茶园坡度不超过25°,向阳,不面向寒流。

2. 园地规划

(1)原则　园地规划与建设应有利于保护和改善茶园的生态

环境，维护茶园生态平衡，发挥茶树的优良种性，便于茶园灌溉和机械作业。

(2)道路　根据园地规模、地形和地貌等条件，设置合理的道路系统，包括主道、支道、步道和地头道。大中型茶场以总部为中心，与各区片、块茶园有道路相通。规模较小的茶场设置支道、步道和地头道。支道宜宽宜大，不少于2米宽，步道和地头道宜窄，不少于1米宽。

(3)水利系统　建立完整的水利灌溉系统，并与茶园道路相协调。

(4)茶园生态建设　茶园四周或茶园内不适合种茶的空地应植树造林；茶园的上风口应营造防护林，主要道路、沟、渠两边种植行道树和遮荫树；梯级茶园的梯壁、坎边多种植防护牧草等。

3. 园地整理

第一，茶园园地应注意水土保持，根据不同坡度和地形，选择适宜的日期、方法和施工技术。

第二，平地和15°以下的缓坡地等高建园，坡度在15°以上的山地修筑内倾式等高梯级茶园，梯面宽不小于2米。

第三，园地建设时间宜在秋冬季节或“伏天”。先确定道路，水沟位置，再做好梯级定线，开垦深度在50厘米以上，在此深度内有明显障碍(硬盘层、犁底层等)的土壤应破除障碍层。

第四，熟地建园应把底土翻上，表土翻下，打碎土块后平整。

第五，梯级茶园应按定梯的规划划线，由下而上开挖，梯坎坚固，保土保水，茶园与四周荒山陡坡、林地和农田交界处应设置隔离沟和沉沙、排水沟等。

4. 茶树种植

(1)茶行布置

第一，平地茶园采用直线布置，茶行与主道平行，与步道垂直；坡度在15°以上茶行按等高线布置。

第二，茶行规格。单行种植行距为150厘米，丛距为30厘米；双行种植行距为150～180厘米，小行距为30～40厘米，丛距为30厘米，茶丛交错呈“丁”字形排列。

(2)整地施肥　种植前在茶行位置开种植沟，宽80厘米，深60厘米，在沟内以有机肥和矿物源肥料为主，每亩施入圈肥或土杂肥5 000千克，或油渣200千克，根据土壤条件，配合使用磷、钾肥，充分拌匀，分层施入，将种植沟回填整平待种。

(3)种植方法

①茶苗移栽：栽植时间在9月中旬至10月下旬，特殊情况下可在2月中旬至3月上旬进行。单行栽植行距150厘米，丛距30厘米，每穴定植2株，亩植茶苗3 000株左右。双行栽植大行距160厘米，小行距40厘米，丛距30厘米，每穴定植2株，亩基本苗在5 000株左右。

②茶籽直播：播种时间在11月至翌年2月，种植规格与茶苗移栽相同，采用双行密植，覆土5～7厘米，并防人、畜踩踏。

③种植方法：栽植时覆土应高于根颈处3厘米左右，根系离底肥在10厘米以上；栽后随即浇定根水并覆盖。

(二)茶树种子、种苗

1. 品种选择　种植品种选用国家适制绿茶的优良茶树品种。

2. 种子质量　粒径在12毫米以上，千粒重不低于1 000克，含水量不低于22%，不高于38%，发芽率不低于85%。空壳、霉变、虫蛀和破裂不超过1%，嫩籽、瘪籽及其他杂物不超过2%。

3. 种苗质量　高度不低于25厘米。主茎粗度离地面3厘米处直径不小于3毫米。根系生长正常，侧根数3条以上，侧根长12厘米以上。主茎离地面10厘米以下呈红褐色。着叶数8片以上。无病虫害寄生。品种纯度98%以上。一级分枝1～2个。

(三)茶树修剪

1. 定形修剪(幼龄茶园)　幼龄茶园分三次定形修剪。第一次，当80%以上的茶苗高度达到30厘米，离地面12～15厘米处剪去主枝，不剪侧枝，其后每次在剪口上提高15厘米左右剪平。修剪时间为3月上中旬，或5月中下旬。

2. 成年茶园修剪

(1)轻修剪　每年1次，剪去树冠表层3～5厘米，在春茶后或秋茶末进行，易发生冻害的中高山茶区，宜春茶前3月上旬或春茶后进行。

(2)深修剪　对树冠形成大量鸡爪枝，茶树发芽能力减弱，产量和质量明显下降的茶园，剪去树冠15～20厘米，于春茶后进行。

(3)覆盖度较大的茶园的修剪　每年进行边缘修剪，保持茶行间20厘米左右的空隙，以利田间作业和通风透光，减少病虫害发生。

(4)修剪枝的处理　修枝剪枝一般应留在茶园内，以利于培肥土壤。病虫枝叶应清出茶园，集中烧毁和深埋。

(四)茶园施肥

1. 施肥原则　根据茶园土壤理化性质、茶树长势、预计产量、制茶种类和气候等条件，确定合理的肥料种类、用量和施肥时间，实施茶园平衡施肥，防止茶园缺肥和过量施肥。

2. 施肥种类　宜多施有机肥料、农家肥等。

3. 施肥方法

(1)基肥　以有机肥为主，于当年秋季开沟深施，施肥深度20厘米以上，一般亩施有机肥200～400千克，或农家肥1000～2000千克，根据土壤条件培施磷肥、钾肥和其他所需营养。

(2)追肥　根据茶树生长发育规律进行多次，以氮肥为主，在茶叶开采前15～30天开沟施入，沟深10厘米左右。追施氮肥每亩每次用量(按纯氮计)不超过15千克，年最高总用量不超过60千克(无公害标准)。绿色食品茶生产基地限量使用化肥。施肥后及时盖土。

(五)茶园病虫草害防治

1. 防治原则 以预防为主、综合防治,从茶园整个生态系统出发,综合运用各种防治措施,创造不利于病、虫、草等有害生物滋生和有利于各类天敌繁衍的环境条件,保持茶园生态系统和生物的多样性,将有害生物控制在允许的阈值以下,将农药残留降低到规定标准范围以内。

2. 防治措施

(1)农业防治 换种改植或发展新茶园时,应选用对当地主要病虫抗性较强的品种。分批、多次、及时采摘,抑制假眼小绿叶蝉、茶橙瘿螨、茶白星病等危害茶叶的病虫。通过修剪控制茶树高度低于80厘米,减轻毒蛾类、蚧类、黑刺粉虱等害虫的危害,控制螨类的越冬基数。秋末结合施基肥进行茶园深耕,减少翌年在土壤中越冬的鳞翅目和象甲类害虫的种群密度。将茶树根际附近的落叶及表土清理至行间深埋,有效防治叶片病害和在表土中越冬的害虫。加强茶园管理,实施配方施肥,清除湿害,防御旱、冻害,改善茶园通风透光条件,增强茶树抗病能力。

(2)物理防治 采用人工捕杀,减轻茶毛虫、茶蚕、蓑蛾类、茶丽纹象甲等害虫危害。利用害虫的趋性,进行灯光诱杀、色板诱杀和异性诱杀。采用机械或人工方法防除杂草。

(3)生物防治 注意保护和利用当地茶园中的草蛉、瓢虫、蜘蛛、捕食螨、寄生蜂等有益生物,减少人为因素对天敌的伤害。建议使用生物源农药(包括微生物农药和植物源农药等)。

(4)化学防治 在特殊情况下,必须使用农药时应遵循以下准则:

第一,应首先使用绿色食品茶生产资料农药类产品。

第二,在绿色食品茶生产资料农药类产品不能满足植保工作需要的情况下,允许使用以下农药及方法。中等毒性以下植物源农药、动物源农药和微生物农药。在矿物源农药中允许使用硫制剂、铜制剂。可以有限度地使用部分有机合成农药(但每种有机合成农药在一年中只能使用一次)。

第三,严禁使用高毒高残留农药防治病虫害。

第四,严禁使用基因工程产品及制剂。

表2　茶园禁用农药

种　类	农药名称
有机氯杀虫剂	滴滴涕、六六六、林丹、DDT、硫丹
有机氯杀螨剂	三氯杀螨醇
氨基甲酸酯杀虫剂	涕灭威、克百威、灭多威、丁硫克百威、丙硫克百威
二甲基脒类杀虫螨剂	杀虫脒
卤代烷类熏蒸杀虫剂	二溴乙烷、环氧乙烷、二溴氯内烷、溴甲烷
有机锡杀菌剂	三苯基氯化锡、三苯基羟基锡(毒菌锡)
有机汞杀菌剂	氯化乙基汞(西力生)、醋酸苯汞(赛力散)
取代苯类杀菌剂	五氯硝基苯
二,四-D类化合物	除草剂或植物生长调节剂
二苯醚类除草剂	除草醚、草枯醚
有机砷杀菌剂	甲基胂酸铵(田安)、福美甲胂、福美胂
有机磷杀虫剂	甲拌磷、乙拌磷、久效磷、对硫磷、甲基对硫磷、甲胺磷、甲基异柳磷、治螟磷、氧化乐果、磷铵、地虫硫磷、灭克磷、水胺硫磷、硫线磷、杀扑磷、特丁硫磷、克线丹、苯线磷、甲基硫环磷

注:以上所列是目前禁用或限用的农药品种,该名单随国家新规定而修订

(六)低产茶园改造

1. 低产茶园概念　茶树树龄过大,树势衰退或未老先衰茶园,以及茶树高、矮不一,没有形成有效采摘面或茶蓬过于高大,不便采摘管理,且亩产量低于25千克的投产茶园。

2. 改造措施

(1)改　土

①深翻改土:茶园全土层较厚,但底土板结,有效土层浅薄,茶

树根系伸展不开。采取深翻改土，重施有机肥，改善土壤结构，提高肥力。于秋末冬初进行。行间开沟，深 50 厘米、宽 50 厘米以上，每亩施农家有机肥 1 500 千克以上，饼肥或商品有机肥 150 千克以上。配合施入适量磷、钾肥。一层肥、一层土；表土填入底层，底土盖在表层。

②客土培园：茶园表土层浅，其下有很难打破的障碍层，且土壤理化性状不易改变，宜客土培园，加厚土壤耕作层。一年四季均可进行。先深耕茶园行间，然后把茶树周围可利用余土或结合兴修水利，清理沟道的余土、塘土等配合肥土培入茶园。

(2)改　树

①深修剪：树冠尚健壮，但鸡爪枝多，枯枝率上升，育芽能力衰退，新梢生长势减弱，对夹叶多，产量品种明显下降的茶树。春茶后立即进行。依鸡爪枝的深度而定，一般用篱剪剪去树冠上层 10～15 厘米，修剪前后增施肥料。树冠平整，剪口光滑，不撕破表皮，并结合疏枝，清除枯枝、病虫叶进行。

②重修剪：未老先衰茶树，骨干枝尚健壮但树冠衰老或成高、低不一，分枝稀而乱，没有形成有效采摘面以及树冠过于高大，采用深修剪仍不能降低树高，严重影响采摘管理的茶树。春茶后立即进行。根据树势剪去树高的 1/2 或略多一些，留下离地面高度 30～45 厘米的主要骨干枝，修剪前后增施有机肥料。树冠平整，剪口光滑，不撕破皮层，结合疏枝，剪去枯枝、病虫枝。

③台刈：树势十分衰老，多粗老枝干，枯枝率高，茎干上多着生地衣苔藓，芽叶稀少，基本无叶可采的茶树。春茶后进行。用手锯或台刈将离地面 3～5 厘米剪去，台刈前后重施肥料。要求切口平滑、倾斜，不撕裂茎干和表皮。

(3)改　园

第一，丛式茶园，缺丛断行较多的条列式茶园，茶树覆盖度低，可通过移栽补缺或补种、压条等办法，增加种植密度，达到 900～

1 200丛/亩。

第二，茶丛零乱、矮小，缺株率达60%以上的低产茶园，在改造老树的同时，可重新建园，新园投产后去除老茶树。

第三，坡度30°以上，水土流失严重或不适宜茶树生长的；缺苗相当严重、失去改造价值的茶园，可退茶还林还草。

第四，园、林、路、水缺乏统一规划，设置不合理的低产园，按新茶园建设规划要求重新建园，使园、林、路、水布局合理，建成生态茶园。

(4)改善管理

①改善肥水管理：贯彻“一基二追”的施肥制度。进行树体改造(如深修剪、重修剪和台刈)的低产茶园，在改造当年和翌年施肥量比常年要增加1/3至1倍。基肥9～10月份施用；追肥比例为春茶前施全年用量的60%，春茶后施全年用量的40%。台刈茶园基肥亩施有机肥1 500千克以上或施油饼100千克，并根据土壤条件配合使用氮肥、磷肥、钾肥，追肥氮、磷、钾配合施用。重修剪、深修剪茶园施肥量比台刈茶园适当减少。增加浅、中耕除草次数，及时防除杂草和疏松表土。

②修剪养蓬：台刈茶树新梢萌发后第二年早春离地35～40厘米进行第二次定型修剪，第三年再提高10～15厘米进行第二次定型修剪。

重修剪茶树，新梢平均高度达30厘米以上，可在当年秋季打顶采摘，促进木质化，当年底的初冬或翌年早春在重修剪高度上提高15～20厘米修剪。

③改善采摘管理：台刈后的茶树，第二年可适度打顶养蓬。重修剪后的茶树，在定型修剪1年内，春留2叶、夏留1叶采摘。深修剪后的茶树，第一季不采茶，第二季可适度打顶，次年夏茶留一叶采摘。

④改善茶树保护：认真贯彻“预防为主、综合防治”的方针，加强茶园病虫害防治，把茶园建设成绿色食品茶或有机茶生产基地。

加强旱害、冻害的防御，确保茶树正常生育。可采取茶园行间秸秆覆盖措施，因地制宜，进行茶园旱、冻害防御。

(七)鲜叶采摘

1. 采摘原则 根据茶树生长特性和所制茶类对鲜叶原料的要求，遵循采养结合、量质兼顾和因园、因树制宜的原则，按标准适时分批采摘。

2. 要 求

(1)手工采摘 要求提手采，保持芽叶完整、新鲜、干净、不夹鳞片、鱼叶、茶果和老枝叶。

(2)机械采摘 采茶机应使用无铅汽油和机油，防止污染茶叶、茶树和土壤。

(3)采茶工具 采用清洁、通风良好的竹、藤编茶篓、茶篮盛装鲜叶。采下的鲜叶应及时运抵茶厂，防止鲜叶变质或混入有毒、有害物质。

第八节 麻类科学种植技术

麻类作物主要是利用茎部韧皮纤维或叶中的纤维。我国栽培的麻类作物主要有苎麻、亚麻、黄麻、红麻等，苎麻、黄麻、红麻、大麻多在长江以南种植，亚麻多在北方种植。此外，剑麻在华南分布较广。

一、大麻科学种植技术

大麻在我国俗称“火麻”，为一年生草本植物，雌雄异株，原产于亚洲中部，现遍及全球，有野生、有栽培。大麻的变种很多，是人类最早种植的植物之一。大麻的茎、秆可制成纤维，籽可榨油。大麻秆纤维可以制绳；其种子叫麻仁，可以榨油，又可以入药，有润肠、通便等作用。

大麻主要分布在亚洲和欧洲，栽培面积和产量以中国最多。我国大麻主要分布在黑龙江、吉林、辽宁、河北、山东、安徽、山西、河南、甘肃、宁夏、四川、贵州等地。

(一)大麻类型和品种

我国的大麻，按生态条件，以长江为界，分为南方型和北方型。北方型大麻生育期短，一般在 4 月上中旬播种，8 月上旬收获，生育期 100～150 天；南方型大麻生育期长，一般在 5 月上旬播种，9 月底收获，生育期 150 天以上。

我国有许多享有盛誉的大麻高产、优质品种，如黑龙江五常 40 号、山东莱芜麻、河北蔚州白麻、山西长治潞麻、安徽六安寒麻、宁夏盐池麻、陕西韩城麻等。外国大麻纤维以意大利北部出产的品质最佳。生产上南种北栽有利于高产优质。

(二)大麻科学种植技术

1. 选好地块注意轮作　大麻种植地宜选用地势平坦、地力肥沃、土层深厚、排灌条件良好的沙质壤土或壤土。大麻可以连作，但连作年限不可太长，否则会导致病虫害加重及土壤养分失调。

2. 精细整地重施基肥　大麻幼芽顶土力弱，种植土壤应深厚、疏松、含水量适宜，才能使种子顺利发芽出苗，并使芽苗生长健壮。因此，对种植地应进行深耕，耕作深度一般在 20～25 厘米。一般是在前茬作物收获后即进行秋耕，到了翌年春天，土壤化冻后还要进行复耕浅翻，耕后随即砸碎坷垃，整平地面，使土壤上松下实。结合整地施基肥，一般每亩施入有机肥 2 000～3 000 千克，复合肥10～15 千克。

3. 播　种

(1)种子处理　播种用的种子要经过筛选，选用杂质少、颗粒饱满、大小均匀且发芽率高的种子。在晴朗的天气将种子暴晒2～3 天，可以加快种子发芽，提高发芽率。播种前用种子量 0.3%的多菌灵均匀拌种，然后播种。

(2)播种　一般情况下，当5～10厘米地温稳定达到8℃以上时即可播种。东北麻区多在4月中旬至5月上旬；华北麻区3月下旬至4月中旬；西北麻区因平川与山地温差大，播种期从3月下旬延续到5月上旬。大麻的播种方式多采用条播，播种量一般每亩4～5千克。大麻幼苗顶土力差，宜于浅播种，以2.5厘米为宜，播后适度镇压以利全苗。

4. 田间管理　大麻播后遇雨应及时破除板结。出苗后进行一次疏苗。苗高10厘米左右时即可定苗。因雄株出麻率高，纤维品质佳，采麻栽培应多留雄株，采种栽培可多留雌株。幼苗时期雌、雄株较难区别。当苗高10厘米左右，长出2～3对真叶时，凡叶色浅绿，茎顶端略尖，生长较快，幼苗略高者为雄株；而叶片宽，叶色深绿，顶梢大而平的为雌株。每亩要留苗2万～10万株，产量随密度增加而提高。适当密植可抑制分枝和次生纤维的发生，茎秆粗细均匀，有利于提高出麻率、增加纤维产量及提高品质。

大麻苗期生长易受杂草抑制，因此中耕除草成为苗期管理的重要一环。麻苗的茎秆很细，一不小心，就会弄断，正如农谚所说的那样："锄麻如绣花，一碰一个疤"，所以锄草时应十分细心才行，不要碰伤麻苗，以免形成伤疤，妨碍麻株生长，降低纤维产量和品质。

5. 大麻收获与沤制　大麻雌雄株的生长期及开花成熟期不一致，当雄株进入盛花期时收获，麻茎已达工艺成熟期；雌株则要到主茎花序中部种子开始成熟时，才达到种子成熟时期。雌雄株成熟期相差30～40天，因此为了提高纤维和种子的产量及品质，宜采用雌雄株分期收获。第一次在雄株进入盛花期时，收割雄株，第二次在雌株花序中部种子成熟时，收获雌株。

而生产上以收获纤维为目的的地块多为雄株进入盛花期时，全田一次收割。收割时要贴地平割，麻茬越低越好。割下麻株随即抖净小麻，打净麻叶，削去梢头，摊晒半天到一天，最好按不同株高、茎粗、雌雄株和成熟度，分别捆成直径 15～20 厘米的小麻捆，准备沤麻。作留种栽培的，当雌株达种子成熟时，将麻田中雌株全部收割，削下梢头结籽部分，摊晒、脱粒、扬净入仓。

入池时雄麻在下，雌麻在上，这样沤出的麻成熟度一致，品质极佳。沤麻时以上不露麻、下不入泥为宜。沤麻时间随水温而异，水温 23℃～25℃时，经 3 天就可脱胶完毕；水温 20℃左右时，要 7 天才能沤好。特别在即将沤熟的时刻，要随时观察脱胶情况，麻农说“家里喝杯茶，塘里沤坏麻”。当麻排附近出现大量气泡，麻秆上起“痱子”有黏液出现即达脱胶适度，应马上涝出冲洗，晒干待剥。

二、苘麻科学种植技术

苘麻为短日照作物，南种北植可以增产。我国黑龙江、吉林、辽宁、内蒙古、河北、山东、河南等地栽培较多。苘麻主要利用其次生纤维，适于制作绳索、麻线，也可作造纸原料。

苘麻主要栽培技术要点：

（一）轮作、整地、施基肥

苘麻与高粱、旱稻、豆类等作物轮作可避免形成“铁根”，还可防止“麻天牛”等害虫为害。麻地以秋耕为好，早春耙耱保墒待播。涝洼地也可于翌年春季耕翻，并耙耱保墒待播。播种时条施基肥，以有机肥为主掺和适量氮、磷、钾化肥。

（二）适时早播合理密植

当地温达 10℃以上时即可播种。播种可采用撒播或条播，其中以条播为佳。播种量每亩 1～1.5 千克，行距 10～50 厘米。株距 10 厘米左右，每亩留苗 1.5 万～2.0 万株。

（三）田间管理

播后如遇雨应及时破除板结。苗高 5 厘米左右进行间苗，10 厘米左右定苗。苗期中耕 2～3 次，起松土、增温、灭草、保墒作用。株高 40～50 厘米时，每亩追施 20～25 千克标准氮肥及 5～10 千克钾肥，以利于攻秆。化肥可沟施于行间，或结合浇水撒施。

（四）收获与沤洗

苘麻进入半花半果时即可收割。麻茎割下后，需平铺地上晒1～3天，打掉上部枝叶、扎成直径15～20厘米的麻捆即可沤在坑塘、河湾、道沟的水中。沤制时间长短视水温高低而定，20℃～25℃时1周即可沤熟。

三、亚麻科学种植技术

亚麻在我国主要分布在黑龙江和吉林两省。亚麻喜凉爽、湿润的气候。亚麻纤维具有拉力强、柔软、细度好、导电弱、吸水散水快、膨胀率大等特点，可纺高支纱，制高级衣料。

各国划分亚麻类型的标准不同，我国将栽培种划分为三个类型：纤维用亚麻，油用亚麻，油纤两用亚麻。

亚麻栽培技术要点如下：

（一）选地、整地

亚麻宜种在地势平坦、排水良好的二洼地上。前茬以玉米、大豆、小麦为最好，不可重、迎茬种植。亚麻种子小，萌发时顶土能力弱，在播种前必须精细整地，除净杂草和残留作物秸秆，使墒面表土疏松细碎。整地要求耕、耙、耢、压连续作业，使地面平整细碎，上虚下实。

（二）施　肥

亚麻生育期短，需肥集中，秋翻前每亩施2 000～2 500千克有机肥作基肥，播种时每亩施磷酸二铵5～7.5千克作种肥，并注意种、肥隔开。肥力较低黑土地，施氮、磷、钾的比例应为2∶1∶1。

（三）播　种

当气温稳定在7℃～8℃时即可播种。吉林麻区在4月中旬，黑龙江则在4月下旬至5月上中旬播种。播前用3%的炭疽福美拌种，可防治苗期病害。播种方式以条播为好，行距7.5厘米或

15 厘米，播深 2～3 厘米，播后镇压。每亩播量 7～7.5 千克，保证成苗 80 万～100 万株。

在甘肃、内蒙古一带，油用亚麻一般在 4 月下旬至 5 月上旬播种。行距 22～26 厘米，施足基肥，每亩播种量 3～4 千克，保证成苗 25 万～30 万株。

(四)田间管理

苗高 10 厘米左右，人工除草或化学除草 1～2 次。同时，要防治草地螟、甘蓝夜蛾和黏虫。

(五)收　获

亚麻工艺成熟期的外观标志是：1/3 蒴果变黄褐色，1/3 麻茎变黄，1/3 叶片脱落，达到工艺成熟期，此时是收获纤维适期。收获时要分级扎把、分级销售。亚麻收获时正逢雨季，防止霉烂至关重要。

油用亚麻 8 月中旬至 9 月上中旬收获脱粒。

四、红麻科学种植技术

红麻又称洋麻、槿麻、钟麻。红麻纤维拉力强、耐腐、吸湿、散水快，可纺织包装用麻袋、麻布，也可织地毯、制造绳索等，还可造纸。麻骨可制纤维板。麻叶是牲畜的好饲料。我国于 1928 年引种，20 世纪 50 年代因炭疽病害而停种，20 世纪 60 年代由于推广抗病品种，生产得以恢复发展。我国栽培红麻的区域非常广阔，南起海南岛、北至黑龙江，除青海、西藏外，在北纬 47°以南各地都有种植。如在广东、广西、浙江、河南、山东、安徽、江苏、湖南、湖北、江西、四川等地均种有红麻。

红麻栽培技术要点如下：

(一)整地与施基肥

红麻根系发达，要求深耕 20～25 厘米。红麻幼芽顶土力弱，整地要细致。无水源条件的，耕后要注意蓄墒；有水浇条件的，应浇好底墒水，以备播种。

红麻需肥较多，每亩产 1 000 千克生麻约需纯氮 30 千克，五氧化二磷 10 千克，氧化钾 50 千克。中等土壤肥力条件下每亩以施纯氮 10 千克、五氧化二磷 2.5 千克和氧化钾 10 千克肥效最佳。

(二)播种保全苗

红麻播种前应进行种子的清选与药剂拌种。华北麻区一般在 4 月中下旬。红麻夏播越早越好。王朝云(1985)在黄淮海地区于 5 月 10 日至 6 月 19 日进行的播期试验表明，每晚播 1 天，每亩地降低纤维产量 1.92～2.91 千克。因此，夏播红麻，可采用套种、硬茬播种或育苗移栽等方法。播种方式多采用条播，行距 30～40 厘米。一般每亩用种量 1.5～2.0 千克。播种深度以 2.5～3.0 厘米为宜，播后适当镇压，可促进全苗。

(三)田间管理

红麻播后如遇雨要及时破除板结，苗期中耕 2～3 次。出苗后先疏苗一次，2～3 片真叶时即可定苗。留苗密度每亩春播留苗 1.8 万～2.0 万，夏播以 2.0 万～2.2 万为宜。红麻快速生长期(株高 1 米左右)，应追施速效性氮肥，每亩施纯氮 5～7.5 千克。天久旱不雨，还应浇水，以利攻秆。

(四)适时收获沤制

红麻半花半果时，达工艺成熟期。可是，我国北方麻区多为南种北植，达不到工艺成熟期的形态指标即需收获。因此，只能根据沤麻池水温、农事季节、农活安排等情况加以确定。

红麻收割后，先打掉上部叶片，后捆成直径 20 厘米左右的麻捆，沤在水中。经数日后麻茎表面黏滑，用手一抹露出纤维，基部横撕麻皮呈网状，即可剥洗晒干。近年来，山东省等麻区把割下的麻株用剥麻板或剥麻机事先剥取鲜麻皮，然后再沤制。这样，可以节省水源并减轻污染，不过产量和品质都会受些影响。

第九节 中草药科学种植技术

中国是中草药的发源地，目前我国大约有 12 000 种药用植物，这是其他国家所不具备的，在中药资源上我们占据垄断优势。古代先贤对中草药和中医药学的深入探索、研究和总结，使得中草药得到了最广泛的认同与应用。我国的药用植物进出口量居世界之冠，在药用植物贸易中扮演着生产者、消费者、进口地、出口地和转口地等多重角色。

中草药是中医所使用的独特药物，也是中医区别于其他医学的重要标志。

中药主要由植物药（根、茎、叶、果）、动物药（内脏、皮、骨、器官等）和矿物药组成。因植物药占中药的大多数，所以中药也称中草药。目前，各地使用的中药已达 5000 种左右，把各种药材相配伍而形成的方剂，更是数不胜数。经过几千年的研究，形成了一门独立的科学——本草学。

一、草本药用植物科学种植关键技术

（一）间苗、定苗、补苗

对于用种子直播繁殖的药用植物，在生产上为了防止缺苗和便于选留壮苗，其播种量一般大于所需苗数。播种出苗后需及时间苗，除去过密、瘦弱和有病虫的幼苗，选留壮株。间苗宜早不宜迟。过迟间苗，幼苗生长过密会引起光照和养分不足，通风不良，造成植株细弱，易遭病虫害。同时，由于苗大根深，间苗困难，且易伤害附近植株。大田直播间苗一般进行 2～3 次，最后一次间苗称为定苗。

有些药用植物种子发芽率低或由于其他原因，播种后出苗少、出苗不整齐，或出苗后遭受病虫害，造成缺苗。为保证苗齐、苗全，

必须及时补种和补苗。大田补苗与间苗同时，即从间苗中选生长健壮的幼苗稍带土进行补栽。补苗最好选阴天或晴天傍晚进行，并浇足定根水，保证成活。但是，在药用植物栽培中，有的药用植物由于繁殖材料较贵，是不进行间苗工作的，如人参、西洋参、黄连、西红花、贝母等。

（二）中耕除草与培土

药用植物清除杂草方法有人工除草、机械除草和化学除草。目前，化学除草剂已在薄荷、颠茄、芍药等多种药用植物栽培上应用。但是，现代规范化栽培不提倡使用除草剂。目前，药用植物生产中一般为以人工除草为主。除草要与中耕结合起来，中耕除草一般为在药用植物封行前选晴天土壤湿度不大时进行。中耕深度视药用植物地下部分生长情况而定。射干、贝母、延胡索、半夏等根系分布于土壤表层，中耕宜浅；而牛膝、白芷、芍药、黄芪等主根长，入土深，中耕可适当深些。中耕深度一般为4～6厘米。中耕次数应根据当地气候、土壤和植物生长情况而定。幼苗阶段杂草最易滋生，土壤也易板结，中耕除草次数宜多；成苗阶段，枝叶生长茂密，中耕除草次数宜少，以免损伤植株。天气干旱，土壤黏重，应多中耕，雨后或灌水后应及时中耕，避免土壤板结。

有些药用植物结合中耕除草还需进行培土。培土有保护植物越冬（如菊花）、过夏（如浙贝母）、提高产量和质量（如黄连、射干等）、保护芽头（如玄参）、促进珠芽生长（如半夏）、多结花蕾（如款冬）、防止倒伏、避免根部外露以及减少土壤水分蒸发等作用。培土时间视不同药用植物而异。一、二年生草本药用植物培土结合中耕除草进行；多年生药用植物结合浇防冻水进行。

（三）合理施肥

草本药用植物的施肥原则是以有机肥为主，化肥为辅，施肥方法上应以基肥为主、追肥为辅，并且采用土壤施肥与叶面施肥相结合的施肥方式。基肥一般在整地时施，追肥一般在幼苗期轻施一次苗肥,促使幼苗健壮。多年生植物常于返青、分蘖、现蕾、开花等时期追肥。以种子和果实为药用的植物,于现蕾、花期追肥;根及根茎类的药材其地下部膨大时期是需肥的最大时期,此时,要及时供应养分,如白术在摘蕾之时,正是根状茎进入膨大发育时期,若及时追肥,对白术根状茎的增产作用明显;对于叶类及全草类的药材,苗期应多施氮肥,促使茎叶生长,到生长后期配合施用磷、钾肥。

(四)灌溉与排水

草本药用植物种类不同,对水分的需求各异。耐旱植物如甘草、黄芪等一般不需要灌溉。而喜湿的药用植物如薏苡、半支莲、垂盆草等则需水分较多,需保持土壤湿润。

植物的不同生长发育时期对水分的需求也有变化。苗期根系分布浅,抗旱能力弱,要多次少灌;封行以后植株正处在旺盛生长阶段,根系深入土层需水量多,而这时正值酷暑炎热高温天气植株蒸腾和土壤蒸发量大,可采用少次多量,灌水要足。花期及时灌水,可防止落花,并促进授粉和受精。花芽分化前和分化阶段以及果期在不造成落果的情况下土壤可适当偏湿一些,接近成熟期应停止灌水。

当地下水位高、土壤潮湿,以及雨季雨量集中,田间有积水时,应及时清沟排水,以减少植株根部病害,防止烂根,改善土壤通气条件,促进植株生长。排水方式主要有明沟和暗管排水两种。

(五)植物调整

1. 打顶和摘蕾　打顶能破坏植物顶端优势,抑制地上部分生长,促进地下部分生长,或抑制主茎生长,促进分枝,多形成花、果。例如,对附子及时打顶,并摘去其侧芽,可抑制其地上部分生长,促进地下块根迅速膨大,提高产量。菊花、红花常摘去顶芽,促进多分枝,增加花序的数目。打顶时间应以药用植物的种类和栽培的目的而定,一般应选晴天进行,宜早不宜迟以利伤口愈合。

及时摘除花蕾，抑制其生殖生长，这对以培养根及地下茎为目的的药用植物来说是有利的，使养分输入地下器官贮藏起来，从而提高根及根茎类药用植物的产量和质量。

摘蕾的时间与次数取决于现蕾时间持续的长短，一般宜早不宜迟。如在牛膝、玄参等现蕾前剪掉其花序和顶部；白术、云木香等的花蕾与叶片接近，不便操作，可在抽出花枝时再摘除。而地黄、丹参等花期不一致，摘蕾工作应分批进行。

2. 整枝修剪 整枝修剪包括修枝和修根。如瓜蒌主蔓开花结果迟，侧蔓开花结果早，所以于要摘除其主蔓，留侧蔓，以利增产。修根只宜在少数以根入药的植物中应用。修根的目的是促进这些植物的主根生长肥大，以及符合药用品质和规格要求。如除去乌头过多的侧根、块根，使留下的块根增长肥大，以利加工；除去芍药侧根，使主根肥大，以增加产量。

3. 支架 对于株型较大的药用藤本植物如瓜蒌、绞股蓝等应搭设棚架，使藤蔓均匀分布在棚架上，以便多开花结果；对于株型较小的如天门冬、党参、山药等，一般只需在株旁立竿牵引。生产实践证明，凡设立支架的药用藤本植物比伏地生长的产量增长 1 倍以上，有的可高达 3 倍。所以，设立支架是促进药用藤本植物增产的一项重要措施。

（六）人工授粉

风媒传粉植物（如薏苡）往往由于气候、环境条件等因素不适而授粉不良，影响产量；昆虫传粉植物（如砂仁、天麻）由于传粉昆虫的减少而降低结实率。这时进行人工辅助授粉或人工授粉以提高结实率便成为增产的一项重要措施。

人工辅助授粉及人工授粉方法因植物而有不同。薏苡采用绳子振动植株上部，使花粉飞扬，以便于传粉。砂仁采用抹粉法（用手指抹下花粉涂入柱头孔中）和推拉法（用手指推或拉雄藤，使花粉插入柱头孔中）。天麻则用小镊子将花粉块夹放在柱头上。不同植物由于其生长发育的差异,各有其最适授粉时间及方法,必须正确掌握,才能取得较好的效果。

七、覆盖与遮荫

覆盖是利用草类、树叶、秸秆、厩肥、草木灰或塑料薄膜等撒铺于畦面或植株上,覆盖可以调节土壤温度、湿度,防止杂草滋生和表土板结。有些药用植物如荆芥、紫苏、柴胡等种子细小,播种时不便覆土,或覆土较薄,土表易干燥,影响出苗。有些种子发芽时间较长,土壤湿度变化大,也影响出苗。因此,它们在播种后,须随即盖草,以保持土壤湿润,防止土壤板结。如浙贝母留种地在夏、秋高温季节,必须用稻草或秸秆覆盖,才能保墒抗旱,安全越夏;冬季,三七地上部分全部枯死,仅种芽接近土壤表面,而根部又入土不深,容易受冻,这时须在增施厩肥和培土的基础上盖草,才能保护三七种芽及根部安全越冬。

遮荫是在耐阴的药用植物栽培地上设置荫棚或遮蔽物。如西洋参、黄连、三七等喜阴湿、怕强光,如不人为创造阴湿环境条件,它们就生长不好,甚至死亡。目前,遮荫方法主要是搭设荫棚。由于阴生植物对光的反应不同,要求荫棚的遮光度也不一样。这应根据药用植物种类及其生长发育期的不同,调节棚内的透光度。

二、木本药用植物科学种植技术

我国药用植物资源极为丰富,在重要性较大的药用植物中,木本的就有129种。

(一)生产药材为主的经济林

1. 肉桂林　我国广西壮族自治区南部栽培。树皮、枝叶、花果、树根等均可入药,统称“桂品”。其中桂皮是医药上的珍品。

2. 杜仲林　主要产品树皮(杜仲)含有桃叶珊瑚苷,为强壮剂也是降低高血压的良药。杜仲的果实、树叶、树皮均含有杜仲胶,是一种硬性橡胶，可加工提取供电工及其他工业用。

3. 厚朴林 主要产品树皮（厚朴）含有厚朴酚等成分，为行气、化痰、治喘良药。

4. 枸杞林 果实（枸杞）具有滋肝补肾、生精益气、治虚安神、祛风明目的功效。枸杞的根皮（地骨皮）、嫩叶（天精草）均为中医常用药材。

5. 槟榔林 果实加工为榔干和榔玉，可供医药上作为收敛剂和驱虫药物用。其嫩叶在我国台湾省名为“半天笋”，可供食用。

（二）木本药用植物栽培关键技术

1. 合理种植密度和栽植时期 栽植密度是木本药用植物栽培管理的核心。特别是矮化密植和计划密植被认为是以加大栽植密度为中心，对传统的大冠稀植栽培制度的革新和突破。

确定栽植密度，必须根据当地具体条件，因地制宜；具体栽植时应从不同树种和品种的生长发育特性、土壤状况和气候条件等方面加以考虑。如树冠高大其株行距相应加大，反之应小。以茎皮、茎干入药的种类可带状栽植或加密种植，伴随药材的生长加粗逐年间伐或间移。种植在土壤瘠薄、肥力较低的树本，多表现生长势弱，其株行距可小些；反之，种植在土壤深厚地方的树木，栽植的株行距可大些。

2. 土壤管理

（1）深翻熟化，改良土壤 深翻后根系分布层加深，水平根分布较远，根量明显增加，根系的生长、吸收和合成功能增强，从而促进地上部分的生长。

土壤深翻在春、夏、秋、冬均可进行。春季深翻，在早春土壤化冻后及早进行，此时植物地上部尚处于休眠期、根系刚开始活动，生长较为缓慢，伤根后容易愈合和再生。夏季深翻，宜在雨季来临前，根系生长第一、第二次高峰过后进行，但夏季深翻要注意不要伤根过多。秋季深翻，一般在晚秋结合施基肥进行。此时植物地上部生长较慢，同化产物消耗减少，并已开始回流积累，深翻后正值根系第二或第三次生长高峰，伤口容易愈合，同时易于促发新根，促进营养物质吸收、合成和体内积累，有利于植物翌年的生长发育。此外，深翻后越冬，有利于土壤风化和积雪保墒；所以秋季是土壤深翻较好的时期。翻后最好灌水一次，促进根系与土壤的接触。冬季深翻，在入冬后至土壤大冻前进行，深翻后要及时覆土保护根系，以免伤根。

深翻深度根据土质和植物种类而定。黏重土壤宜深，沙质土壤可适当浅翻；地下水位高时宜浅。一般深翻深度 60～100 厘米。但最好距根系主要分布层稍深、稍远一些，以促使根系向纵深生长，扩大吸收范围，提高根系的抗逆性。深翻后的效果可保持数年，因此不需要每年都进行深翻。

(2)*培土和覆盖*　适当培土可以增加土层厚度、改善土壤结构、提高土壤肥力，促进根系生长。对于较寒冷的地区，培土一般在晚秋初冬进行，可以起到保温防冻、积雪保墒的作用。一般培土厚度以 5～10 厘米为宜。覆盖可以防止土壤水分过度蒸发，在干旱地区是土壤保湿防旱的一项重要措施。覆盖还可以减小土壤温度的变化幅度，防治杂草的过度滋生，覆盖物腐烂后又可以增加土壤有机质。在风沙严重的地区，合理覆盖还可以防止土壤遭受严重的风沙侵蚀。

覆盖的材料很多，如厩肥、马粪、落叶、秸秆、杂草、河泥及塑料薄膜等，同时也可以通过间作适当作物的方式间接实现覆盖。最好就地取材，因地制宜。覆盖期不宜过长，当达到覆盖目的后，应及时除去覆盖物或翻耕，否则常导致害虫寄生或影响根系生长。

3. 中耕除草　中耕是指在树木生长期间，对土壤进行浅层的耕作。中耕次数应根据当地的气候和杂草的多少而定。在雨后和灌水后，中耕可防止土壤板结，增强蓄水保水能力。中耕深度一般 6～10 厘米。过深，容易伤根，对树木生长不利。同时，为了节省劳力在有条件的地区，可以采用机械中耕。

除草可分为人工除草和化学除草。人工除草多与中耕结合进行，一般全年进行4～8次。也可用化学除草剂除草，但化学除草容易导致药材农药残留含量增加，影响药材质量。同时，长期使用除草剂还会导致土壤生长力的下降。因此，在选择化学除草剂除草时应避免使用长效除草剂，以及含有无机砷（如砷酸钠）和有机磷的除草剂。同时，化学除草剂最好与人工除草交替进行，并适当减少施用面积和施用次数，降低对树木生长的影响。

4. 合理水肥调控

（1）合理施肥　根据木本药用植物不同生长期的养分需求特性，合理施用基肥、种肥或追肥。在播种前或移栽前耕地时，可施用长效肥作基肥。一般在植物的速生期到来前，追施一些速效肥料。在秋季树木进入休眠期前的施肥也至关重要。因树木从早春萌芽到开花结果所需的养分主要靠前一年贮藏在树体内的有机养分，同时，树体内养分的积累是在秋梢停止生长和果实采收后进行的。因此秋冬季宜将大量的有机肥配合少量化肥施下，这对于增强树体叶片的光合效率，提高根系吸收能力和养分的合成能力，增加树体内养分的积累至关重要，可为下一年丰产奠定物质基础。此外，还应考虑土壤性质和养分供应能力及肥料的性质合理施肥。

（2）合理灌溉　各种药用植物对水分的需求不一样。同一种植物不同的生长发育时期，对水分的需求不同。一般苗期需水量多，不耐干旱，必须勤灌、浅灌。随着生长发育，需水量不断增加。因此，在生长旺盛期应定期灌水。开花盛期后，需水量减少，可减少灌水。木本药用植物育苗，9月中旬以后，亦需停灌，使苗木充分木质化，有利于休眠过冬。每次灌溉量应保证植株根系分布层处于湿润状态，土壤最适宜湿度为田间最大持水量的60%。药用植物对水分要求比较严格，灌溉不适时，或灌溉过量、不足，都会影响产量，而且会降低有效成分的含量。

5. 整形与修剪　整形是运用修剪技术使树冠的骨干枝形成一定的排列形式，并使树冠形成一定的形状或样式。正确的整形修剪，可以使木本植物各级枝分布合理，通风透光好、减少病虫害、高产优质，而且成型早、骨干牢固、管理方便，降低生产成本，增加收益。

修剪不仅指剪枝或梢，还包括一些直接作用于树体上的外科手术和化学药剂处理，如刻伤、曲枝、摘心、扭梢、环剥和使用植物生长调节剂等。木本药用植物种类很多，药用部位也不尽一致，如根据芽的异质性，需要壮枝时，修剪可在饱满芽处短截；需要削弱时，则在春、秋梢交接处或一年生枝基部瘪芽处短截。夏季修剪中的摘心、拿枝等方法，也能改善部分芽的质量。幼树整形修剪时，为保持顶端优势，要用强枝壮芽带头，使骨干枝相对保持较直立的状态。

三、药用真菌的人工栽培

药用真菌人工栽培方式主要有段木栽培、瓶栽和袋栽三种。

(一)段木栽培

段木栽培是模拟野生药用真菌生长的一种培养方法，即人工接菌于段木上，使其长出子实体或菌核，如茯苓、银耳、灵芝等。根据它们的生活方式，实际上是林野栽培，也称室外栽培。

1. 栽培场地的选择　药用真菌的生长，需要一定的外界环境条件，因此，栽培场地的选择至关重要。如银耳、灵芝要选半山腰、有适当的树木遮荫、背风、湿度大、经常有云雾的地方。茯苓喜温暖、通风和干燥的环境，土壤以沙性较强的酸性土，并要求有一定的坡度，以利排水，尤以背风向阳的南坡为好。猪苓宜选凉爽干燥和朝阳山坡、土壤含水量保持在30％～50％、富含腐殖质的冲积沙壤土的地方栽培。

2. 段木的准备　选择段木树种，因真菌种类不同而异。例如，茯苓需要松树作段木；栽培灵芝、银耳需要栎树、枫杨、柳树、悬铃木等树种作段木。药用真菌栽培，除茯苓用松树外，其他都不能用松、杉、樟树等针、阔叶树种作段木，因为它们含有松脂、醇、醛等杀菌类物质。

根据培养的真菌的种类在适宜季节砍伐适宜其生长的树种。砍伐季节：茯苓宜在秋冬，灵芝、银耳则在春季当树木吐出新芽时为好。这是因为前者树木处在休眠状态，贮藏的养料最为丰富，新树皮与木质部结合也最为紧密，而且此时正值树木整枝修剪季节，有利于耳树的选择和段木的收集。后者在树木抽芽时砍伐，所截成的段木死亡快，接种后成活率较高。砍伐后按整材要求，进行去枝、锯段、削皮、灭菌、堆土等。

3. 接种 根据真菌的生物学特性，选择适宜的接种时间。为减少杂菌污染，可根据菌丝生长的最低温度适当提早接种时期。接种量可根据段木大小和气温变化灵活掌握。银耳的接种密度，应予合理密植，做到稀不浪费林木资源，密不影响菌体发育。如树径粗的所砍接种口应密一点，树径细小的可稀一点；木质硬的密一点，木质软的稀一点；气温低的地区密一点，气温高的地区稀一点。同时，接种时还要注意段木的湿度，过干、过湿对发菌都不利。接种应选阴天进行。

4. 加强管理 栽培场地要保持清洁，防止杂菌侵染。在栽培期间，应根据所栽培的药用真菌对光照、温度、湿度等要求，通过搭棚遮荫、加温、降温、喷水等方法进行调节。

在药用真菌的段木栽培中，易受霉菌、线虫及白蚁的危害，应及时进行防治。

5. 采收 由于种类不同，从接种到收获所需的时间以及收获的次数也不同。如银耳接种后40天即可陆续采收多次，采收时间可持续数月。灵芝接种后4个月即可收获，1年可收2～3次。但茯苓段木栽培，1年只能收获1次。

(二)代料栽培(又称袋料栽培)

代料栽培是利用各种农业、林业、工业产品或副产物,如木屑、秸秆、甘蔗渣、废棉、棉籽壳,豆饼粉等为主要原料,添加一定比例的辅料,制成合成的或半合成的培养基或培养料装入塑料袋来代替传统的段木栽培。近几年来,我国人工栽培菌草,丰富了栽培食用菌的原料来源。

1. 栽培材料选择　主要材料是阔叶树的木屑和农业废料,如棉籽壳、玉米穗轴、甘蔗渣等。首先考虑适宜的培养基配方,木屑的粗细(粒度)要适宜,细木屑会降低培养料的孔隙度,使菌丝生长缓慢,推迟菌丝成熟的时间;木屑过粗造成培养料的水分难以保持,很容易干燥。所以,木屑粗细要适度,必要时粗细搭配好。辅料为棉籽壳、玉米芯粉、麦麸、米糠等,要新鲜,不能变质、腐败。

2. 栽培方式　有瓶栽、袋栽、箱栽、菌柱栽培、床栽、阳畦床栽、室内层架式床栽等。以袋栽为例,就有横式、竖式、吊式、柱式、堆积式袋栽等栽培方法。出菇方式又可分为袋口出菇、袋身打孔出菇、脱袋出菇、脱袋压块出菇、菌块埋土出菇等。

3. 栽培场所　有条件可用专业菇房,也可以利用清洁、通风、明亮的房子改作栽培场所。使用前必须消毒。

4. 加强管理　要按生产季节安排,做好母种、原种和栽培种的准备。培养基按常规配制与灭菌,发菌阶段一般在20℃～24℃下培养,培养室的温度超过30℃时菌丝生长会受到影响。在南方,应注意菌丝体成熟阶段和越夏的管理,因为夏天气温超过30℃时,对菌丝生长发育和代谢影响较大,必须根据品种各生长发育阶段的要求控制好温度、湿度、光线等。在从菌丝扭结到子实体形成阶段,温度要适当调低,注意培养室的通风、透气,提高空气相对湿度和保持室内有一定散射光,以促进子实体的形成。

5. 采收与加工　采收时应去除残留的泥土和培养基,按产品质量标准进行加工。

(三)虫草培育

虫草栽培有其特殊性,它不是分解利用木材或农作物纤维素等植物性物质的菌类,而是一种分解昆虫躯体为营养源的真菌。其寄生主要是鳞翅目昆虫的幼虫或蛹虫(还有鞘翅目、膜翅目、半翅目等)。虫草菌侵染菌种后,在适宜的条件下生长发育,形成复合体,由虫体和子座两部分组成(即药用部分)。

国内外已报道冬虫夏草属有 300 余种。其中,我国产虫草属已有 60 多种。以冬虫夏草、蛹草即蝉花等具有较大药用价值。

冬虫夏草的人工栽培首先必须确定菌种的准确无误,目前国内已分离出 10 多种冬虫夏草菌株,通过冬虫夏草菌侵染优势寄主昆虫——贡嘎蝙蝠蛾栽培试验,能完成冬虫夏草生活史的只有中华被毛孢菌,由此确认,中华被毛孢菌是冬虫夏草的无性型。而蛹虫草无性型是蛹草拟青霉,现在中国是世界上第一个用虫蛹人工生产蛹虫草子实体的国家。

人工栽培冬虫夏草关键问题是要弄清楚两个世代交替,一是菌的世代交替;二是虫的世代交替。要掌握培养蝙蝠蛾技术和冬虫夏草菌侵染寄主昆虫的机制,以及寄主昆虫从感染到发病、僵化全过程的生理、病理变化和形成子实体的生理机制,以及必须提供的环境条件。蝉花又名蝉草、蝉茸等,是一种明目的药物,具有清凉、退热、解毒及镇惊等功效。蝉花菌能在玉米粉、萨氏麦芽糖琼脂、酵母蔗糖琼脂上生长,也可以采用深层发酵培养,培养基为蛋白胨、葡萄糖等,发酵物可得甘露醇和骰状结晶。

古尼虫草是一种寄生于蝙蝠蛾幼虫的大型虫草。古尼虫草菌为古尼拟青霉,该菌在棉籽粉米饭培养基或蚕蛹粉米饭培养基上可形成有子囊壳的子实体。该虫草人工培养菌丝体富含多种氨基酸、维生素 E 和维生素 C、烟酸和多糖等营养物质及生理活性物质。

棒形虫草的无性型是蜡蚧被毛孢。培养方法是将菌种接入加有介壳虫提取物的米饭培养基中培养。布氏虫草的无性型是布氏白僵菌，是对金龟子幼虫致病性最强的病源之一。其培养方法是将接种用的大缘金龟2龄或3龄的幼虫先在10毫克/升的吐温-80水溶液中浸泡一下，然后接种布氏僵菌的分生孢子处理幼虫。晾干后，饲喂于装有干净土壤的盆钵中，经50～146天培养可出现子实体。

僵蚕为蚕蛾科幼虫——家蚕的幼虫，在未吐丝前，用白僵菌菌丝体来感染5龄家蚕幼虫，由此发生白僵病而致死的病蚕，经干燥呈圆筒状，皱缩扭曲，外表灰白色或淡绿色，并被有白霜，质坚而脆，折断面颜色乌亮，略有腐臭，现已人工培养作为药材用。

第四章　蔬菜科学种植

蔬菜是指一切可供佐餐的植物总称，包括一、二年生草本植物，多年生草本植物，少数木本植物以及食用菌、藻类、蕨类和某些调味品等，其中栽培较多的是一、二年生草本植物。一些多年生的草本如金针菜、百合等，以及一些木本植物的幼芽或嫩茎，也可以作为蔬菜食用，如竹笋、香椿等。除此以外，还有许多野生或半野生的种类，如荠菜、马齿苋、马兰等，也作蔬菜食用。许多真菌和藻类植物如蘑菇、香菇、木耳、紫菜、海带等也作为蔬菜食用。

蔬菜的食用器官多种多样，包括植物的根、茎、叶、花、果实、种子和子实体等。

蔬菜营养丰富，是人民生活中不可缺少的副食品。蔬菜栽培是农业生产的重要组成部分。蔬菜是高产高效的经济作物，是我国出口创汇的重要农产品。

第一节　蔬菜的分类

蔬菜的种类很多，仅我国就栽培有100多种，普遍栽培的有40～50种，同一种类又有许多变种和品种，蔬菜植物的分类方法常用的有三种，即植物学分类法、产品器官分类法和农业生物学分类法。

植物学分类有利于从形态、生理、遗传及系统发育等方面确定各种蔬菜之间的亲缘关系。结球甘蓝、花椰菜和球茎甘蓝在食用器官上差别极大，但它们在植物学分类上属于同一种，榨菜（茎瘤芥）、大头菜（根用芥）和雪里蕻（叶用芥）也属于这一情况。植物学分类还有利于研究蔬菜的起源与演化。但有时在植物学分类上属于同一科属的蔬菜，食用器官却大相径庭，栽培技术也差别很大。因此，蔬菜除了按植物学分类方法分类外，还有其他分类方法，主要是按食用器官分类和按农业生物学分类。从栽培角度上讲，农业生物学分类法是最适宜的分类方法。将生物学特性和栽培技术要求基本相似的蔬菜归为一类，按这一分类方法，可把蔬菜植物分为 14 类。

一、根菜类

以肥大的肉质直根为产品，有十字花科的萝卜、根用芥菜、芜菁、芜菁甘蓝，伞形科的胡萝卜，黎科的根用甜菜等。它们都起源于温带南部，要求温和的气候，属于半耐寒性蔬菜。

二、白菜类

白菜类蔬菜是以食用叶及其变态器官或嫩茎及其花序等属于十字花科芸薹属芸薹种的二年生或一年生草本植物亚种、变种群。除芜菁因具膨大的肉质根，而划为根菜类外，其余包括大白菜、普通白菜、塌菜、菜心、紫菜薹、薹菜、分蘖菜等。

三、甘蓝类

甘蓝类蔬菜是属于十字花科芸薹属甘蓝种的一、二年生草本植物变种群，以叶及其变态器官、茎和花的变态器官或嫩茎叶等为食用器官。包括结球甘蓝、花椰菜、青花菜、抱子甘蓝、羽衣甘蓝、球茎甘蓝、皱叶甘蓝和芥蓝等。

四、芥菜类

芥菜类蔬菜是属于十字花科芸薹属芥菜种的一、二年生草本植物变种群(16 个变种)，以叶、茎及其变态器官或嫩茎叶等供食用，除根芥变种归为根菜类外，其余全部属于芥菜类。

五、绿叶菜类

这是一群植物学分类上比较复杂、以幼嫩的叶片、叶柄或嫩茎为产品器官的蔬菜。起源于温带南部的有芹菜、茼蒿等,生长要求温和气候;起源热带的有苋菜、蕹菜、落葵、冬寒菜等,要求温暖的气候。绿叶菜植株矮小,生长期短,栽培密度大,要求充足的肥水。大多为一、二年生植物,种子繁殖。

六、茄果类

起源于热带的茄果类蔬菜以果实为产品,包括茄子、番茄、辣椒三种。它们喜温不耐寒,只能生长在无霜期长的地区。根群发达,要求土层深厚,需磷较多,需采用整枝技术,用种子进行繁殖。

七、瓜　类

起源于热带的葫芦科植物,包括黄瓜、冬瓜、南瓜、丝瓜、苦瓜、甜瓜、西瓜等。要求温暖的气候。其中西瓜、甜瓜、南瓜适宜在高温、干燥、阳光充足的条件下生长,耐旱性较强;黄瓜、冬瓜、苦瓜则适宜于阴雨较多的天气,不耐旱。瓜类为一年生植物,多蔓生,需整枝和支架,多用种子繁殖,育苗移栽。

八、葱蒜类

这类蔬菜都是百合科的葱属植物,包括洋葱、大葱、大蒜、韭菜等,起源于温带南部,喜温和气候,对干燥空气耐受力强,是二年生作物,用种子或无性繁殖。

九、豆　类

豆类蔬菜均属于豆科中以嫩豆荚或嫩豆粒为蔬菜食用的一、二年生栽培种群,主要以幼嫩的豆荚和籽粒供食用,包括长豇豆、菜豆、红花菜豆、菜用大豆、豌豆、蚕豆、四棱豆、刀豆、莱豆、扁豆、黎豆等。直根系,具根瘤。

十、薯 芋 类

包括一些地下根及地下茎的蔬菜，如马铃薯、姜、芋头、山药等，是含淀粉丰富的块茎、块根类蔬菜。除马铃薯不耐炎热外，其余都喜温耐热，生产上都用无性繁殖。

十一、水生蔬菜类

适宜于淡水或海水环境生长的一类蔬菜，在淡水中栽培的有莲藕、茭白、慈姑、荸荠、菱、芡、豆瓣菜、莼菜、水芹、蒲菜等，在海水中栽培的有海带、紫菜等。

十二、多年生菜类

起源于温带南部地区，包括金针菜、竹笋、石刁柏、香椿、百合等，种植一次可连续收获多年。温暖季节生长，冬季休眠。

十三、食用菌类

包括蘑菇、草菇、香菇、木耳等，其中有栽培的，也有野生或半野生的。

十四、其他蔬菜类

未包括到以上种类中的蔬菜类，如甜玉米、黄秋葵等。

第二节　蔬菜科学栽培技术

一、叶菜类蔬菜

(一)羽衣甘蓝

又叫叶牡丹、牡丹菜、花包菜、绿叶甘蓝等。十字花科，芸薹属。

1. 形态特征 二年生草本,为食用甘蓝(卷心菜、包菜)的园艺变种。栽培1年植株形成莲座状叶丛,植株高大,根系发达,主要分布在30厘米深的耕作层。茎短缩,密生叶片。叶片肥厚,倒卵形,被有蜡粉,深度波状皱褶,呈鸟羽状,美观。经冬季低温,于翌年开花、结实。总状花序顶生,花期4~5月,虫媒花,果实为角果,扁圆形,种子圆球形,褐色,千粒重4克左右。园艺品种形态多样,按高度可分高型和矮型;按叶的形态分皱叶、不皱叶及深裂叶品种;按颜色,边缘叶有翠绿色、深绿色、灰绿色、黄绿色,中心叶则有纯白、淡黄、肉色、玫瑰红、紫红等品种。

2. 生态习性 喜冷凉气候,极耐寒,可耐受多次短暂的霜冻,耐热性也很强,生长势强,栽培容易,喜阳光,耐盐碱,喜肥沃土壤。生长适温为20℃~25℃,种子发芽的适宜温度为18℃~25℃。

3. 栽培管理 春季栽培,育苗一般在1月上旬至2月下旬于日光温室内进行,播种后温度保持在20℃~25℃。苗期少浇水,适当中耕松土,防止幼苗徒长。播种后25天幼苗2~3片叶时分苗,幼苗5~6片叶时定植。夏秋季露地栽培6月上旬至下旬育苗,气温较高应在育苗床上搭荫棚防雨,注意排水。选择腐殖质丰富、疏松肥沃的沙壤土或壤土定植。浇定植水后中耕,过5~6天浇缓苗水,地稍干时,中耕松土,提高地温,促进生长。以后要经常保持土壤湿润,夏季不积水。生长期适当追肥,并且每采收一次追一次肥。注意防治菜青虫、蚜虫和黑斑病。从定植至采收要25~30天,外叶展开10~20片时即可采收嫩叶食用,每次每株能采嫩叶5~6片,留下心叶继续生长,陆续采收。一般每隔10~15天采收一次。秋冬季稍经霜冻后风味最好。在夏季高温季节,叶片变得坚硬,纤维稍多,风味较差,故要早些采摘,而从早春、晚秋、冬季等季节采收的嫩叶品质、风味更佳。

4. 应用 可食用及观赏。羽衣甘蓝嫩叶可炒食、凉拌、做汤,在欧美多用其配上各色蔬菜制成色拉。风味清鲜,烹调后保持鲜美的碧绿色。其热量仅为 209 焦耳，是健美减肥的理想食品。在华东也是冬季花坛的重要材料。其观赏期长，叶色极为鲜艳，花坛常用羽衣甘蓝镶边和组成各种美丽的图案，具有很高的观赏效果。其叶色多样，有淡红、紫红、白、黄等，也是盆栽观叶的佳品。

(二)生　菜

又叫叶用莴苣，菊科莴苣属。

1. 形态特征　一年生或二年生草本作物，按叶片的色泽区分有绿生菜、紫生菜两种。如按叶的生长状态区分，则有散叶生菜、结球生菜两种。前者叶片散生，后者叶片抱合成球状。如再细分则结球生菜还有三个类型，一是叶片呈倒卵形，叶面平滑，质地柔软、叶缘稍呈波纹的奶油生菜；另有一种叶片呈倒卵圆形，叶面皱缩，质地脆嫩，叶缘呈锯齿状的脆叶生菜，此种栽培较普遍；再有一种就是叶片厚实、长椭圆形，叶全缘，半结球型的苦叶生菜，这种生菜很少栽培。

2. 生态习性　结球生菜性喜冷凉的气候，生长适温为 15℃～20℃，最适宜昼夜温差大、夜间温度较低的环境。结球适温为 10℃～16℃，不宜超过 25℃。种子发芽温度为 15℃～20℃，不高于 25℃。散叶生菜比较耐热，但高温季节，同样生长不良。生菜性喜微酸的土壤（pH 值 6～6.3 最好），以保水力强、排水良好的沙壤土或黏壤土栽培为优。生菜需要较多的氮肥，生长期间不能缺水，特别是结球生菜的结球期。但水分也不能过多。

3. 栽培管理　生菜露地栽培主要是春、秋两季。若周年生产，则要采用露地、保护地相结合的方式。春季露地栽培，一般于 3～4 月播种育苗，4～5 月定植。行株距 30 厘米左右，每亩栽苗 5 000～6 000 株。一般每亩可播种 25 克。定植至采收为 30～50 天。秋季栽培一般于 8 月份进行，种子须浸种 3～4 小时，然后用布包好，放入冰箱冷藏室催芽，温度掌握在 5℃～10℃，70%～80%的种子露白时即可播种。苗床播种后须遮荫覆盖，待 60%～

70%的幼苗出土后，须及时揭去遮荫材料，但仍需遮荫，以防高温下幼苗被晒死。秋季播种，整个苗期须保持土壤湿润。生菜生长快，生长期短，有的品种种植后月余即可采收。

4. 应用 生菜富含水分，生食清脆爽口，特别鲜嫩。生菜还含有莴苣素，具清热、消炎、催眠作用。生菜的主要食用方法是生食，为西餐蔬菜色拉的当家菜。洗净的生菜叶片置于冷盘里，再配以色彩鲜艳的其他蔬菜或肉类、海鲜，即是一盘色、香、味俱佳的色拉。用叶片包裹牛排、猪排或猪油炒饭，也是一种广为应用的食用法。另外，肉、家禽等荤性浓汤里，待上餐桌前放入生菜，煮沸后迅即出锅，也不失为上等汤菜。总之，生菜有各种各样的食用法，尽可按照自己的口味烹调。

(三)木耳菜

又叫落葵、藤菜、承露、无葵、软浆叶、篱笆菜、御菜、紫豆菜、胭脂菜、豆腐菜、染浆叶、红果儿、繁露、软姜子等。落葵科落葵属。

1. 形态特征 木耳菜植株生长势较强，根系发达，分布深而广，在潮湿土表易生不定根，可扦插繁殖。茎梢肉质，光滑无毛，分枝能力很强，长达数米。叶为单叶互生，全缘，无托叶，呈绿色或紫红色，叶片心脏形或近圆形至卵圆披针形，顶端急钝尖或渐尖，叶肉质光滑。花序穗状腋生，长 5～20 厘米，两性花，花白色或紫红色。果为浆果，卵圆形。种子球形，紫褐色，千粒重 25 克左右。

2. 生态习性 木耳菜原产于印度，喜温暖，耐热、耐湿性较强，不耐寒冷。种子发芽适温为 20℃左右，生育适温为 25℃～30℃，在高温多雨季节生长较好，不耐寒，遇霜害则枯死。高温在 35℃以上，只要不缺水，仍能正常长叶及开花结籽。木耳菜对土壤要求不严格，适应性强，喜欢中性或偏酸性的疏松土壤。

3. 栽培管理 木耳菜露地栽培一般采用直播方法，保护地温室及大、中、小棚栽培可采取育苗移栽方式。播种前先整地施足腐熟有机肥，然后做平畦或垄。种子在春播时发芽较慢，可温水浸种

1～2 天，夏季播种可不必浸种。播种以条播、撒播或穴播为好，一般播种量为每亩 4～9 千克，条播量小，撒播量大。播种的行距为 30～40 厘米，穴播的株距为 20 厘米，每穴 2～3 粒。在木耳菜幼苗出土后及生长期间要及时中耕除草，防止杂草争夺养分。木耳菜生长速度快，又是多次采收的蔬菜，应及时追肥浇水。一般每 7 天浇 1 次水，每次收获后及时追施复合肥或其他速效性肥料。木耳菜以采收嫩梢为主的植株调整原则是，当苗高 30 厘米时，留 3～4 片叶采嫩梢，选留 2 个强壮侧芽，其余抹去，采收 2 道梢后，再留 2～4 个强壮侧芽；在生长旺盛期可选留 5～8 个强壮侧芽；中后期应随时抹去花蕾；到收割末期，梢株生长势减弱，选留 1～2 个强壮侧芽。木耳菜以采收叶片为主的植株调整原则是，当苗高20～30 厘米时，可搭人字架或直立架供木耳菜攀缘。一般在主蔓上选留基部强壮侧芽作骨干蔓，上面不再保留侧芽，当其生长达到架顶时摘心，这时按留取骨干蔓的方法，再留取骨干蔓上侧芽，使其发育成新的骨干蔓。原骨干蔓生产能力完结时剪掉。危害木耳菜的有蛴螬，可用 90%敌百虫防治，最好在播种后 30～40 天前消灭。病害有褐斑病，俗称“金眼病”，从幼苗到收获期结束均可为害，主要危害叶片。发病初期可用 65%代森锌可湿性粉剂 600 倍液喷雾防治；7～10 天 1 次，连续喷 2～3 次。在高温多湿的生长盛期用 1∶3∶200～300 的波尔多液喷雾保护。

4. 应用　木耳菜的营养素含量极其丰富，尤其钙、铁等元素含量最高，药用时有清热、解毒、滑肠、凉血的功效，可用于治疗便秘、痢疾、疖肿、皮肤炎等病。因富含维生素 A、维生素 B、维生素 C 和蛋白质，而且热量低、脂肪少，经常食用有降血压、益肝、清热凉血、利尿、防止便秘等疗效，极适宜老年人食用。

(四)菠　菜

又叫菠菱、波斯草、赤根菜、菠棱、鹦鹉菜。藜科菠菜属。

1. 形态特征　一、二年生草本植物。主根粗长，赤色，带甜味。

基出叶椭圆形或箭形，浓绿色；叶柄长而肉质。花单性，雌雄异株。

2. 生态习性 菠菜喜冷凉怕热、能耐－8℃的低温，生长最适温为20℃，春化阶段对低温要求不严，为典型的长日照作物，在南方春夏日照逐渐增长的条件下易提早抽薹开花，因此除夏季高温外，采用不同品种，几乎全年可以栽培，露地过冬。长江流域可分早春、夏秋和晚秋三季播种。最适播种期为日平均气温下降至17℃～19℃。

3. 栽培管理 菠菜主根发达，种植土层宜深厚，要深翻土地。土壤过酸应施些石灰中和，并做好土壤消毒。适时催芽播种。菠菜中铁线梗以10～11月播种为宜。菠菜种子为植物学上的果实，果皮坚硬，不易透气，所以一般要先浸种催芽。方法是在播种前1周，先用温水将种子浸1昼夜，然后捞出堆放催芽5～6天再播种。肥水管理要循序渐进。菠菜前期生长较慢，需肥量不大，追肥要勤施薄施，一般用20%的人尿每隔3～5天施1次。注意土壤过湿时不要施肥。菠菜生长中后期根茎发达，需肥量随之增大，加上这时气温逐渐降低，追肥可逐渐加浓至40%左右。迟播准备越冬的菠菜，应在春暖前施足肥料，促进营养生长，以免早期抽薹。

4. 应用 菠菜营养比较丰富，可凉拌、炒食或做汤，欧、美洲一些国家用以制罐。是主要绿叶菜之一。菠菜中含有草酸，食用过多影响人体对钙的吸收。

(五)苋　菜

又叫米苋、名苋、赤苋、青香苋、彩苋等。苋科苋属。

1. 形态特征 一年生草本植物。苋菜根系发达，分布深而广。茎高80～150厘米，肥大质脆，有分枝。叶互生全缘，卵状椭圆形至披针形，平滑或皱缩，长4～10厘米，宽2～7厘米，叶色有绿、黄绿、紫红或杂色。花腋生，单性或杂性。种子圆形，细小，黑色具光泽，千粒重0.72克。

2. 生态习性 苋菜喜温暖气候，耐热力强，不耐寒冷。生长适温为23℃～27℃，20℃以下植株生长缓慢，10℃以下种子发芽困难。苋菜是一种高温短日照作物，在高温短日照条件下，极易开花结籽。在气温适宜，日照较长的春季栽培，抽薹迟，品质柔嫩，产量高。苋菜对土壤要求不严格，但在偏碱性土壤上生长良好；它具有一定的抗旱能力，但在排水不良的田块生长较差。

3. 栽培管理　苋菜从春季到秋季都可栽培，春播抽薹开花较迟，品质柔嫩，夏、秋播种较易抽薹开花，品质粗老。根据市场需求，也可在保护地中栽培，实现周年生产。苋菜整地时必须精细，做到地平、土细，以利出苗。由于苋菜喜肥，整地前每亩要施腐熟人粪尿1 500千克，然后做垄或畦。播种量因播种期而不同，播种期越早，用种量越多，早春播种量每亩4～5千克，秋播的播种量为1.5～2千克。播种方法可撒播或条播。播后覆土1～1.5厘米。条播的株行距为15～35厘米见方。早春播种的出苗较晚，需7～12天出苗；晚春和秋播的只需3～5天即可出苗。当幼苗长到2片真叶时，进行第一次追肥；12天后进行第二次追肥，第一次采收后进行第三次追肥，以后每采收1次，追1次肥，每次追肥均施以氮肥为主的稀薄液肥，如亩施人粪尿500千克。若施速效氮肥，可结合浇水进行。春播少浇水，夏秋播应多浇水。幼苗生长期间要及时中耕除草，以免草荒影响苋菜苗生长。苋菜多次采收的还要整枝，即当主枝采收后，可在主枝基部2～3节剪下嫩枝，促进侧枝萌发，以达到提高产量的作用。苋菜的害虫主要有蚜虫，病害有白锈病和病毒病。

4. 应用　苋菜的食用部位为茎尖和嫩叶，可炒食、做汤、切短凉拌，老茎可盐渍加工。苋菜的营养很高；钙和铁的含量在蔬菜中也是比较高的。

(六)芹　菜

又叫香芹、药芹、水芹、旱芹。伞形花科水芹属。

1. 形态特征　浅根性植物。根出叶浓绿，三回羽状复叶，叶缘锯齿状卷曲，分光叶和皱叶两种类型。伞形花序，花小，虫媒花，异花授粉，但自交也能结实。果实小，圆形，种皮呈褐色，粒小，有香味。千粒重约0.4克。

2. 生态习性 属耐寒性蔬菜，要求较冷凉湿润的环境条件，在高温干旱条件下生长不良。香芹菜属于低温、长日照植物。在一般条件下幼苗在2℃～5℃低温下，经过10～20天可完成春化。以后在长日照条件下，通过光周期而抽薹。香芹菜为浅根系蔬菜，吸收能力弱，所以对土壤水分和养分要求均较严格，保水保肥力强，在有机质丰富的土壤生长最适。土壤酸碱度适宜范围为pH值6.0～7.6。

3. 栽培管理 露地芹菜自3月上旬至7月上旬均可播种栽培。以7月上旬播种，8月中旬定植，11月上旬收获的秋芹菜产量高，品质好，又可贮藏。秋芹菜栽培品种可选择中国类型芹菜如玻璃脆、津南实芹、洋芹如美国脆嫩、文图拉、高优它、加州王等。种子用500毫克/升赤霉素浸种12小时，以解决夏季高温不易出苗的问题。撒播，每米^{2}1～2克种子，盖土厚0.5厘米，畦面覆盖草帘或作物秸秆，降温、保湿、防雨。出苗后选阴天逐渐撤去覆盖布，苗龄40～50天、4～5片叶时即可定植。秋芹菜一般平畦栽培，一畦6行，株行距10厘米×20厘米，西芹株行距20厘米×20厘米。定植时苗按大小分类，分别定植，定植深度以埋住根茎为度。苗期结合浇水追1～2次速效氮肥。定植后定期浇水，保持土壤湿润，防止高温伤苗。缓苗后适当控水促根，当日平均气温降至20℃左右时，植株开始迅速生长，应及时浇水追肥，每亩速效氮肥30千克，保持土壤湿润。叶面喷0.005%赤霉素溶液可增产20%。采收应在温度达到－4℃以前收完。主要病虫害有叶斑病、斑枯病、病毒病、美洲斑潜蝇。

4. 应用 芹菜食用部分为叶柄，其营养丰富，维生素C含量较高，可生食、熟食、盐渍。食疗有平肝降压、镇静安神、利尿消肿、防癌抗癌和养血补虚等作用。

二、果菜类蔬菜

(一)辣　椒

又叫番椒、海椒、辣子、辣角、秦椒等。茄科辣椒属。

1. 形态特征　株高15～30厘米，开展度45～55厘米。果实形状因品种而异，有长圆锥形、圆锥形和圆球形等。果实颜色有的初为黄绿色，后转为橙、紫、红色。着生方式有的朝下，也有的朝上，朝上的称朝天椒。单果重2～10克。

2. 生态习性　喜向阳、温暖、干燥的环境，耐热不耐寒，要求潮湿而富含腐殖质的沙质土壤，耐肥不耐瘠。

3. 栽培管理　若采用塑料薄膜棚保温可四季栽培。最好在土质肥沃疏松的苗床播种，也可播在盆中。播种前要将苗床土或盆土通过暴晒、熏蒸等方法进行消毒处理。整平土后喷足水，再均匀撒种，随后覆盖1厘米厚细土，最后喷水湿润床土。播后，温度低时要搭拱棚覆膜，温度过高时揭去薄膜。幼苗出土后，可浇1～2次人粪尿或10%浓度的尿素液，施肥后随即用喷壶喷清水冲去叶面上的肥液，以免肥液烧伤嫩叶。待幼苗长出5～6片真叶时移栽。可因地制宜采取两种移栽方式：

(1)盆栽　15～20厘米口径的花盆每盆栽种1株，较大口径的盆可栽2～3株。以施有机肥为主，也可施少量过磷酸钙、尿素等。移栽后要有充足的光照。冬季如室内温度适宜，养护得当，植株可继续开花，观果期可延长到春节。

(2)地栽　露地大田栽种的，应在每年3～5月播种。移栽前，每亩大田施人粪尿肥1 000千克以上、过磷酸钙或复合肥50千克。移栽行距40～50厘米、株距30厘米。栽后保持田间湿润，除去田间杂草。始花期每亩施尿素10千克，喷施叶面宝、丰产灵等植物活力素。高温干旱天气及时浇水；雨季排水，防止积水造成落花落果。注意防治病虫害。

4. 应用 辣椒一般辛辣味强烈，可作调料。五彩辣椒果实小巧玲珑，令人喜爱，是一种观赏食用兼具的盆栽蔬菜。

(二)苦 瓜

又叫凉瓜、锦荔枝、癞葡萄。葫芦科苦瓜属。

1. 形态特征 一年生攀缘性草本植物，根系发达，主根深达35厘米左右，侧根分布直径1.5米左右；茎蔓生、较细，分枝力强；叶掌状浅裂或深裂、绿色；花单性，雌雄异花同株，花冠黄色；果实圆锥形或长棒形，表面有瘤状突起，绿色或浅绿色，表面有花纹；种子千粒重150～180克。

2. 生态习性 原产于东印度热带地区，绿苦瓜喜温，耐热不耐寒，种子发芽适温为30℃～35℃，20℃以下发芽缓慢，生长适温20℃～30℃，开花结果期最适温度为25℃左右，15℃以下生长缓慢，10℃以下生长不良；绿苦瓜喜湿而不耐渍，生长期间要求70%～85%的空气相对湿度和15%的土壤含水量；绿苦瓜喜光而不耐阴，开花结果期需要较强光照。苦瓜对土壤要求不严格，而以肥沃疏松、有机质丰富、土层深厚、向阳的壤土栽培为宜。喜湿怕涝，根部受渍后瓜叶变黄、果实易腐。

3. 栽培管理 春季于12月至翌年3月播种，4～7月收获；夏季于4～5月播种，6～9月收获；秋季于7～9月播种，9～11月收获。长江流域一般2～4月播种，5～8月收获。苦瓜种皮坚硬，可用50℃～55℃的温水浸种4～6小时并不断搅拌、搓洗，取出放在30℃～35℃条件下催芽，每天用温水搓洗1次，经3～5天出芽。早春栽培一般采用营养钵护根育苗方式。苗床要注意保温。苗期25～30天。夏秋季栽培也可直播。定植前应深翻并结合整地施足基肥，一般每亩施熟堆肥2 000千克或腐熟的人、畜粪1 500千克、氯化钾(或硫酸钾)30～50千克、过磷酸钙25～30千克作基肥。幼苗在2叶1心时定植，一般畦宽2米，栽双行，窝距60～80

厘米，每窝两株，每亩定植1 600～2 200株，定植后施定根清粪水。早春栽培应注意保温，提高成活率。当卷须出现时，应及时搭架引蔓，可采用人字架、棚架(平架)和篱架三种架式。为使养分集中于主蔓和几条主要侧蔓上，应把第一朵雌花以下的侧蔓除去，在肥水充足的条件下，中后期可选留几个侧蔓，以增加后期产量。生长中后期，应及时摘除基部老叶、病叶，以利通风透光，提高产量。苦瓜追肥要注意前轻后重，定植后5～7天每亩施10%腐熟人、畜粪水1 000千克，随后每隔7～10天追肥1次，浓度由稀到浓。开花结果期重施追肥，一般每亩施腐熟人畜粪水2 000千克、氯化钾10～15千克；植株进入结果后期，每采收一次追施0.5%的尿素液肥1次，以延长采收期。苦瓜夏天暴雨或连续降雨须及时排水。早春栽培，苗期要控制水分，以增强抗寒能力，开花结果期需要充足的水分，以促进嫩瓜生长发育。苦瓜主要有枯萎病、炭疽病、白粉病、病毒病等病害。枯萎病可用10%混合氨基酸铜水剂250倍液或40%多·硫悬浮剂对水灌根防治；炭疽病可用多菌灵或甲基硫菌灵可湿性粉剂600～800倍液喷雾防治；白粉病可用三唑酮800～1 000倍液喷雾防治；病毒病的防治应结合防治蚜虫来进行，也可用1.5%植病灵乳剂1 000倍液防治。主要害虫有蚜虫、瓜实蝇、蓟马等。蚜虫可用20%甲氰菊酯乳油2 000倍液防治；瓜实蝇可用90%晶体敌百虫1 000倍液防治；蓟马可用50%杀螟丹原粉2 000倍液防治。

4. 应用　苦瓜果肉厚，肉质嫩脆，苦味适中，清香可口，炒食、凉拌均可，具有清热解毒、明目、助消化、利尿、增进食欲和治疗糖尿病等功效。

(三)番　茄

又叫西红柿、洋柿子、臭柿、西番柿、柑仔蜜、番李子、火柿子。茄科番茄属。

1. 形态特征　一年生或多年生草本，株高可达1.5～2米；植株有矮性和蔓性两类，全株具黏质腺毛，有强烈气味。叶为羽状复叶或羽状深裂，边缘具不规则的锯齿或裂；夏秋开花，总状或聚伞花序腋外生，有花3～7枚，黄色。浆果按果实大小可分为樱桃番茄、小番茄、大番茄；果实形状有圆和长圆之分；果实颜色五彩缤纷，大部分为红色和粉红色，还有黄色、绿色、橙色、五彩。种子扁平，有毛茸，灰黄色。

2. 生态习性 原产南美洲，喜温不耐寒，也不耐热，生长适温白天为20℃～26℃，夜温15℃～17℃。35℃以上引起落花落果。

3. 栽培管理 早春2～3月份，夏季7月中旬均可播种。选用30厘米×30厘米的花盆，装满由菜园土或水稻田土加有机肥混合而成的基质。每个花盆撒种子2～3粒，浇透水，表面覆盖细土，若温度较低，需盖膜保温。等到苗高3～4厘米时，保留1株，其余的幼苗带护根土移入缺苗的花盆。也可先在温床里集中育苗，等秧苗较大时再移到花盆里。盆栽番茄喜阳光，要全日照；盆土宜中性略偏酸(pH值6～7)，富含有机质并通气和排水良好，避免黏重土壤。生长期要薄肥勤施，可用0.5%磷酸二氢钾或复合叶面肥叶面喷施。肥水要适量，肥浓会“烧”叶致萎。

4. 应用 果实作蔬菜或水果，亦可制成罐头食品。果实营养丰富，含多种维生素。有促进消化、利尿、抑制多种细菌作用。番茄中维生素D可保护血管，治高血压。番茄中有谷胱甘肽，有延迟细胞衰老，增加人体抗癌能力的作用。番茄中胡萝卜素可保护皮肤弹性，促进骨骼钙化，防治儿童佝偻病、夜盲症和眼干燥症。

(四)茄　子

又叫落苏、昆仑瓜、茄瓜、紫瓜等。茄科茄属。

1. 形态特征 多年生小灌木状草本植物。茄子植株高大，高0.6米。根系发达，深1.3米，横向伸长达1.2厘米以内的土层中，果大而色鲜艳。茎直立，基部木质化。单叶互生，卵圆形或长椭圆形。叶柄长，叶身大。主茎长到一定叶数，即着生第一朵花

(或花序)。于每一个着果节位下部及其叶腋长出两个侧枝,是丫字形分枝,以后主、侧枝每隔2片叶开出一个花芽。花单生或簇生,紫或白色,雌雄同花。自花授粉。茄子花朵的花柱因植株营养状况不同,有长短差异。果实为浆果,形状有长、圆、卵圆等。果皮紫色、白或绿色。茄子果实与萼筒交界处为白色或绿色,称茄眼。茄眼的宽狭可作为果实生长快慢的标志。种子肾脏形,黄褐色,有光泽,千粒重4克,发芽年限3年。

2. 生态习性　喜高温,生长适温白天25℃～30℃,夜间15℃～20℃。15℃以下生长缓慢,引起落花;超过35℃,花器发育不良,果实生长缓慢,甚至成为僵果。为阳性植物,要求全日照。以肥力高的壤土为好,黏土不宜。

3. 栽培管理　播种育苗宜选择1月下旬至2月中旬,可采用温床或大棚内套小拱棚等方式,以温床为好。每米^{2}播种10～15克,一般3米^{2}苗可移栽1亩大田,播种前进行种子处理。幼苗2～3片真叶时假植,以100～120天即6～8叶期为移栽适期。目前可供选用的品种有贵州红茄、贵阳紫长茄、全兴紫茄、北京线茄、杭州红茄等长茄品种。定植前先整地,深耕、耙细、整平,然后开成畦宽70～80厘米、畦高15～24厘米,畦间沟宽33厘米左右的高畦,并浇足底墒水。施肥可铺施、沟施或穴施,一般每亩施腐熟有机肥3 000～5 000千克,另加复合肥40千克或磷肥30千克、尿素10千克、硫酸钾15千克(或草木灰100千克)。移栽可采用先覆膜后移栽或先移栽后覆膜两种方式,膜宽以90～100厘米为宜,行株距50厘米×30～40厘米,单株栽培,每畦2行,每亩3 000～3 500株。移栽时应把大小、高矮较一致的苗分栽到同一畦内,并边栽边浇定根水,以提高成活率。定植成活初期,浇2次以上稳苗扎根水。开花坐果期,可用20～30毫克/升2,4－滴蘸花柄或用50毫克/升的防落素喷花,以提高坐果率。分枝出现后,应将“门茄”以下分枝即主茎第一分杈下的基部分枝及时抹去,以后可保留

4个分枝开花结果。门茄采收后，下部的老叶、茎叶可摘除。开花坐果和膨大期肥水齐攻，为防止植株早衰，必须分期追肥，原则上少施多次，每隔15～20天每亩追施腐熟人、畜粪水2 000千克，加复合肥5～10千克，盛果期用0.5%～1%磷酸二氢钾或复合肥液进行叶面喷雾追肥。

4. 应用 茄子以嫩果供食用。其食用方法很多，既可炒食、红烧、清蒸、凉拌，又可加工成酱茄子、腌茄子或干制成茄干等。茄子具有较高的营养价值和药用价值。其鲜果中含有较多的蛋白质、钙、铁等；还含有丰富的维生素P（药名叫“芦丁”），对防止微血管破裂及对高血压、咯血、皮肤紫斑症患者均有相当补益。茄子还能降低血液中胆固醇的含量，对防止黄疸病、肝肿大、动脉硬化等有一定作用。

(五)黄　瓜

又叫胡瓜、刺瓜、王瓜。葫芦科甜瓜属。

1. 形态特征 一年生攀缘草本，卷须不分枝；叶互生，叶片宽心形，长宽7～20厘米，3～5浅裂，边缘疏锯齿；花单性，雌雄同株，雄花数朵簇生于叶腋，雌花单生于叶腋，雌雄花萼筒狭钟形，雌雄花冠黄白色，裂片长圆形；瓠果长圆柱形，长20～40厘米，直径2～4厘米，表面具刺尖的瘤状突起。

2. 生态习性 黄瓜性喜温暖湿润，不耐寒，遇霜冻即枯死。生长适温白天为20℃～25℃，夜间12℃～16℃。气温低于10℃或高于35℃时发生生理障碍生长停止。

3. 栽培管理 采取精量播种，一次成苗。苗期对温度要求较严，发芽适温控制在24℃～26℃，出苗后，白天保持23℃～25℃，夜间保持15℃～18℃。苗床营养土用腐熟马粪、炉灰等配制，达到既疏松又肥沃的要求。定植前需精细耕作整地，对种植蔬菜的大棚地块最好进行土壤改良。具体办法是将棚内24～30厘米耕层的土壤加入20%腐熟畜粪和30%的沙或炉灰渣等，拌匀并按

50 千克/亩硫酸钾复合肥施入耕作层，达到土壤疏松肥沃、浇水不板、利于根系生长的土壤环境。栽培株行距 35 厘米×70 厘米，定植后立即浇稳苗水。定植后可采用多层覆盖及加温等措施，保持棚内较高温湿度，利于缓苗。白天保持 32℃～35℃，夜间保持 17℃，1 周缓苗后降温，白天保持 30℃左右，夜间保持 16℃～18℃。定植 5～7 日后，缓过苗时浇一次水，浇水时要看天气情况，一般晴天浇水，时间在上午 6～8 时较好（中午过热浇冷水对根系有害，下午或傍晚浇水，容易造成棚内湿度大、地温低而导致发病）。阴雨天严禁浇水。夏季高温、强光，应加盖遮阳网。在棚室管理上，应通过通风换气来调节棚内温度及湿度，将相对湿度控制在 60%左右，防止过湿引发病害。结合浇水进行施肥，盛瓜期采取隔水一肥、少量多次原则进行，结瓜中后期在根部吸肥力弱时，需喷施 0.2%～0.3%磷酸二氢钾溶液进行根外施肥，防止植株早衰。

4. 应用　黄瓜肉质清脆，水多味甜，是凉拌的理想瓜菜，可炒食、做汤、腌、酱或制成罐头。

三、其他类蔬菜

（一）白花菜

又叫菜花、花椰菜、椰花菜、花甘蓝、洋花菜、球花甘蓝。十字花科芸薹属。

1. 形态特征　根系不发达，茎直立，株高 50～70 厘米，多分枝。五出掌状复叶，总状花序，花白色或淡紫色。蒴果圆柱形，种子肾形，有突起的皱褶，千粒重 9～9.2 克。花菜分白色和绿色两种。

2. 生态习性　耐热性极强。生长最适温度为 33℃～35℃，40℃以上高温仍能正常生长。不耐干旱。要求强光照。对土壤要求不严格，但以沙壤土为最好。

3. 栽培管理 整地时每亩施有机肥 2 500～5 000 千克。做畦,畦宽 100～150 厘米,畦面平整,沟宽 30 厘米,深 10 厘米。一般 4 月下旬至 5 月上旬播种,每亩播种量为 250 克,播种后 4～5 天就可出苗。出苗后 6～8 天,苗高 3 厘米左右,有 4 片真叶时,就要及时间苗定苗,拔除瘦弱苗,留下健壮苗,定苗株距 7～10 厘米。定苗后,结合除草,施一次稀薄人粪、尿,每亩施 1 000～1 500 千克。以后每周趁天晴进行一次松土除草和施肥。每次采收后必施一次肥。

4. 应用 花菜性平味甘,有强肾壮骨、补脑填髓、健脾养胃、清肺润喉作用。绿菜花尚有一定清热解毒作用,对脾虚胃热、口臭烦渴者更为适宜。花菜营养丰富,质体肥厚,蛋白质、微量元素、胡萝卜素含量均丰富。花菜是防癌、抗癌的保健佳品,所含的多种维生素、纤维素、胡萝卜素、微量元素硒都对抗癌、防癌有益,其中绿花菜所含维生素 C 更多,加之所含蛋白质及胡萝卜素,可提高细胞免疫功能。花菜中提取物萝卜子素可激活分解致癌物的酶,从而减少恶性肿瘤的发生。

(二)芦　笋

又叫石刁柏、龙须菜、露笋。百合科天门冬属。

1. 形态特征 芦笋植株高 1.5～2 米,有许多分枝,分枝上密生簇状的针状(称拟叶),真叶已退化为三角形的膜质鳞片,着生在茎上,它随茎的生长而脱落,其形为丝状。茎圆形,绿色。地下茎是短而节密的变态茎,先端有许多鳞芽群,鳞芽可以在土深 20～30 厘米处发育成长,刚出土的芦笋,顶端略有淡紫红色,整个芦笋均为白色,商品芦笋的长度为 20～30 厘米,横径 1～1.8 厘米。凡是不培土,鳞芽成长时受阳光照射,即成绿色,称为绿芦笋,绿芦笋的营养价值高于白芦笋。如果让其自然生长,即成植株。地下茎能在 20 厘米处水平生长,自然分枝力强,能着生许多又长又粗的肉质根。花为吊钟形,萼及花瓣为 6 片,花腋生,1～4 朵聚生,单性，花黄绿色，花梗长 7～14 厘米，花药矩圆形，长 1～1.5 厘米，雌花较小，花被长 3～4 毫米，具 6 枚退化雄蕊。虫媒花。浆果圆形，红色，直径 6～7 毫米，内有 3 室共 6 粒黑色种子。种子使用年限为 2～3 年。

2. 生态习性　耐寒而适应性广，种子发芽始温为 5℃，最适宜温度为 20℃～30℃，低于 15℃生长缓慢。在 35℃以上则停止生长，甚至枯萎。对水分的要求随着生育期的变化而变化，一年生芦笋，既不耐涝也不耐旱。根盘渐渐扩大后，则耐旱不耐涝。采收期间极需要水分。芦笋适应土层深厚、透气良好、排灌方便保肥保水并富有有机质的沙壤土和壤土。它对土壤酸碱度要求不严，pH 值为 5.5～7.8，能耐轻度盐碱。

3. 栽培管理　播前浸种 3～4 天，浸后取出晾干再播种。以 3 月中下旬播种为宜，采用条播，每亩苗床播种量 1 千克左右。入冬地上部枯黄，即可起苗栽植大田：秋栽于 11 月至 12 月上旬，春栽于 3 月上中旬。采用培土栽植，行距 0.8～1.3 米，株距 35～40 厘米，每亩栽 1 000～1 500 株，栽时要把每株休眠芽头朝向同一边。定植后 1～2 年内不进行采笋。第一年结合中耕除草覆土平沟，并且可与低矮、短期作物间作，第二年不能再行间作。从第三年开始可以采笋，对采收白芦笋的田块要进行培土，而采收绿芦笋的不需要培土。入冬清除地上部枯茎后，在距株丛 30～40 厘米一侧开沟施肥，每年施于一侧，年年轮换。另外，要注意防治斜纹夜蛾及芦笋茎枯病、褐斑病。白芦笋长至 18～20 厘米高，粗 1 厘米以上；绿芦笋长至 18～22 厘米高，至少有 1/3 绿色时，即可采收。

4. 应用　以嫩茎供食用，可鲜食或制罐头。营养丰富，质地鲜嫩，风味鲜美，柔嫩可口，能增进食欲、帮助消化，具有比普通蔬菜高得多的多种维生素和氨基酸，还有大量天门冬酰胺、芦丁、胆碱等，对人体有特殊的生理作用，具有一定药用效能。

第五章　果树科学种植

果树通常指一些多年生木本或多年生草本植物，其产生的果实、种子及其衍生物可供人类生食，或用于加工制作饮料、甜食。通常列为果树的多年生草本植物有香蕉、菠萝和草莓等。

果树栽培是关于从育苗、建园直至采收各个生产环节的基本理论、知识和技术。

果树生产的特点是：种类多、生产周期长、经营管理集约化、鲜食和加工是果品的主要利用形式。

第一节　果树的分类

全世界已知果树有 2 792 种，分别隶属于 134 科 659 属。按叶的生长习性分为落叶果树和常绿果树两大类。按栽培的气候条件分为温带果树、热带和亚热带果树。也可按植株生长习性分为乔木果树、灌木果树、藤本果树和多年生草本果树。现在较为通用的园艺学分类，是根据果实形态结构和利用特点结合栽培要求分为六类：

第一，仁果类。食用部分主要由花托发育而成。如苹果、梨、山楂、木瓜、榅桲等。

第二，核果类。食用部分主要是中果皮和外果皮。如桃、杏、李、梅、樱桃、枣等。

第三，浆果类。果实成熟后柔软多汁并含有多数小形种子。如葡萄、猕猴桃、树莓、草莓、醋栗、无花果、越橘等。

第四，坚果类。果皮大多坚硬，食用部分多为种子或其附属物，富含淀粉和脂肪。如板栗、榛、核桃、扁桃、银杏和常绿的香榧等。

第五，柑果类。果实外部具有油胞层和白皮层构成的革质果皮，食用部分主要是分瓣内的内果皮汁胞。柑橘类果树的果实都属柑果，如甜橙、柑、橘、金柑、柠檬、柚等。

第六，热带和亚热带果树类。产地条件虽相似，但果实构造相差很大，食用部分也不相同，有不少是假种皮。多为常绿乔灌木或多年生草本。如龙眼、荔枝、油梨、番木瓜、香蕉、菠萝等。

第二节　几种主要果树的栽培要点

一、苹果科学栽培技术

苹果是老幼皆宜的水果之一，它的营养价值和医疗价值都很高，被越来越多的人称为“大夫第一药”。许多美国人把苹果作为瘦身必备，每周节食一天，这一天吃苹果，号称“苹果日”。

(一)育苗技术

苹果主要采用嫁接繁殖。砧木有乔化砧和矮化砧两种。为乔化砧用种子繁殖。秋播或沙藏层积后春播。低温层积的天数为30～60天。矮化砧必须用扦插、压条或分株的方法进行繁殖，以保持其矮化特性。嫁接用T形芽接法，在秋季芽接，当年形成半成苗。芽接未成活的砧木苗，在翌年春天进行枝接。枝接一般多用切接或劈接法。

(二)建园技术

苹果园宜选土层在80～100厘米以上而地下水位较低之处。苗木宜秋植。栽植株行距依树体大小和土壤肥瘠而异。平地乔化稀植园，株行距5～6米×5～6米；沙荒丘陵地或半矮化砧中密植园，株行距3～5米×4～5米；矮化砧或短枝型品种密植园，株行距2～3米×3～4米。并注意配置授粉树。

(三)整形和修剪

1. 整形 疏散分层形(也称主干疏层形),半矮化树和短枝型树多推广小冠疏层形和自由纺锤形。

2. 修剪 冬季修剪的基本方法有短截、回缩和疏枝。夏季修剪包括摘心、抹芽、疏梢、扭梢、拿枝、拉枝、环剥等基本方法。苹果幼树期的修剪以选留培养骨干枝为主,同时掌握轻剪多留辅养枝,增加枝叶量,使地上部和根系的生长早趋平衡,促进成花结果。盛果期树要适当重剪,注意轮换结果枝组。衰老期树重剪,更新结果枝组。

(四)土、肥、水管理

应加强果园的中耕,以保持土壤疏松,通气良好,为根系生长发育创造良好的土壤环境。基肥应在中熟品种采收后及时施入,基肥当年即能部分利用,可提高树体当年贮藏营养的水平。此时根系进入第三次生长高峰,因施肥损伤的根系易产生愈伤组织,对根系亦起到修剪作用,还可促发新根。基肥以腐熟的有机肥为主,添加适量速效化肥或果树专用肥,施肥量占全年总肥量的60%~70%,幼树亩施2 000~2 500千克有机肥,混加20千克尿素和80~100千克过磷酸钙;五年生以上的树亩施4 000~5 000千克有机肥混加40~50千克尿素和100~150千克过磷酸钙。采取环状沟和条状沟施肥。环状沟施肥,在树冠外缘稍远处挖宽40~50厘米、深40~60厘米环状沟,将肥土以1∶3比例混匀回填,然后覆土。条状沟施肥,根据树冠大小,在果树行间、株间或隔行开宽40~60厘米、深40~60厘米的沟施肥。施肥后立即浇水。中熟品种采收后,隔10~15天叶面喷施0.5%磷酸二氢钾+0.5%尿素,提高叶片光合功能,延迟落叶。适当控制水分供应,并注意做好排水防涝工作,以利于果实着色,提高外观质量。

(五)促花及花果管理

1. 幼树促花技术 生长正常或过旺的树除春刻芽、夏环剥和秋拉枝外，还可应用生长调节剂促花。在新梢旺长初期、中期及秋梢生长期，分别喷 0.15%～0.2%丁酰肼或 0.1%～0.2%乙烯利溶液 2～3 次，可有效地抑长促花。也可在新梢开始旺长时叶面喷施 0.1%～0.15%多效唑溶液，同样对促花有效。

2. 提高坐果率　在气候不良和花少的年份，在苹果盛花初期进行人工授粉或放蜂，可以确保坐果。结合喷施颗粒丰 1 000 倍液或喷茬克 1 000 倍液。

3. 疏花疏果　在盛花初期到末期，对过量的花序和花朵按要求疏花，在谢花后 1～4 周，对过多的幼果进行疏除，这是防止或克服苹果大小年结果的必要措施之一。

4. 防止采前落果　部分苹果品种，如元帅、红星、红玉、丰艳、津轻等，采前落果严重，用喷茬克 1 000 倍液在采收前 30～40 天和 20 天各喷施 1 次，可有效地减少落果。

5. 防止果锈和防止裂果　金冠苹果的果锈是影响果实商品价值的重要因素，可在果实采收前 1～3 周喷施 0.5%～1%浓度的氯化钙（$CaCl_2$）溶液 1～2 次，对防止出现裂果有明显的效果。

（六）病虫害防治

1. 病害防治

（1）*苹果腐烂病防治*　有溃疡型和枝枯型两种症状。发现病斑及早彻底刮治，刮后涂菌线威 100 倍液，连续涂 2～3 次。春季萌芽前喷国优 101 或菌成 1 000 倍液＋喷茬克 1 000 倍液，可预防发病。

（2）*苹果炭疽病防治*　引起腐烂和大量落果。萌芽时全树喷国优 101 或菌成 1 000 倍液＋喷茬克 1 000 倍液进行预防。

（3）*苹果轮纹病防治*　主要危害枝干和果实，严重时削弱树势，引起落果。结合防治腐烂病喷施国优 101 或菌成 1 000 倍液＋喷茬克 1 000 倍液。

（4）*苹果早期落叶病防治*　可引起严重落叶的是褐斑病和斑

点落叶病两种。生长期喷药保护叶片，可用国优101或菌成1 000倍液＋喷茬克1 000倍液。

2. 虫害防治

(1)叶螨的防治　即红蜘蛛。花前喷螨帮1 000倍液，谢花后再喷一次。

(2)桃小食心虫的防治　简称桃小，以幼虫为害果实，引起果实畸形、脱落，或不能食用。在越冬幼虫出土前环施地正丹，每株0.5千克。在成虫发生期喷巧妙1 000倍液。并及时摘除虫果。

(3)梨小食心虫的防治　简称梨小，以老熟幼虫主要在枝干翘皮裂缝中结茧越冬。防治方法：前期彻底剪除被害桃梢，并在树上挂糖醋罐诱杀成虫。进入7月份以后，在成虫发蛾高峰期，喷巧妙1 000倍液防治。

(4)苹果小卷叶蛾的防治　以初龄幼虫在树皮、剪锯口缝隙中结茧越冬。翌春吐丝缀叶或缀花为害叶片，啃食果皮。防治方法：休眠期刮除老树皮烧毁。幼虫近出蛰期，用巧妙200倍液或苏云金杆菌100倍液封闭剪锯口，减少虫源。成虫发生期喷巧妙1 000倍液。

(七)采　收

适时采收是保证苹果品质和耐储性的重要条件。元帅系品种宜在落花后145天左右采收，此时果实外表有光泽、着色全面。金冠宜在落花后155天左右采收，此时果面底色黄绿。采摘一般按先树冠下部后树冠上部、先树冠外围后树冠内膛的顺序进行，注意保护结果枝，防止踏坏果枝和碰坏花芽，果实要完整无损，勿摘掉果柄，果实轻拿轻放减少碰伤压伤。

二、桃科学栽培技术

桃的果实外观艳丽，果肉甘甜多汁，营养丰富。桃子除鲜食外，还可制作罐头和桃脯、桃干。桃的全身均可入药。桃原产我国，现遍布世界各地。在我国各省都有栽培，但集中于江浙、甘陕、晋冀鲁豫等地区，世界以欧洲产量最高。桃产量高，结果早，但桃子成熟期、收获期较集中，不耐贮藏。

(一)建园定植

1. 园地选择　选择地势较高、排水良好、土层深厚、土质疏松、阳光充足、交通方便的地点种植。前茬种过桃树的土壤再种桃树易造成病虫害严重，因而要避免桃园连作。

2. 栽植密度　株行距以 4 米×5 米左右为宜，视土壤肥瘦情况，株行距可适当放宽或缩小。一般亩栽 33 株左右。

3. 定植　定植沟宽 100 厘米，深 80～100 厘米。在沟中填有机肥，亩施有机肥 2 000～2 500 千克。同时施用 100 千克钙镁磷肥。基肥上填 20～25 厘米的土。定植深度以嫁接口露出地面为宜。栽后立即浇水，定干高度 30～50 厘米，定植时间从桃树落叶到翌年发芽前均可。

(二)土肥水管理

1. 土壤管理　以间作法为主，即果园内套矮秆作物，以防土肥水流失。

2. 施肥　幼树遵循“薄肥勤施”、“少量多次”的原则，以施氮肥或复合肥为主，每亩每次用量为 2 千克，后期可加重。大树一年施三次肥：采果后到落叶前施基肥，开花后施一次坐果肥，果实膨大期前一周施果实膨大肥。肥料以有机肥和复合肥为主。每次用量：基肥 1 000～1 500 千克，复合肥 10～15 千克。

3. 水分管理　忌涝，雨季要及时排水。干旱季节灌水。

(三)整形修剪

1. 整形　根据喜光的特性，采用自然开心形。苗期采取苗离地 60～80 厘米定干，其上选留 3 个生长强壮且分布均匀的嫩梢，作为主干枝，其余抹除。使每枝抽发 2～3 个侧枝，逐渐形成结果枝组，尽快扩大树冠。翌年，继续促进春梢生长，及时抹芽摘心，剪除徒长枝和下垂枝，培养健壮的枝梢，为第三年的初果期打下基础。

2. 修剪　可分为冬季修剪和夏季修剪。冬季修剪在桃树落叶后的休眠期(一般在当年 12 月至翌年 2 月)进行，原则是 3 大主枝的外围延长枝头要轻、头要小，一般只留 1～2 个枝，剪去所有的下垂枝、弱枝及病虫枝。夏季修剪是春季萌芽后到秋季落叶前进行的辅助修剪，有抹芽、摘心、拉枝等。第一次夏剪在每年 5 月中下旬，待桃树枝条(第一次梢)长到 25～30 厘米时摘心，促进枝条粗壮，培育壮花芽。在摘心的同时，剪去过密枝、弱枝、背上枝，短截徒长枝，可减缓营养生长势，使整个树冠通风透光。第二次夏剪在 6 月中下旬，在第一次夏剪后，摘心部位以下的枝条长出 3～4 个，这时要进行夏剪，剪去 2～3 个枝，只留 1 个枝，同时摘心，促进花芽分化，培育健壮花芽。

(四)花果管理

1. 疏花　当花量大时需进行疏花，在授粉不良、低温冻害或阴雨天时不宜疏花，以免造成产量下降。一般在盛花后进行，疏花对象为畸形花、密簇花以及发育不良的多柱头花等。

2. 疏果　在落花后 1 个月至桃果硬核前进行。根据叶幕分布状况和枝条生长势头留果，坚持弱枝少留，强枝多留，叶幕层浓厚的多留，长果枝可留 3～4 个，中短果枝留 2～3 个，副梢果枝留 1～2 个，弱枝弱序可全枝全序疏除。疏果的对象主要是小果、畸形果、病虫果、机械伤果以及过密果等，选留果枝两侧和向下生长的果。疏果时，要用果剪或枝剪，注意保护所留桃果和枝梢不受损伤。

3. 套袋　是防治病虫害和提高果实品质的主要措施之一，时间应紧接定果或生理落果后，一定要在吸果夜蛾大量发生前对桃果进行套袋。

(五)病虫害防治

主要病害有细菌性穿孔病、缩叶病、流胶病、褐腐病等，主要害虫有桃蚜、红颈天牛等。防治主要是改善果园生态环境，保护利用天敌，进行综合防治。

1. 桃细菌性穿孔病的防治　用农用链霉素、代森锌等药剂防治。

2. 桃缩叶病的防治　冬季剪除病虫枝、树干涂白，清洁果园，喷施 1 次 5 波美度的石硫合剂，初春桃芽刚露红时再喷施 1 次 5 波美度的石硫合剂防止。

3. 桃流胶病的防治　3 月下旬，刮除病斑、并涂刷较浓杀菌剂，如 1%抗菌剂，402、843 康复剂原液，50%多菌灵可湿性粉剂 50 倍液。生长季喷多菌灵、百菌清药剂。

4. 桃褐腐病的防治　用 70%甲基硫菌灵可湿性粉剂 500 倍液，70%代森锌可湿性粉剂 600 倍液，退菌特 500 倍液等药剂进行防治。

5. 蚜虫的防治　用 50 %抗蚜威可湿性粉剂对水喷雾防治。

6. 桃红颈天牛的防治　主要用人工方法防治，午间捕捉成虫，诱杀幼虫等方法。

(六)采　收

果面呈粉红色或带红晕，果实达可采成熟度时，即可采摘。在阴天或晴天露水干后实行“一果两剪法”采果。采摘时从外围、上部先采，不要伤果蒂，轻拿轻放，更不能抛掷和倾倒；阴面或着色差的果实可后采摘。

三、葡萄科学栽培技术

葡萄是一种色艳味美且富有营养的水果，深受人们喜爱。全世界葡萄的栽培面积和总产量在各种果树中都占首位。葡萄适应性很强，在我国广大地区均有种植。葡萄栽培第二年结果，第四至第六年进入盛果期，结果期长达 40～60 年，亩产鲜果 1 000～2 000 千克，经济效益较高。

(一)品种选择

选用良种的原则是:适应当地的地理条件,有较高的经济价值,丰产丰收,抗病虫害,早、中、晚熟品种搭配,以便长期供应市场。早熟品种有高墨、早生高墨、乍哪、康太等。中熟品种有:巨峰、佐腾、红富士、黑奥林、红瑞宝等。晚熟品种有:先锋、伊豆、大宝等。

(二)育苗方法

扦插、压条和嫁接是葡萄常用的育苗方法。其中以扦插法最简单,使用最普遍。现将近年葡萄育苗的一些新方法介绍如下。

1. 小塑料袋扦插薄膜覆盖法 春季地温 10℃～15℃进行扦插时,将鸡粪、锯木屑、河沙、菜园土按配比混合作培养土,装入底部有小孔的小塑料袋,使培养土高 15 厘米左右,而后将三芽一段的葡萄枝条用清水浸泡一夜,轻轻插入培养土中,上端留一芽在塑料袋外面。将塑料袋埋入土中,浇足水后,上面加盖薄膜,至成苗为止。

2. 绿枝扦插 6 月份从当年的新梢或副梢上,截取半木质化的 2～3 节长的枝条,进行绿枝扦插。除插条的顶端保留 1 片绿叶(叶片较大可剪去一半)、其他节留 1 段叶柄外,扦插与管理均与硬枝扦插相同。

3. 水催根 6 月,剪取当年生蔓(下端带一节或两节二年生蔓);插入盛大半瓶水的罐头瓶中,取牛皮纸或塑料薄膜剪成瓶口大小的圆形,并剪一刀至圆心,然后把葡萄蔓夹在剪口中间,再用胶布之类贴好;将插了葡萄蔓的瓶移入较暖和的房间或厨房,15 天左右出根,便可移到肥沃疏松的土壤中。一般 1 年能催根 2～3 次,每次 15 天左右,1 个罐头瓶能插 8～10 株苗,利用层架,1 个房间可培育 2 000～3 000 瓶,可育苗 1.6 万～2 万株。

(三)栽植方式

1. 育苗后移植 要选合格的苗木进行栽植,栽前用生长刺激素蘸根能有效地促进新根生长，增加新根数量。方法是先用清水将苗木根系浸泡 1 天，栽植时对苗木进行剪枝和修根，并用 25 毫克/升萘乙酸溶液浸根 1～2 分钟，然后再按株行距的要求进行栽植。栽植深度以苗木的根颈部与地面相平为准。栽时根系要摆布均匀，填土一半时轻轻提苗，再仔细填土，与地面相平后踏实，最后灌透水。秋栽的苗木入冬前在小苗上堆土厚 20～30 厘米，把苗木全部覆盖在土中，开春后再把土堆扒开。春栽时待水渗完后也应进行覆土，以防树盘土壤干裂跑墒，如将树盘覆盖地膜或覆草均对促进苗木成活有很大作用。

2. 葡萄直插建园 就是用良种葡萄插条直接插在地里建园。实践证明，此项技术是达到 1 年壮苗、2 年结果、3 年丰产和解决葡萄苗木不足的新途径。具体栽培技术如下：

(1)插前准备 在秋季进行深翻，冬灌熟化土壤的基础上，翌年 3 月底至 4 月上旬全园再翻耕一次，然后整平床面，按行距 2.75 米开宽 1.2 米、深 0.2 米栽植沟，在栽植沟中间开定植坑。定植坑深 60 厘米、直径 60 厘米或宽 60 厘米、深 60 厘米。栽前每亩将牛羊粪 800 千克和 120 千克过磷酸钙，混入数倍的表土，均匀施入坑或沟内，浇足底水。选择节间较短，髓部小，芽眼充实饱满，色泽正常，生育健壮，无病虫，粗度在 0.7～1.0 厘米的一年生主梢枝，剪留 4～6 芽，剪口要求上平下斜。插前用 50 毫克/升萘乙酸浸泡生根部位 24 小时。用 5 波美度石硫合剂浸 1～2 分钟消毒。

(2)扦插 方法有穴插和条插两种。穴插，每穴 5 条，株距 15 厘米，每亩 805 根；条插，株距 18～20 厘米，每亩 1 300～1 400 条。要求插条地上部露一芽。

(3)扦插后管理 在管理上采取促成活、促生育、促健壮成熟，防草荒、防病虫、防旱涝、防人为操作等措施。成苗后的管理同插育苗后移栽相同。

(四)整形修剪

1. 棚架的整形方法

(1)少主蔓自由式　定植当年,选留有1~2个新梢作为蔓;冬剪时留60~80厘米短截,第二年在每个新梢的顶端选留两个生长健壮的新梢;冬剪时留一长梢作延长之用,留一短梢作结果枝,在基部再留有1~2个新梢短截。以后每年都在主蔓先端留延长枝,主蔓进行长、中、短修剪,直至布满架面。

(2)多主蔓扇形　一般每株留2~3个主蔓,主蔓上再分生若干个侧蔓,使其呈扇状分布于架面。定植后第一年,新梢长达50厘米时摘心,在基部留一粗壮副梢,多余者及时除去,前部留1~2个副梢向前延伸;冬剪时留30~50厘米作为主蔓。第二年春天发芽后,在每个主蔓上选留2~3个副梢,其余及时除去;冬季按长势强弱,进行长、中、短修剪。第三年春天萌芽后每隔10~15厘米留一新梢;冬季按长势强弱进行修剪。

2. 篱架的整形方法　主要是扇状整形。定植当年发芽后,每株只留两个壮芽,苗高30厘米时手插棍引导枝蔓上架,6月底后摘心,壮苗在1.5米处,弱苗在0.8~1.0米处摘心,摘心后发出的副梢只留顶端的两个,长到5~6片叶时反复摘心。下部的副梢留1~2片叶摘心,冬季修剪时剪口粗度在0.5厘米以上放条80~90厘米的,放条1.2~1.5米。第二年春发芽时,在两主蔓基部50厘米以上每25~30厘米留一个结果枝。第二年冬剪时仍按上述方法进行。当年结果枝留3~4个芽或5~8个芽修剪。第三年修剪时,按50厘米(第一道铁丝)以上,每25~30厘米留一结果枝的原则定芽,扇面已基本成形。

3. 成龄树的冬季修剪　目前推广1、3、6、9~12修剪法和1、2、1模式修剪法。即每100厘米蔓上留3个结果枝组,留6个结果母枝,共留9~12个芽和每100厘米的蔓上留2个短梢,留1个中梢,折合每米^{2}有14~20个芽。

4. 生长季植株管理　芽体膨大时，抹去副芽、不定芽和弱芽；在能明显分辨出营养梢和结果梢时，除掉过弱的结果梢、过密的营养梢；在开花前10天左右，疏去弱小和过多的花序；掐去花序上的副穗和主穗的穗尖；新梢长到30厘米时开始绑梢，将新梢均匀绑在架面上；及时除去卷须，减少养分消耗。

(五)肥水管理

每增产50千克浆果，需施氮0.25～0.75千克、磷0.2～0.75千克、钾0.13～0.63千克。

基肥宜在果实采收后至新梢充分成熟的9月底至10月初进行，以迟效肥料如腐熟的人粪尿或厩肥、禽粪、绿肥与磷肥(过磷酸钙)混合施用。追肥一般在花前10余天追施速效性氮肥如腐熟的人粪尿、饼肥等，7月初追肥以钾肥为主，如草木灰、鸡粪等。施肥方法可在距植株约1米处挖环状沟施入，基肥深度约40厘米，追肥宜浅些，以免伤根过多。

花前、幼果期和浆果成熟期喷1%～3%的过磷酸钙溶液，有增加产量和提高品质之效；花前喷0.05%～0.1%的硼酸溶液，能提高坐果率；坐果期与果实生长期喷0.02%的钾盐溶液，或3%草木灰浸出液(喷施前一天浸泡)，能提高浆果含糖量和产量。

树液流动至开花前，要注意保持土壤湿润。开花期除非土壤过于干燥，否则不宜浇水。坐果后至果实着色前，需要大量水分，可根据天气每隔7～10天浇一次水。果粒着色，开始变软后，减少浇水。休眠期间，土壤过干不利于越冬，过湿易造成芽眼霉烂，一般在采收后结合秋季施肥灌一次透水。

(六)病虫害防治

1. 主要病害及防治

(1)*葡萄黑痘病的防治*　及时剪除病枝、病叶、病果并深埋，冬季修剪时也要剪除病枝烧毁或深埋，减少病源；萌芽前芽膨大时喷5波美度石硫合剂；生长期间(开花前和开花后各一次)喷波尔多液,波尔多液的配制按硫酸铜0.5千克、生石灰0.25千克、水80～100升比例配成。

(2)葡萄霜霉病的防治　从雨季起喷200倍波尔多液4～5次。

(3)葡萄炭疽病的防治　及时剪除病枝,消灭病源;6月中旬以后每隔15天喷一次退菌特600～800倍溶液。

(4)葡萄白粉病的防治　保持架面通风透光;剪掉病枝和病叶;萌芽前喷5波美度石硫合剂,5月中旬喷一次0.2～0.3波美度石硫合剂。

(5)葡萄水罐子病的防治　葡萄水罐子病又名葡萄水红粒。通过适当留枝、疏穗或掐穗尖调节结果量;加强施肥,增加树体营养,适当施钾肥,可减少本病发生。

2. 主要虫害及防治

(1)葡萄二星叶蝉的防治　葡萄二星叶蝉又名葡萄二点浮尘子。防治时喷50%敌敌畏或90%敌百虫或40%乐果800～1 000倍液有效。

(2)葡萄红蜘蛛的防治　冬季剥去枝上老皮烧毁,以消灭越冬成虫;喷石硫合剂,萌芽时3波美度,生长季节喷0.2～0.3波美度即可。

(3)坚蚧的防治　坚蚧又名坚介壳虫,可喷50%敌敌畏1 000倍液防治。

(七)采　收

鲜食葡萄必须适时采收,才能保证质量。采收葡萄的时间最好在早晨露水干后和下午日落后。

四、柑橘科学栽培技术

柑橘对土壤、气候的适应性较强,特别是红壤山地栽培的品质好。果实扁圆形、橙黄色、有光泽、易剥离、汁多味浓、脆嫩爽口、品质极佳，果实耐贮藏运输。

(一)园地选择

园地应选择土层深厚、排水良好、有机质含量丰富、质地疏松，中性至微酸性，海拔在1 300～1 500米的土地。

(二)种植密度

为了获得早期丰产，可适当密植。亩栽220株，株行距为1.5米×2米。种植密度还可根据地形、地势、管理水平而定。稀植永久树株行距为2米×3米或3米×4米，亩栽111株或55株。

(三)定植技术

夏梢停止生长至翌年立春前均可种植，以7～9月种植成活率最高。

密植适宜于挖壕沟，稀植宜挖定植塘。沟或塘深宽各为0.6～1米，每个定植穴内施腐熟厩肥、堆肥、畜粪25～50千克、磷肥0.5～1千克。深施30～50厘米，与土壤混匀，根系不要与肥料直接接触。

在挖好的定植塘或沟按株行距规范化种植，嫁接口不能埋入土中，要露出地面，浇透定根水，栽好后要横看、竖看、斜看都在一条直线上。

(四)水肥管理

1. 水分管理 栽后随时检查，土壤干旱就要及时浇水，死苗的要及时补种。若天不降雨，在春梢萌芽前、果实膨大期各灌一次水，保证新梢生长和果实膨大所需水分。雨季要随时排除积水，橘园内不能淹水。否则，柑橘树会根烂叶黄，甚至死亡。

2. 施肥技术 定植成活的幼树生新根后开始施肥。幼树施肥应掌握勤施薄施，少量多次的原则，以每次新梢萌发前施速效肥为主，秋末冬初施一次有机肥。结果树施肥一年施3次，春梢萌发前施一次速效肥，以氮肥为主；果实膨大期一次，氮、磷、钾配合，以施复合肥或腐熟优质羊肥、饼肥为主；采果后至冬季施一次有机肥，以施优质腐熟厩肥、磷肥为好。

（五）整形修剪

剪除主干30厘米以下的枝、萌蘖。疏除树冠内膛过密枝、重叠枝、弱枝、枯枝、病虫枝等。摘心：当夏梢长到30厘米左右摘去顶端2～3个嫩芽（只摘主枝延长枝），能促进分枝，迅速扩大树冠。结果树还应注意更新结果枝组，进行短截或回缩。

（六）病虫害防治

柑橘病虫害主要有潜叶蛾、红蜘蛛、蚜虫、白粉病等。

(1)潜叶蛾的防治　主要危害夏梢，其次是秋梢。当新梢萌发长到2厘米左右时喷药防治，连续喷3次，每隔10天左右一次。药可选用吡虫啉、威敌、绿旋风、克蛾宝等。

(2)红蜘蛛的防治　红蜘蛛一年四季均可发生危害，危害高峰为5～10月。可选用噻螨酮、炔螨特、哒螨灵、果圣等农药防治。

(3)蚜虫的防治　高温干旱时危害严重。可选用吡虫啉、啶虫脒、清虫等农药喷洒防治。

(4)白粉病的防治　高温多湿天气发病较重。在雨水来临和发生危害期选用甲基硫菌灵、粉锈宁等防治。同时，做好冬季清园、消灭越冬虫病源；加强栽培管理、增强抗逆力。

第三节　果品的贮藏

一、预处理

采收后，贮藏前，为保证贮藏质量，对水果进行预处理是十分重要和必要的，预处理的存在和优劣可直接影响贮藏期间的果品品质。下面以苹果为例，简单介绍一下预处理的过程。苹果预处理包括：选果、分级、浸果、预冷。

选果是预处理的第一步，主要是严格剔除病果、烂果、有日灼伤或机械损伤的苹果。防止个别坏果影响到全部苹果的贮藏品质。

分级是主要按果形、大小进行分级，即根据果实横径的最大部分直径分为若干等级。例如，我国出口的红星苹果，直径从65～90毫米，每相差5毫米分一级，分为5级。

目前，水果的防腐处理在国外已经成为商品化不可缺少的一个步骤，我国许多地方也广泛使用杀菌剂来减少采后损失，可达到辅助贮藏的作用。

预冷是预处理中最主要的一步，采后及时降温，也叫去除田间热。苹果采收正值高温季节（针对用于贮藏的中晚熟品种），采后应散热降温，这样可以延长贮藏寿命，改善贮后的品质。

苹果较经济的降温方法是将产品放在通风的地方使其自然冷却。常用的方法是在阴凉通风的地方做土畦，深15厘米左右，宽12米左右，把果实放入畦内，排放厚度以4～5层果为宜，白天遮荫，夜间揭去覆盖物通风降温，降雨时或有雾、露水时，应覆盖以防止雨水或雾水、露水接触果实表面，经1～2夜预冷后于清晨气温尚低时将果实封装入贮或直接入贮。若清晨露水较重，应于该天傍晚将覆盖物撑起至离果20～30厘米处，这样可达到预冷又防露的目的，翌日清晨即可入贮。

二、贮藏方式

(一)简易贮藏

指不具备固定贮藏库设施，而是利用自然环境条件来进行的沟埋藏、堆藏、窖藏等。这种贮藏多数是在产地进行。但贮藏期间温湿度条件不能有效控制，所以贮期较短，贮藏质量较差，损耗较大，有时甚至会出现不同程度的热烂或冻损。采用这些贮藏方法的应注意在苹果采收后，一般不要直接入沟（窖），或进行堆堆。应先在阴凉通风处散热预冷，白天适当覆盖遮荫防晒，夜间揭开降温，待霜降后气温降下时再行入贮。贮藏期间应根据外部自然条件的变化，利用通风道、通风口，通过堆码时留有空隙，在早晚或夜间进行曲通风降温防热。利用草帘、棉被、秸秆等进行覆盖保温防冻。一般可贮至翌年 3 月。主要适用于国光、红富士等晚熟苹果。对金冠、元帅等中熟苹果不适宜。

(二)通风库贮藏

通风库条件因贮藏前期温度偏高，中期又较低，一般也只适宜贮晚熟苹果。入库时分品种、分等级码垛堆放。堆码时，垛底要垫放枕木(或条石)，垛底离地 10～20 厘米，在各层筐或几层纸箱间应用木板、竹篱笆等衬垫，以减轻垛底压力，便于码成高垛，防止倒垛。码垛要牢固整齐，码垛不宜太大，为便于通风，一般垛与墙、垛与垛之间应留出 30 厘米左右空隙，垛顶距库顶 50 厘米以上，垛距门和通风口(道)1.5 米以上，以利于通风、防冻。贮期主要管理是根据库内外温差来通风排热。贮藏前期，多利用夜间低温来通风降温。有条件最好在通风口处加装轴流风机，并安装温度自动调控装置，以自动调节库温尽量符合其贮藏要求。贮藏中期，减少通风，库内应在垛顶、四周适当覆盖，以免受冻。通风库贮果，中期易遭受冻害。贮藏后期，库温会逐步回升，还需要每天观测记录库内温、湿度，并经常检查苹果质量。出库顺序最好是先进的先出。

金冠等中熟苹果可以采用衬厚 0.06 毫米左右的聚氯乙烯透气薄膜袋装纸箱(筐)来入库堆码贮。

(三)冷库贮藏

苹果适宜冷藏，尤其对中熟品种最适合；其中元帅系品种应适时早采，金冠苹果应适时晚采。贮藏时最好单品种分别单库贮藏。采后应在产地树下挑选、分级、装箱(筐)。入冷库前应在走廊(也称穿堂)散热预冷一夜再入库。码垛应注意留有空隙。一般库内可利用堆码面积 70%左右，折算库内实用面积每米^2 可堆码贮藏约 1 吨苹果。冷库贮藏管理主要也是加强温、湿度调控；每天最少观测记录3次温、湿度。通过制冷系统、通风循环，调控库温上下幅度最好不超过1℃。冷库贮藏苹果，往往空气相对湿度偏低。所以，应注意及时人工喷水加湿，保持空气相对湿度在90%～95%。冷库贮藏元帅系苹果可到新年、春节，金冠苹果可到3～4月，国光、青香蕉、红富士等可到4～5月。若要保持其色泽和硬度少变化，最好是利用聚氯乙烯透气薄膜袋来衬箱装果，并加防腐药物，有利于延迟后熟、保持鲜度、防止腐烂。

（四）气调贮藏

苹果最适宜气调冷藏，尤以中熟品种金冠、红星、红玉等，控制后熟效果十分明显；国际和国内的气调库基本上是贮藏金冠苹果用的。气调冷藏比普通冷藏能延迟贮期约一倍时间，可贮至翌年6～7月，保持质量仍新鲜如初期。可供远途运输调节淡季，并供出口；有条件建气调库贮藏苹果，也可在普通冷库内安装碳分子筛气调机来设置塑料大帐罩封苹果，调节其内部气体成分，塑料大帐可用厚0.16毫米左右的聚乙烯或无毒聚氯乙烯薄膜加工热合成，一般帐宽1.2～1.4米、长4～5米、高3～4米，每帐可贮苹果5～10吨。还可在塑料大帐上开设硅橡胶薄膜窗，自动调节帐内的气体成分。适合苹果的气调贮藏一般帐贮每吨苹果需开设硅窗面积0.4～0.5米^2。由于塑料大帐内湿度大，因此不能用纸箱包装的苹果，只能采用木箱或塑料箱装，以免纸箱受潮倒垛。气调贮藏的苹果要求2～3天内完成入贮封帐，并即时调节帐内气体成分，使氧气含量降至5%以下，以降低其呼吸强度，控制其后熟过程。一般气调贮藏苹果，温度在0℃～1℃，空气相对湿度95%以上，调控氧气含量在2%～4%、二氧化碳在3%～5%。气调贮藏苹果应整库（帐）贮藏，整库（帐）出货，中间不便开库（帐）检查，一旦解除气调状态，即应尽快调运上市供应。

塑料小包装气调贮藏苹果技术，多用厚0.04～0.06毫米的聚乙烯或无毒聚氯乙烯薄膜密封包装，贮藏中熟品种如金冠、红冠、红星等。果实采收后，就地分级，树下入袋封闭，及时入窖、冷库贮藏，注意窖温不能高于 14℃，入窖初期每 2 天测一次气，进入低温阶段每旬测气 1～2 次。入窖后 15 天要进行一次抽查果实品质，以后每月抽查一次。如出现氧气含量低于 2%超过 15 天，或低于 1%果实有酒味，应立即开袋。土窖贮藏在春季窖温高于 4℃前及时出窖上市。

在没有冷藏条件情况下，还可以利用通风库或一般贮藏所，采用塑料大帐封贮金冠、红星等苹果，在温度不超过 15℃条件下，入贮初期采用 12%～16%较高浓度的二氧化碳、2%～4%较低浓度的氧做短时间处理，以后随温度的降低，逐渐调控至低氧、低二氧化碳气调贮藏，可以利用入贮初期的高二氧化碳抑制后熟褪绿，起到直接入低温冷藏的效果。

第六章 花卉科学种植

花卉的生命活动过程是在各种环境条件综合作用下完成的。为了使花卉生长健壮，姿态优美，必须满足其生长发育需要的条件，而在自然环境下，几乎不可能完全具备这些条件。因此，花卉生产中常采取一些栽培措施进行调节，以期获得优质高产的花卉产品。即农谚常说的"三分种、七分管"。

第一节 花卉的露地栽培技术

露地栽培是指完全在自然气候条件下，不加任何保护的栽培形式。一般植物的生长周期与露地自然条件的变化周期基本一致。露地栽培具有投入少、设备简单、生产程序简便等优点，是花卉生产栽培中常用的方式。

一、土壤的选择与管理

土壤由土壤矿物质、空气、水分、微生物、有机质等组成，与土壤酸碱度和土壤温度等共同构成一个土壤生态系统。土壤深度、肥沃度、质地与构造等，都会影响到花卉根系的生长与分布。优良的土质应深达数米，富含各种营养成分，沙粒、粉粒和黏粒的比例适当，有一定的孔隙以利于通气和排水，持水与保肥能力强，还具花卉生长适宜的 pH 值，不含杂草、有害生物以及其他有毒物质。

肥沃、疏松、排水良好的土壤适于栽培多种花卉。有些花卉适应性强，对土壤要求不严格，而另一些则必须对土壤进行最低限度的改良才能正常生长。因此，土质是影响花卉生长状况的决定性因素之一。

二、灌溉与排水

水是花卉的主要组成成分之一。各种花卉由于长期生活在不同的环境条件下，需水量不尽相同；同一种花卉在不同生育阶段或不同生长季节对水分的需求也不一样。遇水分亏缺时给花卉供水的行为就是灌水。灌水时应考虑土壤的类型、湿度与坡度，栽培花卉的品种、气候、季节、光照强度以及地面有无覆盖等因素。

(一)花卉的需水特点

花卉种类不同，需水量有极大的差别。一般宿根花卉根系强大，并能深入地下，因此需水量较其他花卉少。一、二年生花卉多数容易干旱，灌溉次数应多。对于一、二年生花卉，灌水渗入土层的深度应达 30～35 厘米，草坪应达 30 厘米，一般灌水 45 厘米，就能满足各类花卉对水分的需要。

同一花卉不同生长时期对水分的需求量亦不相同，种子发芽时需要较多的水分。幼苗期必须经常保持湿润。生长时期需要给予充足的水分维持旺盛的生长，但水分供应过多易引起植株徒长，所以水分要控制适当。开花结实时，要求空气相对湿度要小。

花卉在不同季节和气象条件下，对水分的需求也不相同。春秋季干旱时期，应有较多的灌水，晴天风大时应比阴天无风时多浇水。

(二)土壤状况与灌水

植物根系从土壤中吸收生长发育所需要的营养和水分，只有当土壤理化性质能满足观赏植物生长发育对水、肥、通气及温度的要求时，才能获得最佳质量的花卉。

土壤性质不良或是管理不当，常是引起花卉缺水的因素之一。优良的园土持水力强，多余的水也易排出。黏土持水性强，但孔隙小，水分渗入慢，会影响花卉根部对氧气的吸收，造成土壤的板结。疏松土质的灌溉次数应比黏重的土质多，所以对黏土应特别注意干湿相间的管理,湿以供花卉所需足够的水分,干以利土壤空气含量的增加。增加土壤中的有机质,有利于土壤通气,增加其持水力。

灌水量因土质而定,以根区渗透为宜。遇表土浅薄、下有黏土盘的情况,每次灌水量宜少,但次数增多;如为土层深厚的沙质壤土,灌水应一次灌足,待见干后再灌。黏土水分渗透慢,灌水时间应适当延长,最好采用间歇方式。应充分掌握两次灌水之间土壤变干所需要的时间。

(三)灌溉方式

灌溉方式有以下几种:①漫灌适用于夏季高温地区植物生长密集的大面积草坪。②沟灌适用于宽行距栽培的花卉。③畦灌是北方大田低畦和树木移植时的灌溉方式。④浸灌适用于容器栽培的花卉。⑤喷灌。⑥滴灌。

(四)灌水时期

灌溉时期分为休眠期灌水和生长期灌水。休眠期灌水在植株处于相对休眠状态时进行,北方地区常对园林树木灌“冻水”防寒。灌水时间因季节而异,夏季灌溉应在清晨和傍晚进行,此时水温与地温相近,对根系生长活动影响小;严寒的冬季灌溉应在中午前后进行;春秋季以清早灌水为宜。

(五)灌溉用水

灌溉用水以软水为宜,避免使用硬水,最好是河水,其次是池塘水和湖水,井水不含碱质的方可利用。

(六)排　水

在花卉生产中,应该依据每种花卉的需水量采取适宜的灌溉与排水措施,以调控花卉对水分的需求。

三、施　肥

影响肥效的常是土壤中含量不足的那一种元素。如在缺氮的情况下，即使基质中磷、钾含量再高，花卉也无法利用，因此施肥应特别注意营养元素的完全与均衡。

(一)花卉的养分含量

以大花天竺葵为例，其不同部位的养分分配比例为：茎和叶71%、根23%、花6%。与大花天竺葵类似，在菊花、香石竹、月季、紫罗兰等切花及仙客来、大岩桐、四季樱草等盆花中，大量元素的吸收及分配表现的规律为：氮的含量在叶片中最多，而且对氮、钾吸收较多，对磷的吸收相对较少。但不同种类花卉的养分含量相差悬殊。

(二)花卉需肥特点

不同类别花卉对肥料的需求不同，一、二年生花卉对氮、钾要求较高，施肥以基肥为主，生长期可以视生长情况适量施肥，但是一、二年生花卉间也有一定的差异。一年生花卉在幼苗阶段尚未大量生长，因而对氮肥的需要量较少。而二年生花卉，在春季就能很快地进行大量生长，所以在生长初期除需供应充足的氮肥外，还应该配施磷、钾肥，在开花前停止施肥。一些春播花卉由于花期较长，所以在开花后期仍可以追肥。宿根花卉对于养分的要求以及施肥技术基本上与一、二年生花卉草花类似，维持营养体的功能使宿根能顺利度过冬季不良环境，保证翌年萌发时有足够的养分供应，所以花后应及时补充肥料，常以速效肥为主，配以一定比例的长效肥。球根花卉对磷、钾肥比较敏感，一般基肥比例可以减少，前期追肥以氮肥为主，在子球膨大时应及时控制氮肥，增施磷、钾肥。

(三)施肥时期

植物对肥料需求有两个关键的时期，即养分临界期和最大效率期。植物养分的分配首先是满足生命活动最旺盛的器官，一般生长最快以及器官形成时，也是需肥最多的时期。因此，对于木本花卉，春季应多施氮肥，夏末少施氮肥，否则促使秋梢生长，冬前不能成熟老化，易遭冻害。秋季当花卉顶端停止生长后，施完全肥，对冬季或早春根部继续生长的多年生花卉有促进作用。冬季不休眠的花卉，在低温、短日照下吸收能力也差，应减少或停止施肥。

追肥的时期和次数受花卉生育阶段、气候和土质的影响。苗期、生长期以及花前花后应施追肥，高温多雨时节或沙质土，追肥宜少量多次。

对于速效性、易淋失或易被土壤固定的肥料如碳酸氢铵、过磷酸钙等，宜稍提前施用；而迟效性肥料如有机肥，可提前施。

施肥后应随即进行灌水。在土壤干燥的情况下，还应先行灌水再施肥，以利于吸收并防止伤根。

(四)施肥量及施肥方法

一般植株矮小、生长旺盛的花卉可少施；植株高大、枝叶繁茂、花朵丰硕的花卉宜多施。有些喜肥植物，如梓树、梧桐、牡丹、香石竹、一品红、菊花等需肥较多；有些是耐贫瘠的植物，如刺槐、悬铃木、山杏、臭椿、凤梨、山茶、杜鹃花等需肥较少。缓效有机肥可以适当多施，速效有机肥应适度使用。要确定准确的施肥量，需结合土壤营养和植物体营养分析，根据养分吸收量和肥料利用率来测算。施肥量的计算方法：根据 Aldrich 的报道，施用氮、磷、钾 5—10—5 的完全肥，球根类 0.05～0.15 千克/米^2，花境 0.15～0.25 千克/米^2，落叶灌木 0.15～0.3 千克/米^2，常绿灌木 0.15～0.3 千克/米^2。我国通常每千克土施氮 0.2 克、五氧化二磷 0.15 克、氧化钾 0.1 克，折合硫酸铵 1 克或尿素 0～4 克、磷酸二氢钾 1 克、硫酸钾 0.2 克或氯化钾 0.18 克，即可供一年生作物开花结实。

施肥的方法有：①全圃施肥。②环状施肥。③施肥与灌溉结合进行。④根外追肥。

四、露地花卉的防寒与降温

(一)防寒越冬

防寒越冬是对耐寒能力较差的观赏植物实行的一项保护措

施，以免除过度低温危害，保证其成活和生长发育。防寒方法很多，常用的有：

1. 覆盖 在霜冻到来前，在畦面上覆盖干草、落叶、马粪、草席、蒲席、薄膜等，直到翌春晚霜过后去除。常用于二年生花卉、宿根花卉、可露地越冬的球根花卉和木本植物幼苗的防寒越冬。

2. 灌水 冬灌能减少或防止冻害，春灌有保温、增温效果。灌溉可提高地面温度2℃～2.5℃。常在严寒来临前1～2天进行冬灌。

3. 培土 冬季地上部分枯萎的宿根花卉和进入休眠的灌木，培土压埋或开沟覆土压埋植物的根颈部或地上部分进行防寒，待春季到来后，萌芽前再将培土扒开，植株可继续生长。

4. 浅耕 浅耕可降低因水分蒸发而产生的冷却作用，同时，因土壤疏松，有利于太阳辐射热的导入，对保温和增温有一定效果。

5. 包扎 一些大型观赏树木茎干常用草或塑料薄膜包扎防寒，如芭蕉、香樟等。

除以上方法外，还有设立风障、利用冷床、熏烟、喷施药剂、减少氮肥施用、增施磷钾肥料等增加抗寒力的方法。

(二)降温越夏

夏季温度过高会对花木产生危害，可通过人工降温保护花木安全越夏。人工降温措施包括叶面及畦间喷水、搭设遮阳网或用草帘覆盖等。

(三)覆　盖

将一些对花卉生育有益的材料覆盖在圃地上(株间)，具有防止水土流失、水分蒸发、地表板结、杂草滋生以及调节地温的作用。常用天然有机覆盖物如堆肥、秸秆、腐叶、松毛、锯末、泥炭、藓皮、甘蔗渣、花生壳等。覆盖厚度一般为3～10厘米，不宜太厚，以防止杂草生长。

有机覆盖物夏季使地面凉爽，研究证明能降低地表温度达17℃；秋冬两季对土壤又有保温作用，延长根部的生长期；同样早春气温变幅大，稳定的地温可延缓植物过早生长，避免晚霜的危害。

天然有机覆盖物分解后能增加土壤养分，提高硝化细菌的活性，尤其在覆盖前施氮肥效果尤佳。覆盖还可改善土壤的耕性和质地，松针、栎树叶、泥炭腐烂后土壤呈酸性反应，枫树和榆树叶片腐烂后呈碱性反应。

目前，还有用黑色聚乙烯薄膜、铝箔片等作覆盖物的。以聚乙烯薄膜为覆盖物时，应预先于其上打些孔洞，以利于雨水渗入。

五、杂草防除

除草工作应在杂草发生的早期及早进行，在杂草结实之前必须清除干净，不仅要清除栽植地上的杂草，还应把四周的杂草除净，对多年生宿根性杂草应把其根系全部挖出，深埋或烧掉。小面积以人工除草为主，大面积可采用机械除草或化学除草。

第二节　花卉的容器栽培技术

将栽植于各类容器中的花卉统称盆栽花卉，简称盆花或盆栽。盆栽便于控制花卉生长的各种条件，利于促成栽培，还便于搬移。盆栽易于抑制花卉的营养生长，促进发育，在适当水肥管理条件下常矮化，且繁密，叶茂花多。

我国盆栽花卉历史悠久，经过几千年的栽培技艺的演变，盆栽已经是花卉生产中非常重要的栽培形式之一，而盆花在花卉生产中也占有极其重要的地位。2001 年我国盆花销售量达 8.1 亿盆，销售额 52.5 亿元，出口额近 1.95 亿美元。蝴蝶兰、大花蕙兰、凤梨、杜鹃、仙客来、一品红、花烛等盆花都深受人们的青睐。

组合盆栽又称盆花艺栽，就是把若干种独立的植物栽种在一起，使它们成为一个组合整体，以欣赏它们的群体美。这种盆花艺栽色彩丰富，花叶并茂，极富自然美和诗情画意，极大地提高了盆花的观赏效果。

一、花盆及盆土

(一)花　盆

花卉盆栽应选择适当的花盆。通用的花盆为素烧泥盆或称瓦钵，这类花盆通透性好，适于花卉生长，价格便宜，在花卉生产中被广泛应用。近年塑料盆亦大量用于花卉生产，此外还有紫砂盆、水泥盆、木桶以及作套盆用的瓷盆等。不同类型花盆的透气性、排水性差异较大，应根据花卉的种类、植株的高矮和栽培目的选用。

花盆的形状多种多样，大小不一，样式丰富，柱形立体花盆就是其中的一种，它不仅美观、节约空间，而且可以根据需要进行组合，可以向上延伸高度，4～6 个柱形花器组成一组，最高可达 2 米，中心有透气层。保持水分时间也很长，从立柱的最高处浇水，水分可以平均分布到各层，一次浇透可保湿 20～30 天。

有些花盆平底留排水孔，排水孔紧贴地面或花架，易堵塞，使用时，应先在地面铺一层粗沙或木屑、谷壳等或将花盆用砖头垫起，以免堵塞花盆的排水孔。

塑胶盆等盆壁透气性最差的容器，可以通过选择孔隙大的基质来弥补其缺陷。

(二)盆　土

容器栽培，盆土容积有限，花卉赖以生存的空间有限，因此要求盆土必须具有良好的物理性状，透气性要好，并应有较好的持水能力。盆土通常是由园土、沙、腐叶土、泥炭、松针土、谷糠及蛭石、珍珠岩、腐熟的木屑等材料按一定比例配制而成，培养土的酸碱度和含盐量要适合花卉的需求，同时培养土中不能含有害微生物和其他有毒的成分。

1. 常见培养土的组分

(1)园土　是果园、菜园、花园等的表层活土，具有较高的肥力及团粒结构，但因其透气性差，干时板结，湿时泥状，故不能直接用来装盆，必须配合其他透气性强的基质使用。

(2)厩肥土　马、牛、羊、猪等家畜厩肥发酵沤制，其主要成分是腐殖质，质轻、肥沃，呈酸性反应。

(3)沙和细沙土　沙通常指建筑用沙，粒径为0.1～1毫米；用作扦插基质的沙，粒径应在1～2毫米较好，素沙指淘洗干净的粗沙。细沙土又称沙土、黄沙土、面土等，沙的颗粒较粗，排水较好，但与腐叶土、泥炭土相比较透气、透水，保水持肥能力低，质量重不宜单独作为培养土。

(4)腐叶土　由树木落叶堆积腐熟而成，腐叶土养分丰富，腐殖质含量高，土质疏松，透气透水性能好，一般呈酸性(pH值4.6～5.2)，是优良的传统盆栽用土。以落叶阔叶树最好，其中以山毛榉和各种栎树的落叶形成的腐叶土较好。腐叶土尤其适用于秋海棠、仙客来、地生兰、蕨类植物、倒挂金钟、大岩桐等。腐叶土可以人工堆制，亦可在天然森林的低洼处或沟内采集。

(5)堆肥土　由植物的残枝落叶、旧盆土、垃圾废物等堆积，经发酵腐熟而成。堆肥土富含腐殖质和矿物质，一般呈中性或碱性(pH值6.5～7.4)。

(6)塘泥和山泥　在广东地区用塘泥块栽种盆花已有悠久历史，到现在仍大量使用。塘泥是指沉积在池塘底的一层泥土，挖出晒干后，破碎成直径0.3～1.5厘米的颗粒。这种材料排水和透气性比较好，也比较肥沃，适合华南多雨地区作盆栽土。山泥是江苏、浙江等地山区出产的天然腐殖土，呈酸性反应，疏松、肥沃、蓄水，是栽培山茶花、兰花、杜鹃、米兰等喜酸性土壤花卉的良好基质。

(7)泥炭土　分为褐泥炭和黑泥炭，褐泥炭为浅黄色至褐色，含有机质多，呈酸性反应，pH 值 6.0～6.5，是酸性植物培养土的重要成分，也可以掺入 1/3 的河沙作扦插用土，既有防腐作用，又能刺激插穗生根。黑泥炭炭化年代久远，呈黑色，矿物质较多，有机质较少，pH 值 6.5～7.4。

(8)松针土　山区松林林下松针腐熟而成，呈强酸性，是栽培杜鹃花等强酸性植物的主要基质。

(9)草皮土　取草地或牧场上的表土，厚度为 5～8 厘米，连草及草根一起掘取，将草根向上堆积起来，经一年腐熟即可应用。草皮土呈中性至碱性反应，pH 值 6.5～8.0。

(10)沼泽土　主要由水中苔藓和水草等腐熟而成，取自沼泽边缘或干涸沼泽表层约 10 厘米的土壤。这种土含较多腐殖质，呈黑色，强酸性(pH 值 3.5～4.0)。我国北方的沼泽土多为水草腐熟而成，一般为中性或微酸性。

盆栽花卉除了以土壤为基础的培养土外，还可用人工配制的无土混合基质，如用珍珠岩、蛭石、砻糠灰、泥炭、木屑或树皮、椰糠、造纸废料、有机废物等一种或数种按一定比例混合使用。由于无土混合基质有质地均匀、重量轻、消毒便利、通气透水等优点，尤其是一些规模化、现代化的盆花生产基地，盆栽基质大部分采用无土基质。无土栽培基质无疑是未来盆栽基质的主流。但目前培养土仍然是我国盆栽花卉中最重要的栽培基质。

2. 培养土的配置　因各地材料来源和习惯不同，培养土的配制也有差异。

(1)一般播种用的培养土的配制比例　腐叶土 5、园土 3、河沙 2；假植用土为：腐叶土 4、园土 4、河沙 2；定植用土为：腐叶土 4、园土 5、河沙 1。温室木本花卉所用的培养土，在播种苗及扦插苗培育期间要求较多的腐殖质，大致的比例为腐叶土 4、园土 4、河沙 2，植株长成后，腐叶土的量应减少。

(2)上海市一般经营者使用的一些栽培基质配方　育苗基质：腐叶土＋园土为1∶1，另加少量厩肥和黄沙。扦插基质：黄沙或砻糠灰。盆栽基质：腐叶土＋园土＋厩肥为2∶3∶1。耐阴植物基质：园土＋厩肥＋腐叶土＋砻糠灰为2∶1∶0.5∶0.5。多浆植物基质：黄沙＋园土＋腐叶土为1∶1∶2。杜鹃类基质：腐叶土＋垃圾土(偏酸性)为4∶1。

(3)国外一些标准培养基质　种苗和扦插苗基质：壤土＋泥炭＋沙比为2∶1∶1，每100千克另加过磷酸钙117克，生石灰58克。杜鹃类盆栽基质：壤土＋泥炭或腐叶＋沙为1∶3∶1。荷兰常用的盆栽基质：腐叶土＋黑色腐叶土＋河沙为10∶10∶1。英国常用基质：腐叶土＋细沙为3∶1。美国常用基质：腐叶＋小粒珍珠岩＋中粒珍珠岩为2∶1∶1。

对盆土的要求总的趋向是要降低土壤的容重，增加孔隙度，增加水分和空气的含量，提高腐殖质的含量。一般混合后的培养土，容重应低于1克/厘米^3，通气孔隙应不低于10%为好。培养土可根据花卉的种类和不同生长发育时期的要求配置，为增加培养土的酸性，可加入适量的松针土或沼泽土等酸性土类。

3. 培养土的消毒　为了防止土壤中存在的病毒、真菌、细菌、线虫等的危害，对花木栽培土壤应进行消毒处理。土壤消毒方法很多，可根据设备条件和需要来选择。

(1)物理消毒法　一是蒸汽消毒，二是日光消毒，三是直接加热消毒。

(2)化学药剂法　常用的药剂有40%甲醛(福尔马林)溶液、溴甲烷、氯化苦等。

二、上盆与换盆

将幼苗移植于花盆中的过程叫上盆。幼苗上盆根际周围应尽量多带些土，以减少对根系的伤害。如使用旧盆，无论上盆或是换盆应预行浸洗，除去泥土和苔藓，干后再用；如为新盆，亦应先行浸泡，以溶淋盐类。上盆时在盆底排水口处垫置破盆瓦片或窗纱，再加少量盆土，将花卉根部向四周展开轻置土上，加土将根部完全埋没至根颈部，使盆土至盆缘保留 3～5 厘米的距离。

多年生观赏植物，长期生长于盆钵内有限土壤中，常感营养不足，加以冗根盈盆，因此随植物长大，需逐渐更换大的花盆，扩大其营养面积，利于植株继续健壮生长，这就是换盆。换盆还有一种情况是原来盆中的土壤物理性质变劣，养分丧失或严重板结，必须进行换盆，而这种换盆仅是为了修整根系和更换新的培养土，用盆大小可以不变，故也可称为翻盆。换盆时一只手托住盆上部将盆倒置，另一只手以拇指通过排水孔下按，土球即可脱落。如花卉生长不良，这时还可检查一下原因。遇盆缚现象，用竹签将根散开，同时修剪根系，除去老残冗根，刺激其多发新根。上盆与换盆的盆土应干湿适度，以捏之成团、触之即散为宜。上足盆土后，沿盆边按实，以防灌水后下漏。

三、灌水与施肥

水肥管理是盆栽花卉十分重要的环节，盆花栽培中灌水与施肥常常结合进行。依花卉不同生育阶段，适时调控水肥量的供给，在生长季节中，相隔 3～5 天，水中加少量肥料混合施用，效果亦佳。

（一）灌　水

1. 灌水方法　盆栽花卉测土湿度的方法，是用食指按盆土，如下陷达 1 厘米说明盆土湿度是适宜的。搬动一下花盆如已变轻，或是用木棒敲盆边声音清脆等说明需要灌水了。将灌溉水直接送入盆内，使根系最先接触和吸收水分，是盆花最常用的浇水方式。还有几种盆栽花卉常用的浇水方法为：浸盆法、喷壶洒水法、细孔喷雾法。

盆栽花卉还可以施行一些特殊的水分管理方式，如找水、扣水、压清水、放水等。找水是补充浇水，即对个别缺水的植株单独补浇，不受正常浇水时间和次数的限制。放水是指生长旺季结合追肥加大浇水量，以满足枝叶生长的需要。扣水即在植物生育某一阶段暂停浇水，进行干旱锻炼或适当减少浇水次数和浇水量，如苗期的“蹲苗”，在根系修剪伤口尚未愈合时、花芽分化阶段及入温室前后常采用。压清水是在盆栽植物施肥后的浇水，要求水量大而且必须要浇透，因为只有量大浇透才能使局部过浓的土壤溶液得到稀释，肥分才能够均匀地分布在土壤中，不致因局部肥料过浓而出现“烧根”现象。

2. 灌水注意事项

第一，根据花卉的种类及不同生育阶段确定浇水次数、浇水时间和浇水量。草本花卉本身含水量大、蒸腾强度也大，所以盆土应经常保持湿润(但也应有干湿的区别)，而木本花卉则可掌握干透浇透的原则。蕨类植物、天南星科、秋海棠类等喜湿花卉要保持较高的空气湿度，多浆植物等旱生花卉要少浇。进入休眠期时，浇水量应依花卉种类的不同而减少或停止，解除休眠进入生长，浇水量逐渐增加。生长旺盛时期，要多浇，开花前和结实期少浇，盛花期适当多浇。有些植物对水分特别敏感，若浇水不慎会影响生长和开花，甚至导致死亡。如大岩桐、蒲包花、秋海棠的叶片淋水后容易腐烂；仙客来球茎顶部叶芽、非洲菊的花芽等淋水会腐烂而枯萎；兰科植物、牡丹等分株后，如遇大水也会腐烂。因此，对浇水有特殊要求的种类应和其他花卉分开摆放，浇水时应区别对待。

第二，不同栽培容器和培养土对水分的需求不同。素烧瓦盆通过蒸发丧失的水分比花卉消耗的多，因此浇水要多些。塑料盆保水力强，一般供给素烧瓦盆水量的 1/3 就足够了。疏松土壤多浇，黏重土壤少浇。一般腐叶土和沙土适当配合的培养土，保水和通气性能都有利于花卉生长。以草炭土为主的培养土，因干燥后不易吸水，所以必须在它干透前浇水。

第三，灌水时期。夏季以清晨和傍晚浇水为宜，冬季以10时以后为宜，因为土壤温度情况直接影响根系的吸水。

灌水的原则应为不干不浇，浇水要浇透。如遇土壤过干应间隔10分钟分数次灌水，或以浸盆法灌水。为了救活极端缺水的花卉，常将盆花移至阴凉处，先灌少量水，后逐渐增加，待其恢复生机后再行大量灌水，有时为了抑制花卉的生长，当出现萎蔫时再灌水，这样反复处理数次，破坏其生长点，以促其形成枝矮花繁的观赏效果。

总之，花卉浇水需掌握一条行之有效的经验：即气温高、风大多浇水，阴天、天气凉爽少浇水；生长期多浇水，开花期少浇水。此外，冬季少浇水。

第四，盆栽花卉对水质的要求。灌水应以天然降水为主，其次是江、河、湖水。尤其是给喜酸性土花卉灌水时，应先将水软化处理。无论是井水或是含氯的自来水，均应于贮水池经24小时之后再用，灌水之前，应该测定水分pH值和EC值，根据花卉的需求特性分别进行调整。

(二)施　肥

施肥分基肥和追肥。基肥施入量不要超过盆土总量的20%，与培养土混合均匀施入，蹄片分解较慢，可放于盆底或盆土四周。追肥以薄肥勤施为原则追施或叶面喷施。叶面追施时有机液肥的浓度不宜超过5%，化肥的施用浓度一般不超过0.3%，微量元素浓度不超过0.05%。根外追肥不要在低温时进行。叶片的气孔是背面多于正面，背面吸肥力强，所以喷肥应多在叶背面进行。温室或大棚栽培花卉时，还可增施二氧化碳气体，通常空气中二氧化碳含量为0.03%，光合作用的效率在二氧化碳含量由0.03%～0.3%的范围内随二氧化碳浓度增加而提高。

一、二年生花卉，除豆科植物可较少施用氮肥外，其他均需一定量的氮肥和磷、钾肥。宿根花卉和花木类，根据开花次数进行施肥，一年多次开花的如月季花、香石竹等，花前花后应施重肥，喜肥的花卉如大岩桐，每次灌水应酌加少量肥料，生长缓慢的花卉施肥两周一次即可，生长更慢的一个月一次即可。球根花卉如百合类、郁金香等嗜肥，特别宜多施钾肥。观叶植物在生长季中以施氮肥为主，每隔6～15天追肥一次。

据研究，以腐叶土为栽培基质，化肥的用量是：对需肥少的种类如铁线蕨、杜鹃花、花烛、卡特兰、石斛兰、栀子花、文竹、山茶等每千克基质施复合肥1～5克；需肥中等的小苍兰、香豌豆、银莲花、哥伦比亚花烛等施5～7克；需肥多的种类如天竺葵、一品红、非洲紫罗兰、天门冬、波斯毛茛等施7～10克。

温暖的生长季节，施肥次数多些，天气寒冷而室温不高时可以少施。较高温度的温室，植株生长旺盛，施肥次数可多些。

控释肥是近年来发展起来的一种新型肥料，其优点是有效成分均匀释放，肥效期较长，并可以通过包衣厚度控制肥料的施放量和有效施放期。在施用时，将肥料与土壤或基质混合后，定期施入，可节省化肥用量40%～60%。日本大多数控释肥用在大田作物上，仅一小部分用于草坪和观赏园艺。而在美国和欧洲，约90%是用于观赏植物、高尔夫球场、苗圃、专业草坪，仅有10%用于农业。我国对控释肥的研究起步较晚，观赏植物仅在万寿菊上有研究报道。

四、整形与修剪

(一)整　枝

整枝的形式多种多样，概括有二：一为自然式，着重保持植物自然姿态，仅对交叉、重叠、丛生、徒长枝稍加控制，使其更加完美；二为人工式，依人们的喜爱和情趣，利用植物的生长习性，经修剪整形做成各种形态，达到寓于自然高于自然的艺术境界。在确定整枝形式前，必须对植物的特性有充分了解，枝条纤细且柔韧性较好者，可整成镜面形、牌坊形、圆盘形或S形等，如常春藤、三角花、藤本天竺葵、文竹、令箭荷花、结香等。枝条较硬者，宜做成云片形或各种动物造型，如腊梅、一品红等。整形的植物应随时修剪，以保持其优美的姿态。在实际操作中，两种整枝方式很难截然分开，大部分盆栽花卉的整枝方式是二者结合。

(二)绑扎与支架

盆栽花卉中有的茎枝纤细柔长，有的为攀缘植物，有的为了整齐美观，有的为了做成扎景，常设支架或支柱，同时进行绑扎。花枝细长的如小苍兰、香石竹等常设支柱或支撑网；攀缘性植物如香豌豆、球兰等常扎成屏风形或圆球形支架，使枝条盘曲其上，以利于通风透光和便于观赏；我国传统名花菊花，盆栽中常设支架或制成扎景，形式多样，引人入胜。

支架常用的材料有竹类、芦苇以及紫穗槐等。绑扎在长江流域及其以南各地常用棕线、棕丝或是其他具韧性又耐腐烂的材料。

(三)剪　枝

剪枝包括疏剪和短截两种类型。疏剪指将枝条自基部完全剪除，主要是一些病虫枝、枯枝、重叠枝、细弱枝等。短截是指将枝条先端剪去一部分，剪时要充分了解植物的开花习性，注意留芽的方向。在当年生枝条上开花的花卉种类，如扶桑、倒挂金钟、叶子花等，应在冬春季修剪；而一些在一年生枝条上开花的花卉种类，如山茶、杜鹃等，宜在花后短截枝条，使其形成更多的侧枝。留芽的方向要根据生出枝条的方向来确定，要其向上生长，留内侧芽；要其向外倾斜生长时，留外侧芽。修剪时应使剪口呈一斜面，芽在剪口的对方，以距剪口斜面顶部1～2厘米为度。

经移植的花卉所有花芽应完全剪除，以利于植株营养生长的恢复。

一般落叶植物于秋季落叶后或春季发芽前进行修剪，有的种类如月季、大丽花、八仙花、迎春等于花后剪除着花枝梢，促其抽发新枝，下一个生长季开花硕大艳丽。常绿植物一般不宜剪除大量枝叶，只有在伤根较多情况才剪除部分枝叶，以利于平衡生长。

(四)摘心与抹芽

有些花卉分枝性不强，花着生枝顶，分枝少，开花亦少，为了控制其生长高度，常采用摘心措施。摘心行于生长期，因具抑制生长的作用，所以次数不宜多。对于一株一花或一个花序，以及摘心后花朵变小的种类不宜摘心，此外球根类花卉、攀缘性花卉、兰科花卉以及植株矮小、分枝性强的花卉均不应摘心。

抹芽或称除芽，即将多余的芽全部除去，这些芽有的是过于繁密，有的是方向不当，是与摘心有相反作用的一项技术措施。抹芽应尽早于芽开始膨大时进行，以免消耗营养。有些花卉如芍药、菊花等仅需保留中心一个花蕾时，其他花芽全部摘除。

在观果植物栽培中，有时挂果过密，为使果实生长良好，调节营养生长与生殖生长之间的关系，也需摘除一部分果实。

五、盆栽花卉环境条件的调控

花卉在生长发育过程中总会遇到一些不适宜的气象条件，如高温高湿、强烈日照、极度低温等，需要人为及时调节花卉的生长环境条件。盆栽花卉对逆境的耐受力低于露地花卉，尤其是温室盆花更需要精心管理。温度调控包括加温和降温，常用的加温措施有管道加温、利用采暖设备、太阳能加温等；降温措施常用遮荫、通风、喷水等措施。光照强度可以通过加光和遮荫来调节。通风和喷水可以调节环境湿度。许多调节措施可以同时改变几个环境因素，如通风不仅可以降低温度，也可控制湿度，遮荫对温度和光照条件都有影响。这种相互影响有的对花卉有益，但有的则不利于花卉的生长发育。

(一)遮　荫

许多盆花是喜阴或耐阴的花卉,不适应夏季强烈的太阳辐射,因此为了避免强光和高温对植物造成伤害,需要对盆花进行遮荫处理。常用遮光物有白色涂层(如石灰水、钛白粉等)、草席、苇帘、无纺布和遮阳网。目前遮阳网最为常用。

(二)通　风

通风除具有降温作用外,还可降低设施内湿度,补充二氧化碳气体,排除室内有害气体等作用,包括自然通风和强制通风两种。最大的降温效果是使室内温度与室外温度相等。通风方式有自然通风、强制通风、蒸发降温等。

现代温室盆栽花卉的环境调节和控制是一个综合管理系统,包括综合环境调控、紧急处理和数据收集三大部分。

第三节　花卉的无土栽培技术

除土壤之外还有许多物质可以作为花卉根部生长的基质。凡是利用其他物质代替土壤为根系提供环境来栽培花卉的方法,就是无土栽培。沙砾最早被植物营养学家和植物生理学家用来栽培作物,通过浇灌营养液来研究作物的养分吸收、生理代谢以及植物必需营养元素和生理障碍等。因此,沙砾可以说是最早的栽培基质。近20年来,无土栽培技术发展极其迅速,目前在美国、英国、俄罗斯、法国、加拿大、荷兰等发达国家已广泛应用。我国无土栽培的应用起步较晚,实际应用的面积不大。

一、无土栽培的方式

(一)水　培

水培就是将花卉的根系悬浮在装有营养液的栽培容器中,营养液不断循环流动以改善供氧条件。水培方式有如下几种:

1. 营养液膜技术(NFT)　仅有一薄层营养液流经栽培容器的底部,不断供给花卉所需营养、水分和氧气。但因营养液层薄,栽培管理难度大,尤其在遇短期停电时,作物则面临水分胁迫,甚至有枯死的危险。根据栽培需要,又可分为连续式供液和间歇式供液两种类型。间歇式供液特点是在连续供液系统的基础上加一个定时器装置,按人为设定的时间定时供液。

2. 深液流栽培(DFT)　其特点是将栽培容器中的水位提高,使营养液由薄薄的一层变为5～8厘米深,因容器中的营养液量大,湿度、养分变化不大,即使在短时间停电,也不必担心作物枯萎死亡,根茎悬挂于营养液的水平面上,营养液循环流动。通过营养液的流动可以增加溶存氧,消除根表有害代谢产物的局部累积,消除根表与根外营养液的养分浓度差,使养分及时送到根表,并能促进因沉淀而失效的营养液重新溶解,防止缺素症发生。目前的水培方式已多向这一方向发展。

3. 动态浮根法(DRF)　动态浮根系统是指在栽培床内进行营养液灌溉时,作物的根系随着营养液的液位变化而上下左右波动。灌满8厘米的水层后,由栽培床内的自动排液器将营养液排出去,使水位降至4厘米的深度。此时上部根系暴露在空气中可以吸氧,下部根系浸在营养液中不断吸收水分和养分,不怕夏季高温使营养液温度上升、氧的溶解度降低,可以满足植物的需要。

4. 浮板毛管水培法(FCH)　是在深液流法的基础上增加一块厚2厘米、宽12厘米的泡沫塑料板,根系可以在泡沫塑料浮板上生长,便于吸收水中的养分和空气中的氧气。根际环境条件稳定,液温变化小,根际供氧充分,不怕因临时停电影响营养液的供给。

5. 基质水培法　在栽培槽中填入10厘米厚的基质,然后又用营养液循环灌溉作物。可以比较稳定地供给水分和养分,故栽培效果良好。

6. 雾培 也是水培的一种形式，将植物的根系悬挂于密闭凹槽的空气中，槽内通入营养浓管道，管道上隔一定距离有喷雾头，使营养液以喷雾形式提供给根系。雾气在根系表面凝结成水膜被根系吸收，根系连续不断地处于营养液滴饱和的环境中。雾培也是扦插育苗的最好方法。

由于水培法使植物的根系浸于营养液中，植物处在水分、空气、营养供应的均衡环境之中，故能发挥植物的增产潜力。

(二)基质栽培

基质栽培有两个系统，即基质—营养液系统和基质—固态肥系统。基质—营养液系统是在一定容器中，以基质固定花卉的根系，根据花卉需要定期浇灌营养液，花卉从中获得营养、水分和氧气的栽培方法。基质—固态肥系统亦称有机生态型无土栽培技术，不用营养液而用固态肥，用清水直接灌溉。所用的固态肥是经高温消毒或发酵的有机肥(如消毒鸡粪和发酵油渣)与无机肥按一定比例混合制成的颗粒肥，其施肥方法与土壤施肥相似，定期施肥，平常只浇灌清水。这种栽培方式是一种具有中国特色的无土栽培新技术。

二、无土栽培的基质

栽培基质有两大类，即无机基质和有机基质。无机基质如沙、蛭石、岩棉、珍珠岩、泡沫塑料颗粒、陶粒等；有机基质如泥炭、树皮、砻糠灰、锯末、木屑等。目前世界上 90%的无土栽培均为基质栽培。由于基质栽培的设施简单，成本较低，且栽培技术与传统的土壤栽培技术相似，易于掌握，故我国大多采用此法。

(一)常用的无土栽培基质

1. 沙 为无土栽培最早应用的基质，使用前应过筛洗净，并测定其化学成分，供施肥参考。

2. 石砾 一般选用的石砾以非石灰性(花岗岩等发育形成)

的为好，石砾在现代无土栽培中已经逐渐被一些轻型基质代替了，但在当今深液流水培上，作为定植填充物还是合适的。

3. 蛭石　孔隙度大，质轻（容重为60～250千克/米^3），通透性良好，持水力强，pH值中性偏酸，含钙、钾亦较多，具有良好的保温、隔热、通气、保水、保肥作用。因为经过高温煅烧，无菌、无毒，化学稳定性好，为优良无土栽培基质之一。

4. 岩棉　质轻，孔隙度大，通透性好，但持水力略差，pH值7.0～8.0，含花卉所需有效成分不高。西欧各国应用较多。

5. 珍珠岩　易于排水、通气，物理和化学性质比较稳定。珍珠岩不适宜单独作为基质使用，因其容重较轻，根系固定效果较差，一般和草炭、蛭石等混合使用。

6. 泡沫塑料颗粒　为人工合成物质，含尿甲醛、聚甲基甲酸酯、聚苯乙烯等。其特点为质轻，孔隙度大，吸水力强。一般多与沙和泥炭等混合应用。

7. 砻糠灰　即炭化稻壳。其特点为质轻，孔隙度大，通透性好，持水力较强，含钾等多种营养成分，pH值高，使用过程中应注意调整。

8. 泥炭　习称草炭，由半分解的植被组成。泥炭容重较小，富含有机质，持水保水能力强，偏酸性，含植物所需要的营养成分。一般通透性差，常与其他基质混合用于花卉栽培。泥炭在工厂化育苗中发挥着重要的作用。

9. 树皮　是一种很好的栽培基质，大多数树皮含有酚类物质且C/N较高，因此新鲜的树皮应堆沤1个月以上再使用。阔叶树皮较针叶树皮的C/N高。树皮有很多种大小颗粒可供利用，在盆栽中最常用直径为1.5～6.0毫米的颗粒。一般树皮的容重为0.4～0.53克/米^3，接近于草炭。

10. 锯末与木屑　以黄杉、铁杉锯末为好，含有毒物质树种的锯末不宜采用。锯末质轻，吸水、保水力强并含一定营养物质，一般多与其他基质混合使用。

此外,用作栽培基质的还有陶粒、炉渣、砖块、火山灰、椰子纤维、木炭、蔗渣、苔藓、蕨根等。

(二)基质的作用

无土栽培基质的基本作用有三个:一是支持固定植物;二是保持水分;三是通气。

(三)基质的消毒

任何一种基质使用前均应进行处理,如筛选去杂质、水洗除泥、粉碎浸泡等。有机基质经消毒后才宜应用。基质消毒的方法有三种:一是化学药剂消毒,主要使用40%甲醛溶液、溴甲烷等化学药剂消毒;二是蒸汽消毒;三是太阳能消毒。

(四)基质的混合及配制

各种基质既可单独使用,亦可按不同的配比混合使用,但就栽培效果而言,混合基质优于单一基质,有机与无机混合基质优于纯有机或纯无机混合的基质。基质混合总的要求是降低基质的容重,增加孔隙度,增加水分和空气的含量。基质的混合使用,以2～3种混合为宜。

育苗和盆栽基质,在混合时应加入矿质养分,以下是一些常用的育苗和盆栽基质配方:

1. 常用的混合基质 ①2份草炭、2份珍珠岩、2份沙。②1份草炭、1份珍珠岩。③1份草炭、1份沙。④1份草炭、3份沙。⑤1份草炭、1份蛭石。⑥3份草炭、1份沙。⑦1份蛭石、2份珍珠岩。⑧2份草炭、2份火山岩、1份沙。⑨2份草炭、1份蛭石、1份珍珠岩。⑩1份草炭、1份珍珠岩、1份树皮。⑪1份刨花、1份炉渣。⑫3份草炭、1份珍珠岩。⑬2份草炭、1份树皮、1份刨花。⑭1份草炭、1份树皮。

2. 美国加州大学混合基质 0.5米^{3}细沙(粒径0.05～0.5毫米)、0.5米^{3}粉碎草炭、145克硝酸钾、145克硫酸钾、4.5千克白云石石灰石、1.5 千克钙石灰石、1.5 克 20％过磷酸钙(20％五氧化二磷)。

3. 美国康奈尔大学混合基质　0.5 米^3 粉碎草炭、0.5 米^3 蛭石或珍珠岩、3.0 千克石灰石(最好是白云石)、1.2 千克过磷酸钙、3.0 千克复合肥(氮、磷、钾含量分别为 5％、10％、5％)。

4. 中国农业科学院蔬菜花卉研究所无土栽培盆栽基质　0.75 米^3 草炭、0.13 米^3 蛭石、0.12 米^3 珍珠岩、3.0 千克石灰石、1.0 千克过磷酸钙、1.5 千克复合肥、10.0 千克消毒干鸡粪。

5. 草炭矿物质混合基质　0.5 米^3 草炭、0.5 米^3 蛭石、700 克硝酸铵、700 克过磷酸钙、3.5 千克磨碎的石灰石或白云石。

混合基质中含有草炭，当植株从育苗钵(盘)中取出时，植株根部的基质就不易散开。当混合基质中没有草炭或草炭含量小于50％时，植株根部的基质易于脱落，因而在移植时，务必小心，以防损伤根系。

如果用其他基质代替草炭，则混合基质中就不用添加石灰石，因为石灰石主要是用来降低基质的氢离子浓度(提高基质 pH 值)。

三、营养液的配制与管理

(一)常用的无机肥料

1. 硝酸钙〔$Ca(NO_3)_2 \cdot 4H_2O$〕　白色结晶，易溶于水，吸湿性强，一般含氮 13％～15％，含钙 25％～27％，碱性肥，是配制营养液良好的氮源和钙源肥料。

2. 硝酸钾(KNO_3)　又称火硝，白色结晶，易溶于水但不易吸湿，一般含硝态氮 13％，含氧化钾 46％。为优良的氮钾肥，但在高温遇火情况下易引起爆炸。

3. 硝酸铵(NH_4NO_3)　白色结晶，含氮 34％～35％，吸湿性强，易潮解，溶解度大，应注意密闭保存。具助燃性与爆炸性。因含铵态氮比重大，故不作配制营养液的主要氮源。

4. 硫酸铵〔$(NH_4)_2SO_4$〕 为标准氮素化肥，含氮 20%～21%，白色结晶，吸湿性小。因是铵态氮肥，用量不宜大，可作补充氮肥施用。

5. 磷酸二氢铵〔$(NH_4)_2H_2PO_4$〕 白色晶体，可用无水氨和磷酸作用而成，在空气中稳定，易溶解于水。

6. 尿素〔$CO(NH_2)_2$〕 为酰胺态有机化肥。白色结晶，含氮 46%，吸湿性不大，易溶于水。是一种高效氮肥，作补充氮源有良好的效果，还是根外追肥的优质肥源。

7. 过磷酸钙〔$Ca(H_2PO_4)_2 \cdot H_2O + CaSO_4 + 2H_2O$〕 为使用较广的水溶性磷肥。一般含磷 7%～10.5%，含钙 19%～22%，含硫 10%～12%，为灰白色粉末，具吸湿性，吸湿后有效磷成分降低。

8. 磷酸二氢钾（KH_2PO_4） 白色结晶呈粉状，含五氧化二磷 22.8%，氧化钾 28.6%，吸湿性小，易溶于水，显微酸性。其有效成分植物吸收利用率高，为无土栽培优质磷、钾肥。

9. 硫酸钾（K_2SO_4） 白色粉状，含氧化钾 50%～52%，易溶于水，吸湿性小，为生理酸性肥。是无土栽培中的良好钾源。

10. 氯化钾（KCl） 白色粉末状，含有效钾 50%～60%，含氯 47%，易溶于水，生理酸性肥。为无土栽培中钾源之一。

11. 硫酸镁（$MgSO_4 \cdot 7H_2O$） 白色针状结晶，易溶于水，含镁 9.86%，硫 13.01%。为良好镁源。

12. 硫酸亚铁（$FeSO_4 \cdot 7H_2O$） 又称黑矾，一般含铁 19%～20%，含硫 11.53%，为蓝绿色结晶，性质不稳，易变色。为良好无土栽培铁素肥。

13. 硫酸锰（$MnSO_4 \cdot 3H_2O$） 粉红色结晶，粉状，一般含锰 23.5%。为无土栽培中的锰源。

14. 硫酸锌（$ZnSO_4 \cdot 7H_2O$） 无色或白色结晶，粉末状，含锌

23%。为重要锌源。

15. 硼酸(H_3BO_4)　白色结晶,含硼17.5%,易溶于水。为重要硼源,在酸性条件下可提高硼的有效性。营养液有效成分如果低于0.5毫克/升,发生缺硼症。

16. 磷酸(H_3PO_4)　在无土栽培中可以作为磷的来源,而且可以调节pH值。

17. 硫酸铜($CuSO_4 \cdot 5H_2O$)　蓝色结晶体,含铜24.45%,硫12.48%,易溶于水。为良好铜肥。营养液中含量低,浓度为0.005～0.012毫克/升。

18. 钼酸铵〔$(NH_4)_6Mo_7O_{24} \cdot 4H_2O$〕　白色或淡黄色结晶体,含54.23%,易溶于水。为无土栽培中的钼源,需要量极微。

(二)营养液的配制

1. 营养液配置的原则　营养液应含有花卉所需要的大量元素即氮、钾、磷、镁、硫、钙、铁等和微量元素锰、硼、锌、铜、钼等。在适宜原则下元素齐全、配方组合,选用无机肥料用量宜低不宜高。肥料在水中有良好溶解性,并易为植物吸收利用。

2. 营养液对水的要求

(1)水源　自来水、井水、河水和雨水,是配制营养液的主要水源。水源清洁,不含杂质。

(2)水质　用作营养液的水,硬度不能太高,一般以不超过10度为宜,必要时进行软化处理。

(3)其他　pH值6.5～8.5,氯化钠(NaCl)含量小于2毫摩尔/升,溶氧在使用前应接近饱和。

在制备营养液的许多盐类中,以硝酸钙最易和其他化合物起化合作用,如硝酸钙和硫酸盐混合时易产生硫酸钙沉淀,硝酸钙与磷酸盐混合易产生磷酸钙沉淀。

3. 营养液的配制　营养液内各种元素的种类、浓度因植物、生长期、季节以及气候和环境条件不同而异。营养液配制的总原则是避免难溶性沉淀物质的产生。生产上配制营养液一般分为浓缩贮备液(母液)和工作营养液(直接应用的栽培营养液)两种。一般将营养液的浓缩贮备液分成A、B两种母液,A母液以钙盐为中心,凡不与钙作用而产生沉淀的盐都可溶在一起,B母液以磷酸盐为中心,凡不会与磷酸根形成沉淀的盐都可溶在一起。以日本的配方为例,A母液包括$Ca(NO_3)_2$和KNO_3,B母液包括$(NH_4)_2H_2PO_4$和$MgSO_4$、EDTA - Fe和各种微量元素。浓缩100～200倍。

4. 营养液pH值的调整 当营养液的pH值偏高或是偏低,与栽培花卉要求不相符时,应进行调整校正。当pH值偏高时加酸,偏低时加氢氧化钠。多数情况为pH值偏高,可加入硫酸、磷酸、硝酸等。

在大面积生产时,除了A、B两个浓缩贮液罐外,为了调整营养液pH值范围,还要有一个专门盛酸的溶液罐,酸液罐一般是稀释到10%的浓度,在自动循环营养液栽培中,与营养液的A、B罐均用pH仪和EC仪自动控制。当栽培槽中的营养液浓度下降到标准浓度以下时,浓液罐会自动将营养液注入营养液槽。此外,当营养液pH值超过标准时,酸液罐也会自动向营养液槽中注入酸,在非循环系统中,也需要这三个罐,从中取出一定数量的母液,按比例进行稀释后灌溉植物。

第四节 花卉的花期调控

花期控制即采用人为措施,使观赏植物提前或延后开花的技术,又称催延花期。古代多通过温度的升降来改变花期,特别是对冬季休眠的植物更是如此。20世纪30年代后,有人根据植物对光周期长短的不同反应,延长或缩短光周期处理,从而提前或推迟花期。50年代起,生长调节物质被应用到花期控制上。到70年代,花期控制技术应用范围更加广泛,方法也层出不穷。如今花期调控已是许多花卉周年生产的常规技术。

一、开花调节的意义

使花期比自然花期提前的栽培方式称为促成栽培，使花期比自然花期延后的方式称为抑制栽培。如每到国庆节各大城市总展出百余种不时之花，集春、夏、秋、冬各花开放于一时，一年中的各种节日都需各种应时花卉。目前，月季花、香石竹、菊花等重要切花种类，采用促成与抑制栽培已完全能够周年供花。同时人工调节花期，可缩短生产周期，准时供花还可获取有利的市场价格。

二、确定开花调节技术的依据

开花调节，尤其是准确预定花期是一项复杂的技术。选定适宜的技术途径及正确的技术措施，不仅需对栽培对象生长发育的特性有透彻的了解，对栽培地的自然环境及所要控制的环境有充分的估计，还需掌握市场需求信息，具有成本核算等经济概念。

（一）根据生长发育特性采取相应措施

充分了解栽培对象生长发育特性，如营养生长、成花诱导、花芽分化、花芽发育的进程和所需要的环境条件，休眠与解除休眠的特性与要求的条件。如需要光周期诱导的花卉应采用人工长日照处理；对温度诱导成花的种类和花芽分化有临界温度要求的种类，需采用温度处理；对具有休眠特性的种类，可采用人工打破休眠或延长休眠的技术。

（二）配合使用各种措施

一种措施或多种措施的配合使用能达到定期开花的目的。一些花卉在适宜的生长季内只需调节种植期，即可起到调节花期的作用，如凤仙花、万寿菊、百日草、孔雀草等，于3～4月分期播种，则可在6～10月陆续开花。而菊花周年供花需要调节扦插时期、摘心时期，采用长日照抑制成花，促进营养生长，应用短日照诱导孕育花、花芽分化等多项措施方可达到目的。

(三)了解各种环境因子的作用

在控制环境调节开花时,需了解各环境因子对栽培花卉起作用的有效范围及最适范围,了解各环境因子之间的相互关系,以便在必要时相互弥补。如低温可以部分代替短日照作用,高温可部分代替长日照作用,强光也可部分代替长日照作用。

(四)了解设施设备性能

控制环境实现开花调节需要加光、遮光、加温、降温及冷藏等特殊设施。在实施栽培前需先了解或测试设施、设备的性能是否与栽培花卉的要求相符合,否则可能达不到目的。如冬季在日光温室促成栽培唐菖蒲,若温室缺乏加温条件,光照过弱,往往出现“盲花”、花枝产量降低或每穗花朵过少等现象。

(五)利用自然环境条件

应尽量利用自然季节的环境条件以节约能源及降低成本。如促成木本花卉开花,可以部分或全部利用户外低温以满足花芽解除休眠对低温的需求。

(六)制定开花调节计划

人工调节开花,根据需求确定花期,然后按既定目标制定促成或抑制栽培计划及措施程序,并需随时检验。根据实际进程调整措施,在控制发育进程的时间上要留有余地,以防意外。

(七)选择适宜品种

人工调节开花应根据开花时期选用适宜的品种。例如,促成栽培宜选用自身花期早的品种,晚花促成栽培或抑制栽培宜选用晚花品种,可以简化栽培措施。又如,香豌豆是量性长日花卉,冬季生产可用对光周期不敏感的品种,夏季生产可用长日性的品种。

(八)配合常规管理

不管是促成栽培还是抑制栽培,都需与土、肥、水、气及病虫害防治等常规管理相配合。

三、开花调节的技术途径

植物生长发育的节奏是对原产地气候及生态环境长期适应的结果。开花调节的技术途径也是遵循其自然规律加以人工控制与调节，达到加速或延缓其生长发育的目的。实现促成栽培与抑制栽培的途径主要是控制温度、光照等生长发育的气候环境因子，调节土壤水分、养分等栽培环境条件，对植物实施外科手术，外施生长调节剂等化学药剂。

(一)一般园艺措施

一般园艺外科措施如修剪、摘心、摘蕾等，对花期的促进与抑制可起重要作用。这类技术措施需要与所控制的环境因子相配合才能达到预期目的。土壤水分及营养管理对开花调节的作用范围较小，可作为开花调节的辅助措施。

1. 调节种植期　不需要特殊环境诱导，在适宜的生长条件下只要生长到一定大小即可开花的种类，可以通过改变播种期调节开花期。例如，翠雀的矮性品种于春季露地播种，6～7 月开花；7 月播种，9～10 月开花。于温室 2～3 月播种，则 5～6 月开花；8 月播种的幼苗在冷床内越冬，则可延迟到翌年 5 月开花。又如，一串红的生育期较长，春季晚霜后播种，可于 9～10 月开花，2～3 月在温室育苗，可于 8～9 月开花；8 月播种，入冬后假植、上盆，可于翌年 4～5 月开花。

二年生花卉需在低温下形成花芽和开花。在温度适宜的季节或冬季在温室保护下，也可调节播种期在不同时期开花。金盏菊在低温下播种 30～40 天开花。自 7～9 月陆续播种，可于 12 月至翌年 5 月先后开花。紫罗兰 12 月播种，翌年 5 月开花；2～5 月播种，则 6～8 月开花；7 月播种，则翌年 2～3 月开花。

2. 采用修剪、摘心、除芽等措施　月季花、茉莉、香石竹、倒挂金钟、一串红等花卉，在适宜条件下一年中可多次开花，通过修剪、摘心等技术措施可以预定花期。月季花从修剪至开花的时间，夏季 40～45 天，冬季 50～55 天。9 月下旬修剪可于 11 月中旬开花，10 月中旬修剪可于 12 月开花，不同植株分期修剪可使花期相接。一串红修剪后发生新枝，约经 20 天开花，4 月 5 日修剪的可于 5 月 1 日开花，9 月 5 日修剪的可于国庆节开花。荷兰菊在短日照期间摘心后新枝经 20 天开花，在一定季节内定期修剪也可定期开花。茉莉开花后加强追肥，并进行摘心，一年可开花 4 次。倒挂金钟 6 月中旬进行摘叶，则花期可延至翌年 6 月。榆叶梅 9 月上旬摘除叶片，则 9 月底至 10 月上旬可以促使二次开花。在生长后期摘除部分老叶，也可改变花期，延长开花时间。

3. 肥水管理调节开花 通常氮肥和水分充足可促进营养生长而延迟开花，增施磷、钾肥有助于抑制营养生长而促进花芽分化。菊花在营养生长后期追施磷、钾肥可提早开花约一周。

高山积雪、仙客来等花期长的花卉，于开花末期增施氮肥，可延缓衰老和延长植物花期，在植株进行一定营养生长之后，增施磷、钾肥，有促进开花的作用。

能连续发生花蕾、总体花期较长的花卉，在开花后期增施营养可延长总花期。如仙客来在开花近末期增施氮，可延长花期约一个月。

干旱的夏季，充分灌水有利于生长发育，促进开花。如在干旱条件下，在唐菖蒲抽穗期充分灌水，可提早开花约一周。木兰、丁香等木本花卉，可人为控制水分和养分，使植株落叶休眠，再于适当的时候给予水分和肥料供应，可解除休眠，促使发芽生长和开花。

(二)温度处理

温度处理调节开花主要是通过温度质的作用调节休眠期、成花诱导与花芽形成期、花茎伸长期等主要进程而实现对花期的控制。温度对花卉的开花调节也有量性作用。如在适宜温度下植株生长发育快，而在非最适条件下进程缓慢，从而调节开花进程。大部分越冬休眠的多年生草本和木本花卉以及越冬期呈相对静止状态的球根花卉，都可采用温度处理。大部分盛夏处于休眠、半休眠状态的花卉，生长发育缓慢，防暑降温可提前度过休眠期，使这些不耐高温的花卉在夏季开花不断。

1. 越冬休眠的球根花卉　唐菖蒲秋季起球时叶片枯干，已进入休眠。通常是在越冬贮藏中经低温解除休眠后于4月种植，6～7月间开花。促成栽培时，起球后置5℃中经5周可打破休眠，于10～11月在温室中栽培，可于翌年1～4月开花。抑制栽培可于4月气温上升前，将球茎贮藏于2℃～4℃中，可延迟到5～8月种植，于9～11月开花，栽培温度需在10℃以上。光强不足的地区应加光或延长日照时间。

麝香百合秋季叶枯后进入休眠，越冬解除休眠后于初夏开花，打破休眠需10℃～12℃低温。当芽伸长到已形成5片叶以上叶原基时，在2℃～9℃条件中完成春化诱导并分化花芽，而后再在20℃～25℃高温中形成花序并开花。促成栽培需先将鳞茎冷藏，起打破休眠与春化诱导双重作用。经冷藏的鳞茎可分期种植分期开花。春化温度高低也具调节花期作用，9℃中比在2℃下发育速度要快，但形成花的数量少。另外，麝香百合为长日性花卉，春化要求的低温可以由长日照全部或部分代替。

百子莲越冬休眠要求低温，花芽形成要求在10℃～15℃低温中经50～60天，此后在高温中迅速开花。如将鳞茎冷藏在10℃左右低温中，则可延迟种植期来延迟开花。

铃兰以地下茎上的芽越冬休眠，春季萌发，初夏开花。将休眠的地下茎在10月初用－2℃低温处理4周可打破休眠，在温室中升温栽培可于12月开花。如用2℃冷藏，打破休眠更快，还可提前开花。延长低温冷藏期，一年中任何时期均可栽种开花。

2. 越夏休眠的球根花卉　越夏休眠球根花卉，在夏季高温期休眠，在高温或中温条件中形成花芽，秋季凉温中萌芽，越冬低温期内进入相对静止状态并完成花茎伸长的诱导，而后在温度上升的春季开花。调节开花的方法主要是控制夏季休眠后转入凉温的迟早以及低温期冷藏持续时间的长短。

郁金香为夏季休眠的秋植鳞茎花卉。促成栽培时选用早花品种，提前起球，夏季休眠期提供20℃～25℃适温，使鳞茎顺利分化叶原基与花原基，一旦花芽形成，可采用5℃～9℃人工冷藏以满足发根及花茎伸长的低温要求。当芽开始伸长后逐渐升温，13℃～20℃进行促成栽培，可提前于12月至翌年1月开花。当花芽形成后冷藏延迟发根时期，或在满足花芽伸长准备要求的低温之后，降温冷藏于2℃中，延迟升温，可推迟至翌年3～4月或更晚开花。

风信子的生育习性与郁金香相似，其夏季休眠期花芽分化要求的温度较高虽然在35℃分化最快，但通常将鳞茎先置20℃中2周，然后在25.5℃经3周，以后在20℃～23℃中贮藏使其达到花序形成期。风信子发根和花茎伸长要求的温度为9℃～13℃，促成栽培开花温度为22℃左右；调节花期措施与郁金香相同。

喇叭水仙为夏季休眠、秋植、春花鳞茎花卉。在叶枯前5月间已经开始分化花芽，6～7月叶枯时花芽分化已达到副冠形成期。起球后将鳞茎冷藏于5℃～11℃中经12～15周，使其完成花茎伸长的低温诱导。当芽伸长至4～6厘米时，升温至18℃～20℃，可在年底开花。选早花品种提前收球，起球后用30℃～32℃高温处理3周，可促进花芽形成，再冷藏、升温栽培，可将其花期提前至10～11月。

3. 越冬休眠的宿根花卉　六出花在适宜温度下可不断发生新芽，花芽形成需经5℃～13℃低温诱导，在5℃中需4～6周。春化后如遇15℃～17℃以上高温可解除春化。夏季栽培需采用地下冷水循环，保持地温15℃可以连续开花。

芍药通常利用自然低温进行低温处理，12 月以后进入温室，翌年 2 月以后开花。也可以在 9 月上旬进行 0℃～2℃的低温处理，早花品种 25～30 天，晚花品种 40～50 天，然后在 15℃的温度下处理 60～70 天即可开花。

4. 越冬休眠的木本花卉　在越冬期间解除了休眠的芽于春季萌发生长和开花。促成栽培可人工低温打破休眠，再经升温促成开花，但升温必须逐步提高，循序渐进，否则会只开花不长叶，或出现畸形。低温时间过短即休眠不足会出现开花不整齐，或出现花与叶同时长出的现象。在休眠期即将结束时，继续给以低温，强迫其继续休眠，可以达到推迟花期的目的。

杂种连翘在自然条件下 10 月以前已完成花芽分化，此后进入休眠，早春 3 月开花。自 10 月起于 0.5℃中经 3～4 周或 5℃中经稍长时间，人工打破休眠，然后在温室栽培，可于 12 月至翌年 1 月开花或 2～3 月开花。春季萌芽前将自然条件下生长的植株移至 0℃左右冷藏，可以延长休眠期 4～5 个月，即可推迟开花。

八仙花是在越冬芽萌发的新生枝上形成花芽，也可控制休眠，调节花期。打破休眠温度为 4℃～10℃持续 6～8 周，温度高则需时间较长。促成栽培适温 15℃～20℃，温度高时花芽形成延迟。

梅花、桃花、樱花等在休眠期花芽分化基本完成后，给 20℃以上高温打破休眠，可提前开花。

5. 草花　紫罗兰花芽分化或春化处理有一个温度界限，只有白天温度低于 15.6℃时才能开花，当温度高于 15.6℃时，植株生长受抑制且叶片发生形态变化。紫罗兰在促控栽培时应注意其大苗移植不易恢复生长，以 2～5 片真叶时定植较为适宜。低温处理以 10 枚真叶时较好。

报春花在 10℃低温下，不管日照长短均可进行花芽分化。若同时进行短日照处理，花芽分化则更加充分，花芽分化后保持 15℃左右的温度并进行长日照处理，则可促进花芽发育，提早开花。

瓜叶菊现蕾后转入室温 20℃～25℃下培养，促其提前开花，若要延缓开花，在含苞或初开时，将温度降至 4℃～8℃即可。

金鱼草常于夏末播种，秋凉后移入温室，白天将温度保持在 20℃～25℃，夜间将温度保持在 10℃以上，可元旦开花。但是对于长日照品种应注意冬季加光。

(三)光照处理

光照与温度一样对开花调节既有质的作用，也有量的作用。光周期通过对成花诱导、花芽分化、休眠等过程的调控起到质的作用；光照强度则通过调节植株生长发育影响花期，起到量的作用。

1. 光周期处理时期的计算　光周期处理开始的时期依植物临界日长小时数及所在地的地理位置而定。如在北纬 40°，10 月初至 3 月初的自然日长为 12 小时，对临界日长为 12 小时的长日植物自 10 月初至 3 月初是需要进行长日处理的大致时期。不同纬度地区一年中日长小时数各异。

植物光周期处理中计算日长小时数的方法与自然日长有所不同。每天日长的小时数应从日出前 20 分钟至日落后 20 分钟计算。如北京 3 月 9 日日出至日落的自然日长为 11 小时 20 分钟，加日出前和日落后各 20 分钟，共为 12 小时，即做光周期处理时，北京 3 月 9 日的日长应为 12 小时。

2. 长日处理　长日处理的方法有多种，如彻夜照明法、延长明期法、暗中断法、间隙照明法、交互照明法等。目前生产上应用较多的是暗中断法和延长明期法。

照明光源主要有白炽灯、荧光灯、高压汞灯、金属卤化物灯、高压钠灯等，不同植物适用的光源有所差异。日本学者小西等提出菊花等短日植物多用白炽灯，锥花丝石竹等长日植物则多用荧光灯。也有人提出，短日植物叶子花在荧光灯和白炽灯组合的照明下发育更快。植物接受的光照度与光源安置方式有关。生产上常用的方式是 100 瓦白炽灯相距 1.8～2 米，距植株高度为 1～1.2 米。

3. 短日处理　在日出之后至日落之前利用黑色遮光物，如黑布、黑色塑料膜等对植物进行遮光处理，使日长短于该植物要求的临界小时数的方法称为短日处理。短日处理以春季及早夏为宜，夏季做短日处理，在覆盖物下易出现高温危害或降低产花品质。

遮光程度应保持低于各类植物的临界光照度，一般不高于 22 勒克斯，某些花卉还有特定的要求，如一品红不能高于 10 勒克斯，菊花应低于 7 勒克斯。另外，植株已展开的叶片中，上部叶片比下部叶片对光照敏感。

每日遮光时间需根据不同植物的临界日长，使暗期长于临界夜长小时数。如一品红的临界日长为 13 小时，经 30 天以上短日处理可诱导开花，对其做短日处理时日长不宜少于 8 小时。

短日植物做短日处理时，临界日长受温度影响而改变，温度高时临界日长小时数相应减少。

4. 光暗颠倒处理　即白天遮光夜间加光，可以使只在夜间开花的花卉种类在白天开花。如昙花，当其花蕾长到 6～8 厘米时，白天进行完全遮光，夜间给以 100 瓦/米^2 的光照，4～6 天即可在白天开花，并且可以延长开花期 2～3 天。

5. 几种花卉的光周期处理　倒挂金钟的多数品种为质性长日花卉，临界日长 12～13 小时，最适诱导温度为 25℃。意大利风铃草为质性长日花卉，在 18℃中临界日长 14～15 小时，温度降低时临界日长小时数增加。花芽发育也需长日条件，自长日开始到开花需 60～70 天，调节光周期可全年开花。旱金莲属于量性长日花卉，在 17℃～18℃中可在长日条件下开花，当温度降至 13℃时开花与日长无关，因此冬季在温室也能开花。矮牵牛在长日条件下比在短日条件下开花约早 2 周。香豌豆夏季开花品种的长日性更明显，冬季开花品种长日性较弱。发芽的种子用低温处理可促进开花。翠菊夏花品种在长日条件下花芽形成较快，短日条件下则较慢。在高温中长日与短日条件均能开花，但短日能促进开花，长日能促进植株生长健壮。光照度高可改善开花的品质。金鱼草量性长日的特性强弱因品种而异。长日性弱的品种即使在短日下也能开花，适于冬季温室栽培；长日性明显的品种在短日条件下植株高，开花迟，故多作夏季栽培。长寿花属于质性短日花卉，多数品种的临界日长为11.5～12.5小时，短日诱导需持续3～4天或15～20天。多数品种花芽形成要求20℃～25℃或稍低，其花芽发育与日长无关，控制日长与温度可以周年开花。香堇在短日和低温下形成花芽，并在短日条件下开放，在长日条件下则不能成花。一品红是典型的短日照植物，10月下旬开始花芽分化，12月下旬开始开花，通过调节光照时间的长短，就可达到控制花期的目的。如要使其在国庆开花，则可从8月上旬开始，短日照处理约40天，即可在9月下旬显出美丽的红色苞片。若要在新年开花，则不必遮光，10月以后移入温室栽培，则苞片自然变红。要延迟花期时，可通过人工加光。蟹爪兰通常在春节前后开花，在8月中旬光照时间控制在8～9小时，连续45天，花期可提前至10月1日左右。

另有一类植物对日长条件的要求随温度不同而有很大变化。如万寿菊在高温条件下短日开花，但温度降低时（12℃～13℃）只能在长日条件下开花。报春花在低温条件下，长日和短日都能诱导成花，当温度增高则仅在短日中诱导成花，花芽发育则在高温长日中都能得到促进，叶子花在高温和短日中诱导成花，而15℃中温则长日与短日均能诱导成花。

第七章　食用菌科学种植

食用菌是典型的劳动密集型产业，我国在自然优势、劳动力资源和技术力量上，比较优势都很明显，是加入世界贸易组织(WTO)后我国农业参与国际竞争的优势产业。近年来，我国大城市郊区的食用菌产业有了长足的发展，已成为重要的富民项目和现代农业新的经济增长点。

据中国食用菌协会统计，2003 年全国食用菌总产量已达到 1 038万吨，占世界食用菌总产量的 70％左右，创年度总产值 438 亿元。

生产品种已由原来的以平菇、香菇为主的状况，发展到目前的平菇、香菇、金针菇、双孢菇、草菇、白灵菇、杏鲍菇、茶树菇、木耳菌、鸡腿菇、姬菇、灰树花、姬松茸、猴头菌、灵芝等多品种发展的格局。

为适应食用菌国内外市场的需要，北京市、上海市、广州市目前已建立百余家食用菌有限公司，城郊食用菌行业向产业化方向发展。如北京金信食用菌有限公司生产经营的“白灵牌”白灵菇、上海浦东孙桥天厨菇业的白色金针菇等。如北京洪景兰农业技术推广有限公司(房山)，吸收台湾资金，投资 4 000 万元重点生产长寿牌纯白金针菇，出口香港、东南亚等地。

北京、上海等地基本实现了食用菌良种化，栽培技术有了明显提高，食用菌总体生物学效率达到 90％～150％。

第一节　我国食用菌资源与分类

食用菌是人类的重要食物资源和药物资源。人类对菇菌的利用,经历了野外采集和人工栽培两个发展阶段。当今世界各地已经广泛进行人工栽培或区域性栽培,以及许多正在驯化试种的种类,主要是食用菌,其次是药用菌。

据统计,全世界有记录的子囊菌约12 120种,担子菌约13 430种。能形成大型子实体的菇菌约10 000种,绝大部分是担子菌,一小部分为子囊菌。子囊菌的子实体又称子囊果,包括各种盘菌、羊肚菌、马鞍菌、鹿花菌、块菌和虫草菌等;担子菌的子实体又称担子果,包括各种伞菌、牛肝菌、齿菌、珊瑚菌、马勃、鬼笔、地星和鸟巢菌等。这些被称为菇菌的大型真菌约10 000种,其中有食用价值的有2 000种,有400～600种为较常见的种类。在庞大的食用菌家族中,目前能大面积人工栽培的只有50余种。

自20世纪20年代以来,我国科学家按照现代科学方法研究真菌,在戴芳澜《中国真菌总汇》(1979)中,有记录的已有7 000种。1978年以后,相继进行多次全国性或区域性真菌资源考察,我国已知发表真菌在10 000种以上,其中大型真菌约2 030种。在卯晓岚《中国经济真菌》(1998)中,所记录81科、284属、1 341种经济真菌,绝大部分都是大型真菌。按照经济价值来划分:其中食用菌53科、161属、876种,已人工栽培或进行发酵培养的有91种;药用菌24科、85属、451种,包括传统天然药物和近年新发现有药用价值的种,其中有302种具抗肿瘤活性;毒蕈26科、57属、298种,某些毒素成分在现代医学、生物化学、分子生物学和生物防治等方面有其特殊用途和研究价值;木材腐朽菌24科、50属、266种,其纤维素酶在轻工、食品等行业有重要用途。我国已知与树木等高等植物形成外生菌根的菌根菌有642种。

目前,从栽培上可以将食药用真菌的种类分5类:

①木腐型食用菌:包括香菇、平菇、金针菇、黑木耳等。

②草腐型食用菌:双孢菇、草菇、鸡腿菇、竹荪等。

③珍稀食用菌:主要指近些年人工驯化的高级菇类,如白灵

菇、杏孢菇、茶树菇、灰树花、大球盖菇、姬松茸等。

④药用菌：灵芝、猪苓、茯苓、猴头菇、蛹虫草、银耳、蜜环菌、冬虫夏草等。

⑤野生菌类：羊肚菌、美味牛肝菌等尚未人工驯化的菇种，多数是菌根性食用菌。

第二节 食用菌科学栽培技术

一、设施食用菌栽培技术

（一）设施类型

我国在食用菌栽培历史较长的地方，多构筑永久性的砖瓦菇房；在栽培历史较短和利用冬闲田种植食用菌的地方，多采用塑料膜和草帘构筑临时性菇房。在我国的北方，菇房构筑材料必须具有良好的保温性能，克服该地区昼夜温差大的气候特点。

1. 蘑菇房的构筑 目前，我国的蘑菇栽培房，根据建筑材料的不同主要有砖瓦菇房、干打垒菇房、塑料菇房等。在南方每座蘑菇房的栽培面积200米^{2}左右。在北方可采用具有温控功能的砖瓦菇房、干打垒菇房、塑料菇房、半地下室、地下室菇房，利用自然气温栽培的菇房也应有夏季降温和冬季保温的辅助设施。夏季利用草帘遮荫、地下水降温是一项好措施，冬季保温靠菇房良好的结构和人为加温，菇房的保温与通气必须同时具备。

2. 层架构筑 在菇房内用竹、木材料构筑层架式菇床，菇床沿菇房的宽度方向顺序架设，每床宽度1～1.5米，两端留有通道，层架设置5～6层，层高55厘米，底层离地面20厘米，顶层离房顶1米，整体菌床要求牢固、安全。与每一层菌床相对应的南北面的菇房墙上各开有25厘米×30厘米的可调节通气量的通气窗。

(二)品种与栽培季节

选择适宜的季节栽培不同菇类,如在低温结实性菌类中也有很多耐高温的品种,如耐高温的平菇、香菇等。在中高温结实性菌类中也有相对耐低温的品种,如有耐低温的草菇,所以除了充分利用季节性自然温度,合理安排生产外,还可以通过品种的温型差异合理安排生产,使食用菌产品在不同的季节都有上市。

1. 低温季节可以生产的菌类 如平菇、香菇、金针菇、双孢蘑菇、秀珍菇等。

(1)平菇 是我国品种资源最为丰富的一种,其菌丝体生长温度为2℃～33℃,适宜温度24℃～27℃,依子实体对温度的要求可分为低温、中温和高温3个品系,在温度较低的季节种植中低温品种。

(2)香菇 属低温、变温结实性菌类,按子实体对温度的要求也可分为低温、中温和高温3个品系,我国香菇栽培历史悠久,优良品种很多,适于较低温度的菌种有很多可以选择。

(3)金针菇 菌丝在3℃～33℃均可生长,最适温度23℃,子实体形成所需温度5℃～20℃,原基形成最适温度12℃～15℃,子实体发育最适温8℃～12℃,金针菇是典型的低温型菌类。

(4)双孢蘑菇 菌丝在5℃～33℃内均可生长,最适温度22℃～25℃,子实体生长温度4℃～23℃,最适温度16℃左右,高于18℃、低于15℃子实体发育都会受到影响,自然条件下播种发菌在9月开始,生产季节在10～12月。12月以后气温下降,如果管理得好,仍能出菇。

(5)秀珍菇 秀珍菇虽然与平菇同为侧耳属,自然状态下长相也极为相似,但秀珍菇具有非常好的食用品质。秀珍菇菌丝阶段适宜温度为25℃,低至8℃仍可缓慢生长,上限温度不超过32℃。据此,春秋季可自然发菌,低温时可堆积发菌,温度正常发菌时间为30～40天,菌丝发到底过7～10天可进入出菇管理。自然出菇温度为 15℃～28℃，春秋季可以自然出菇。

(6)茶树菇 属中温型菌类，菌丝生长适温 20℃～27℃，低于 14℃和高于 33℃时菌丝生长受到影响；子实体生长最适温 16℃～24℃，低于 15℃不易出菇，高于 28℃子实体菌盖薄而色淡。因此，茶树菇常规栽培在春、秋两个季节。

2. 高温季节可以生产的菌类 主要有草菇、灵芝、高温平菇、高温越夏香菇、毛木耳、鸡腿菇、高温蘑菇、姬松茸、鲍鱼菇等品种。

(1)草菇 是各地目前普遍栽培的一个高温品种，也是在食用菌生产中要求温度最高、生长周期最短的品种。其菌丝体生长温度为 15℃～35℃，最适为 30℃～35℃；子实体生长温度为 26℃～34℃，最适为 28℃～30℃。从堆料到出菇结束需 1 个多月，北方在 6 月初至 9 月初均可栽培，100 千克草料出菇 30 千克以上。栽培原料可用麦秸、稻草、玉米秸、玉米芯、棉籽壳、废棉、花生壳及种完食用菌的菌糠料等。

(2)高温平菇 平菇是各地的主要栽培菌种，品种很多、一部分耐高温品种高温季节在合适的设施中可以正常出菇，目前推广的高温平菇主要有高温夏王、高平 1 号、江都 71、高温 1 号、广平等品种，但在生产时应注意防病、防虫。

(3)鸡腿菇 是一种中高温型的品种，管理比较粗放，原料来源广泛。出菇温度为 10℃～34℃，有些品种较耐高温，在 25℃以上的温度下仍能正常出菇。

(4)高温双孢菇 主要指大肥菇和四孢蘑菇。与双孢蘑菇相比，抗性强，耐高温。菌丝体在 15℃～34℃，子实体在 14℃～30℃正常生长，栽培原料和工艺与双孢蘑菇相似。目前常用的品种是新登 96。

(5)姬松茸 是一种中高温型菇类，在山东省聊城一带已成为规模栽培的珍稀菇类。其菌丝体生长温度为 13℃～37℃，最适温度为 22℃～26℃；子实体生长范围为 16℃～30℃，适宜为 20℃～

25℃。栽培原料和工艺与高温双孢菇相似。

(6)高温越夏香菇　利用耐高温的香菇品种,在冬春低温季节制好菌棒,在夏季林间或荫蔽性好的场所(如山洞、大棚)出菇。这种方法在北方一些地方采用。生产上应选择菌龄在35～45天、菌丝洁白、生长健壮的中温型菌株939、9015及中高温型菌株L26、武香1号等较合适。

(7)灵芝　是一种较耐高温的药用及观赏菌类,其菌丝生长温度为22℃～32℃,子实体生长发育温度为18℃～35℃。有红芝、紫芝、黑芝、白芝等不同的变种。北方省份在4～10月份都能栽培。栽培原料可用玉米芯、棉籽壳、杂木屑等。

(8)毛木耳　菌丝适宜的生长温度为22℃～28℃,子实体生长温度为15℃～32℃。

例如,白灵菇栽培季节主要应根据出菇的温度要求来确定。白灵菇适宜的出菇温度大体在12℃～15℃。北方温室菇房多数可安排在10月至翌年3月这段时间集中出菇。这样试管母种转接可在5月份,原种制作和培养在6月份,栽培种制作和培养在7月份,出菇用的生产袋制作和培养在8～9月份。各地区可根据当地气候状况,菇房温度变化和栽培规模大小做相应的调整。如安排得当,同一温室菇房可安排种植两茬菇,第一茬安排在11月至翌年1月出菇,第二茬安排在翌年2～3月份出菇。如使用冷库菇房,主要安排在3～10月份。

(三)代表性食用菌栽培技术

1. 木腐型食用菌　包括香菇、木耳、金针菇、侧耳等,这类食用菌在生产过程中要进行菌袋的培养,培养菌丝健壮的菌袋是其成功的基础。下面以香菇为例说明这类菇的生产管理特点。

香菇菌丝生长的温度为5℃～32℃,最适温度为24℃～27℃。香菇属低温、变温结实菌类。5℃～24℃,温差刺激。按子实体分化和发育对温度的不同要求,把香菇品种分为三个品系。即高温品系(15℃～25℃),要求温差在3℃以上。中温品系(10℃～20℃),温差5℃～10℃。低温品系(5℃～15℃),温差在5℃以上。袋料栽培基质含水量以58%～65%为宜,菌丝生长时,料内的含水量是栽培香菇的关键技术之一。子实体形成时环境湿度的控制至关重要。

香菇为好氧性真菌,菌丝生长喜阴暗环境,强光对菌丝生长有抑制作用,易使菌丝过早成熟,表面产生褐色菌皮,生长缓慢或停止。子实体分化和发育需一定的光照。完全黑暗环境下不能产生子实体。菌丝喜偏酸性环境中生长,pH值以5.0～5.5最合适。

目前,用塑料袋进行代用料生产香菇,从接种到出菇只需3～4个月时间,全部生产周期10～11个月。主要技术环节有:

品种选择—季节安排—培养料配制—装袋灭菌—打穴播种—培养发菌—开口通风—脱袋排放—菌袋转色—变温催菇—出菇管理—采收

生产管理要点:

(1)合理安排生产季节　依据气候条件、市场需求、品种产量综合考虑。北方地区秋季栽培多选用中低温品种。如京香1号、L241-4等。菌种的制作在播种前2～3个月准备。春茬从头年12月到当年4月底都可接种。秋茬在日平均气温25℃以下,9月上旬接种,10月发菌,在晚秋、初冬至春季冷凉季节出菇。

(2)准备原料、场地、生产设备　主料为木屑、棉籽皮,甘蔗渣、玉米芯、豆秸粉等。辅料为麸皮或米糠、石膏或碳酸钙等。生产场地准备拌料场、常压灭菌灶、接种室、培养室、菇场或菇棚、生产设备上要有原料加工设备,拌料装袋设备,灭菌设备,接种设备等。适宜的常用配方有:

①杂木屑79%、麸皮15%、玉米粉3%、石膏1.5%、糖1%、过磷酸钙0.3%、尿素0.2%、pH值5～5.5。

②杂木屑78%、麸皮8.8%、石膏2%、糖1%、磷酸二氢钾

0.1%、硫酸镁 0.1%、pH 值 5～5.5。拌料终了的培养基含水量为 55%～60%。

(3)检验菌种与接种　选择菌丝发透后 5～10 天的三级种。仔细检查是否有青霉、黄曲霉。菌种在使用前在 0.2%高锰酸钾溶液中浸泡 10 分钟，进行表面消毒。在接种室(罩)每米^3 用“气雾消毒盒”5 克点燃熏蒸 2～3 小时。

(4)发菌期管理　主要任务：调节发菌温度，合理通风换气，防止杂菌污染。

在菌丝定植期菌袋堆叠方式及层数依室温而定。温度低于 23℃时，菌袋呈井字形堆放每层 4 袋，堆高 8～10 层；室温为 25℃左右时菌袋呈交错井字形，每层 2 袋，堆高 4 层。堆垛之后，5 天内不宜移动菌袋，室温控制在 25℃～26℃，每天通风 1～2 次，每次 20 分钟，温度超过 28℃时，应增加夜间通风。香菇菌丝从定植至长满袋的过程约需 50 天。黑暗或弱光环境，翻堆 3 次。接种后 60～70 天，当菌袋充分发育成熟，即种穴四周出现不规则泡状隆起，并产生褐色色斑时，划破袋壁，取出菌棒，立放在栅状横竹上，与畦面呈 60°～80°，菌棒间隔为 3～4 厘米。有些菇农在发生泡状隆起时用齿钉耙拍打菌棒，促使转色后再脱袋。

(5)转色管理　最适转色温度 19℃～23℃。脱袋 5 天后待菌棒表面长出一层白色绒毛状菌膜。增加掀膜次数，通风降温降湿，促使绒毛状菌丝倒伏，形成菌膜。倒伏后每天通风 2～3 次，每次 30 分钟，以增加氧气、光照和干湿度刺激。连续 1 周即变温出菇。转色后及时加大温差至 10℃左右，连续 3～4 天，便形成原基。在降温、变温、增湿、通风条件下会不断形成菇蕾。

(6)出菇管理　脱袋后经过 15～20 天，菌棒完全转色，进入出菇期，出菇期管理的要点是保温控湿，拉大温差和湿差，注意通风透光。

2. 草腐型食用菌　主要有双孢菇、草菇、鸡腿菇、竹荪，在生产过程中采用立体层架种植，栽培料需要进行一次发酵、二次发酵等。下面以双孢菇和草菇为例说明生产管理过程。

双孢菇菌丝生长的温度为5℃～33℃。最适温度为22℃～25℃，此时菌丝生长较快、粗壮、浓密、生活力强。高于25℃，菌丝生长纤细无力。蘑菇子实体生育的温度为4℃～23℃，最适温度为16℃左右。高于18℃，子实体生长速度快，菇柄细长，肉质疏松，品质低劣，并易开伞；低于15℃，子实体生长速度慢，菇大肥厚，组织致密，单菇较重，但产量较低。蘑菇吸收的水分，主要来自培养料及覆土。菌丝生长阶段，培养料的含水量应保持在60%左右，如低于50%，子实体难以形成，高于70%会引起通气不良。环境的空气相对湿度在蘑菇生长过程中起着重要作用。菌丝生长阶段空气相对湿度应保持在70%左右，出菇阶段以85%～90%为宜。蘑菇菌丝体和子实体的呼吸作用要不断吸收氧气，呼出二氧化碳，菇房需要经常通风换气。蘑菇菌丝在pH值5.0～8.0都可生长，最适pH值为7左右，在播种时培养料的pH值应在7.5左右。蘑菇不需要光照。

目前在国内主要是进行层架立体生产，从接种至出菇需1个多月。生产管理要点如下。

(1)*菇房设置及消毒*　双孢菇生产一般采用立体层架，菇房设置原则是：注意菇房的空间比，即菇房内空气流通的空间与菇床面积之比，应为5∶1。单间菇房栽培面积50～200米^2，密闭性好，通气性好，床架消毒。

(2)*培养料制备*　培养料要疏松、富有弹性、保水。pH值为7～7.5，含有60%～65%的水分，有大量有益微生物，如放线菌、嗜热纤维分解菌等。碳氮比(C/N)为17～18∶1。无虫害、杂菌。

选择秸秆（一般利用稻草和麦秸，要求新鲜，未淋过雨和未腐烂霉变）、粪肥（一般用牛粪、猪粪、羊粪、鸡鸭粪等，以牛粪和鸡粪为佳）、矿物质（主要用石膏、过磷酸钙、石灰粉和碳酸钙等），按照合适的比例配制。其粪草培养料配方为：猪或牛粪（鸡粪）55%，稻麦草（干）40%，菜籽饼（干）2%～3%，石膏1%，过磷酸钙1%，石膏粉1%，水60%左右。合成培养料，如稻草1 000千克，麦秸2 000千克，菜籽饼300千克，尿素25千克，过磷酸钙60千克，石灰粉50千克，石膏粉50千克等。

(3)培养料发酵　培养双孢菇的培养料必须经过堆制发酵，堆制发酵是蘑菇栽培的关键技术环节，分室外前发酵和二次发酵。

①室外前发酵：高温快速发酵，首先对秸草预湿，粪肥预堆。然后按比例混合建堆、翻堆，使发酵区能均匀地在有氧状态下，得到充分发酵改变堆肥的理化性状。室外前发酵结束时，培养料呈咖啡色，比较柔软，但有较强的拉力、富有弹性、有糖香味、含少量氨臭味、含水量65%～70%、pH值为7.5～8。

②室内后发酵（二次发酵）：把室外前发酵的培养料搬运至室内，通过人工控温和控气，使培养料在特定的环境条件下消毒和发酵，成为更适宜于蘑菇生长的培养基质。过程包括进料、堆床、加温、调节培养料湿度。二次发酵后的标准：色泽呈深咖啡色或紫暗褐色，充分柔软且有弹性。手握料时不粘手，并有较浓的料香味，无氨味，有大量白色放线菌和淡灰色嗜温霉菌，含水量65%左右，pH值7.2～7.5，无害虫杂菌。

(4)播前准备与播后管理　播种前要检查培养料的温度、氨气和含水量，检查栽培种质量。播种方法主要采用撒播，培养料厚度在18～22厘米。播后要调节控制好菇房的温度、湿度和通风条件。播后20天左右，菌丝长满培养料，应及时进行覆土。

覆土可促进子实体的形成、提高培养料表层的湿度和改变培养料的氧气和二氧化碳的比例、满足蘑菇子实体膨大时对水分的需求、支撑逐渐长大的蘑菇子实体。

覆土种类有泥炭（草炭）、混合土、河泥麦糠土、细泥麦糠土、发酵土。我国菇农个体栽培时大多采用发酵土。制作方法是在泥中加入一定量的干牛(猪)粪等其他物质，在一定温度条件下(7、8月份)，通过厌氧发酵，使泥土的物理性状和某些物质含量发生变化，是具有良好覆土特性的一种覆土材料。覆土的湿度应保持在20%左右，如低于18%，会影响子实体大小、产量和品质。

(5)出菇管理与采收　覆土1周，细土间有大量绒毛状菌丝时，加强通风，诱发菌丝扭结，形成原基。当有米粒大小原基出现时，开始喷结菇水，连喷2～3天。3～4天后大批黄豆粒大小的子实体形成，及时喷1～2次保菇水。出菇期的水分管理是蘑菇产量高低、质量优劣的关键，必须做到“轻重结合，干湿交替，适时适量”。当菌盖长到3～4厘米时，趁菌膜尚未胀破，便及时采收。

3. 适合工厂化设施栽培的菌类　工厂化设施栽培可细分为在适宜生产季节内进行工厂化设施栽培和利用制冷和加热设施在近似库房内进行周年循环工厂化设施栽培。前者受自然气候的制约而后者是全天候生产。目前国内进行季节性集约化栽培主要集中在双孢蘑菇、金针菇、银耳、滑菇、小平菇等。进行周年企业化栽培，工艺较为成熟的菌类仅有金针菇，其他菌类有白灵菇、蟹味菇等，工厂化栽培需要做到温度、湿度、通风、光照和菌类发育四大要素之间的协调。目前白灵菇、杏孢菇、蟹味菇的工厂化封闭式栽培已经取得了可喜的进展。下面以金针菇为例介绍工厂化管理要点。

厂房总面积需300多米^2，设菌丝培养室2间，每间19.4米^2；播菌室、催蕾室各1间，每间19.4米^2；抑制室1间，45.4米^2；生育室2间，每间19.4米^2。以上各室处于厂区北面，中间为宽2.7米的通道。厂区南面为堆料场、拌料装瓶作业室、冷却室及接种室。

栽培瓶通常使用的为容量800毫升、口径70毫米的聚丙烯塑料瓶，瓶盖也用聚丙烯材料制作，能加快菌丝生长，降低污染。

栽培材料采用柳杉、阔叶树木屑和米糠、麸皮。木屑与米糠的容量比为3∶1。经搅拌混合后加水，含水量63%，再次搅拌均匀，通过传送带送至自动装瓶机装料、打接种孔、加盖。每100毫升容量装料60克。装瓶后用常压蒸汽灭菌，出锅后，趁热移入冷却室，用冷空气冷却，待温度降至18℃时送入接种室接种。

接种后将原料瓶送到菌丝培养室。室温控制在15℃～20℃，空气相对湿度60%。由于菌丝呼吸作用，培养室内二氧化碳浓度较高，室内装有通风换气装置，定时启动换气，排出二氧化碳。经20～25天培养，菌丝在瓶内长满。菌丝满瓶后，立即送入搔菌室搔菌。搔菌目的是除去老菌丝，露出新菌丝，让新菌丝接触到空气，促进子实体整齐地发生。搔菌方法是利用空气压缩送入的压缩空气快速地吹去老菌块。搔菌后立即送入催蕾室。催蕾室温度13℃，空气相对湿度90%左右。在喷水保湿过程中为防止水珠溅入栽培瓶，瓶口用白色玻璃纤维板覆盖。约经8天，再将温度降至7℃左右，给菌丝以低温刺激，同时给予微弱光照，适当通风换气，促使现蕾。大约10天，便会出现柄长2～3毫米、菌盖1毫米左右的菇蕾。

为使整丛菇的菌盖、菌柄生长整齐，需将已形成子实体(柄长2～3毫米，盖直径1毫米)的培养瓶移到抑制室，并给予不同风量的通风。抑制过程中，风量的控制很重要，前后期风量也不一样。为避免风直接吹子实体，使用自走式抑制机。前期风量20厘米/秒，中、后期风量50厘米/秒。抑制时间5～7天。

当菌柄长度整齐，均匀地伸出瓶口2～3厘米，在瓶颈套上纸筒，纸筒高度12厘米。套筒后送入生育室，温度控制在6℃～8℃，控制生育室光照，使子实体在较暗的环境下生长，保持空气相对湿度80%～90%，适量通风。大约经过7天时间，菌柄长度超过纸筒1厘米时，即可采收。为了保证质量，采收前1天必须控制生育室的湿度，由上往下吹干风，使菌盖、菌柄干燥。从催蕾至采收大约需要30天。采收时，握住瓶口处的菇柄，轻扭采下。每瓶只采1次。

二、林地食用菌栽培

食用菌林地栽培技术是一项充分利用林地空气洁净、氧气充足、气候湿润、遮荫度适宜等自然环境条件栽培食用菌的方式。根据不同食用菌品种的生长特性和林地树种，人工选择适宜时期树下放置菌棒或铺设菌床，食用菌子实体在具有简单设施条件和自然气候下生长。

食用菌具有耐阴、耐湿特点，林地氧气充足，林—菌间作互补优势显著，相得益彰。林地食用菌栽培季节长，产品供应期长。每年的10月至翌年5月是菌类产品供应的高峰期，产品多而价格低，夏季多是淡季，产品少，价位高。而林地食用菌除每年11～12月份及翌年1～2月份温度太低不能生产外，其余时间根据不同品种都可进行食用菌生产。

林地食用菌还可以促进观光业的发展。发展以“林区赏景，林地采菇，怡情尝鲜”为形式的特色旅游，实现农业与旅游的结合，因此林地食用菌非常适合都市附近的山区农民种植。

(一)适于林地栽培的食用菌种类

目前，林地栽培的食用菌种类主要是人工栽培的一些种类，以草腐菌类和木腐菌类最为常见。北京地区林地栽培季节为3月中旬至11月中旬，可以栽培不同温度型食用菌。3月中旬至5月初和9月底至11月中旬栽培低温型食用菌，如白灵菇、杏鲍菇等；5月初至6月下旬和8月中旬至9月底栽培中温型食用菌，如鸡腿菇、木耳、秀珍菇等；6月下旬至8月中旬栽培高温型食用菌，如草菇、高温平菇、灵芝、鲍鱼菇等。林地各种食用菌的温度需求如下。

1. 平菇　是我国品种资源最为丰富的一种，其菌丝体生长温度为2℃～33℃，适宜温度24℃～27℃，依子实体对温度的要求可分为低温、中温和高温3个品系，在林地种植中多数选择中、高温品种。目前推广的高温平菇主要有高温夏王、高平1号、江都71、高温 1 号、广平等品种。

2. 香菇 属低温、变温结实性菌类，按子实体对温度的要求也可分为低温、中温和高温 3 个品系。适于林地种植可以选择中、高温品种。利用耐高温的香菇品种，在冬春低温季节制好菌棒，这样成功率高，在夏季林间进行出菇。这种方法在北方一些地方被掌握和采用，效益十分可观。生产上应选择菌龄在 35～45 天、菌丝洁白、生长健壮的中温型菌株 939、9015 及中高温型菌株 L26、高温 18、武香 1 号等较合适。

3. 金针菇 菌丝在 3℃～33℃均可生长，最适温度 23℃左右，子实体形成所需温度 5℃～20℃，原基形成最适温度 12℃～15℃，子实体发育最适温 8℃～12℃，金针菇是典型的低温型菌类，林地种植以早春和晚秋较为合适。

4. 秀珍菇 秀珍菇虽然与平菇同为侧耳属，自然状态下长相也极为相似，但秀珍菇具有更好的食用品质。菌丝阶段适宜温度为 25℃，低至 8℃即可缓慢生长，上限最好不要超过 32℃。据此，春秋季可自然发菌，低温时可堆积发菌，温度正常发菌时 30～40 天，菌丝发到底过 7～10 天可进入出菇管理。自然出菇温度范围在 15℃～28℃，与林地的环境温度非常吻合。

5. 茶树菇 属中温型菌类，菌丝生长适温 20℃～27℃，低于 14℃和高于 33℃时菌丝生长受到影响，子实体生长最适温 16℃～24℃，低于 15℃不易出菇，高于 28℃子实体菌盖薄而色淡。因此，茶树菇常规栽培在春、秋两个季节，而在林地栽培时可以在夏季。

6. 草菇 是各地目前普遍栽培的一个高温品种，也是在食用菌大家庭里要求温度最高、生长周期最短的品种。其菌丝体生长温度为 15℃～35℃，最适为 30℃～35℃；子实体生长温度为 26℃～34℃，最适为 28℃～30℃。从堆料至出菇结束需 1 个多月，林地在 6 月初至 9 月初均可栽培，100 千克草料出菇 30 千克以上，一般在麦收之后进行生产。栽培原料可用麦秸、稻草、玉米秸、玉米芯、棉籽壳、废棉、花生壳及种完食用菌的菌糠料等。

7. 灵芝 是一种较耐高温的药用及观赏菌类，其菌丝生长温度为22℃～32℃，子实体生长发育温度为18℃～35℃。有红芝、紫芝等不同的变种。北方省份在4～10月份都能栽培。栽培原料可用玉米芯、棉籽壳、杂木屑等。

8. 毛木耳 菌丝适宜的生长温度为22℃～28℃，子实体生长温度为15℃～32℃。

9. 灰树花 生长温度范围很宽，5℃～32℃均能生长，但以24℃～28℃为最适温度。子实体生长发育温度为10℃～27℃，最适温度为15℃～25℃，温度超过25℃，子实体在拱棚内生长不正常，生长缓慢或招虫感病发生腐烂。

10. 双孢蘑菇 菌丝在5℃～33℃均可生长，最适温度在22℃～25℃；子实体生长温度4℃～23℃，最适温度16℃左右。在高于18℃，低于15℃时子实体发育都会受到影响，最好在山区的林地夏秋季种植。还应特别注意遮光。

11. 口蘑 主要指从河北坝上地区驯化的大肥菇等，有褐色、白色等。与双孢菇相比，其抗性强，耐高温。菌丝体在15℃～34℃、子实体在14℃～30℃均能正常生长，栽培原料和工艺与双孢菇相似。

12. 鸡腿菇 是一种中高温型的品种，管理比较粗放，原料来源广泛。出菇温度为10℃～34℃，有些品种较耐高温，在25℃以上的温度下仍能正常出菇。

13. 姬松茸 是一种中高温型菇类，为珍稀菇类。其菌丝体生长温度为13℃～37℃，最适温度为22℃～26℃；子实体生长温度为16℃～30℃，适宜为20℃～25℃；栽培原料和工艺与高温双孢菇相似。

(二)林地香菇栽培技术

栽培季节选择5～10月进行。栽培模式以畦式码袋栽培效果最好，畦床长度不限，宽度 80～100 厘米，上拉铁丝网，将菌棒斜靠在铁丝上。

栽培原料以阔叶树木屑为主，要求新鲜、无霉变、无虫蛀，使用前暴晒 1～3 天，栽培料最佳配方为木屑 78%、麸皮 20%、糖 1%、石膏 1%。适宜林地栽培的最佳品种为武香一号菌株。

选用熟料栽培，按配方称料，将培养料搅拌均匀，含水量调至 60%左右，pH 值自然。采用 15 厘米×55 厘米×0.05 厘米聚乙烯塑料袋装料。每袋装干料 0.85 千克，高压灭菌 2 小时，冷却至室温，在无菌条件下接入香菇栽培种置于 22℃～26℃培养室培养，菌丝长满后，移至出菇场所进行转色及出菇管理。

出菇期间温度控制在 15℃～30℃，10℃以上温差刺激。空气相对湿度控制在 85%左右。光照强度在 400 勒克斯左右，避免直射光。加强通风换气，气温高时多通风，气温低时少通风。

达到采收标准要及时采收。采收后要修整菇体，去除杂质，分级包装。出菇后要及时清除菌棒上的残菇和杂物，停水养菌 5～7 天；如料干，适当进行补水处理以利于第二、第三、第四、第五潮菇生长。

病虫害防治方面采用“预防为主，综合防治”的方针，优先使用物理防治法，如小拱棚内悬挂黄板等。在出菇期间，尽可能不使用化学农药，如用化学农药，应在采茹后至出下一潮菇前，选用 2.5%溴氰菊酯乳油 2 000 倍液或 5%天然除虫菊素乳油 1 000 倍液喷洒。

出菇结束后，及时清除菇渣废料，并进行消毒和灭虫处理前处理。

(三)林地双孢菇栽培技术

栽培季节选择 4～6 月、8～10 月进行。栽培模式以畦式拱棚栽培。

1. 原料配方 玉米秸 62%、牛粪 33%、石灰 1%、磷肥 2 %、石膏 1%、尿素 1%。10 000 $米^2$ 栽培面积投培养料 1 430 $米^3$ 左右。

2. 预湿建堆　4月上旬选择好堆料场所，先在地面堆一层厚度20厘米已预湿过的玉米秸，在其上撒一层已调湿的粪肥，厚度5厘米，以后再堆1层玉米秸秆、1层粪肥，做到草料粪肥比例混合均匀，如此循环堆叠，直至建成高1.5米，宽1.5～2.0米，堆顶呈龟背状，四周为垂直整齐的长方体料堆。

3. 翻堆发酵　第一次翻堆时间是在建堆后的7～8天，即当料堆温度达60℃～70℃，保持2天开始翻堆，并加入适量石灰；第二次翻堆时间是在翻堆后的第六天，即料温继续上升至70℃～75℃时维持2～3天开始翻堆，同时加入石膏等辅料；其后进行第三、第四次翻堆，间隔时间分别为5天、4天，总发酵期25天左右。发酵结束时，料松散有弹性，呈棕褐色，可见大量放线菌，无氨臭味，含水量60%～65%，pH值6.5～7.5。

4. 播种、养菌和覆土　选郁闭度为60%的林地，在林地间铺料1米宽，长5～6米，畦床整成龟背形，畦高10厘米。播种采用穴播方式，每米^{2}2瓶菌种。接种完毕盖一层地膜，在畦床两侧用竹片插成弓形，小棚高0.5米，上覆黑色塑料薄膜保温保湿。播种3天内应紧罩畦床薄膜，3天后每天开始揭膜通风换气1～2次，每次20～30分钟，同时保持畦床温度15℃～25℃。若培养料表面失水干燥，可采取轻喷雾化水保持湿度。经过15～20天的养菌培养，菌丝蔓延整个培养料时开始覆土，土壤选择林地表层土，覆土层厚度3厘米。另外，为降低地温，可挖地20～25厘米深，然后铺料播种，播种后的畦面略高于地面。

5. 调水与出菇管理　经覆土10～15天后，菌丝体发育更加粗壮，并有少量爬上土层形成菌索，此时喷催蕾水，提高畦床空气相对湿度至90%～95%。同时，掀开两端棚膜加大通风促进营养生长阶段转为生殖生长，当发现土层内大量白色粒状原基时，再喷一次出菇重水，保持土层适度湿润即可大量出菇。第一潮菇后养菌7天左右，继续喷水管理。

第八章 草坪、牧草科学种植

第一节 常见草坪草的科学种植

草坪深入人类的生产和生活，起着维护大自然的生态平衡，美化人类生活、工作、运动、休假地环境和保持水土三个方面的作用。草坪堪称“文明生活的象征，游览休假的乐园，生态环境的卫士，运动健儿的摇篮”。

一、草坪和草坪草的概念

草坪即草坪植被，通常是指以禾本科草或其他质地纤细的植被为覆盖，并以它们大量的根或匍匐茎充满土壤表层的地被，是由草坪草的地上部分以及根系和表土层构成的整体。当它处于自然或原材料状态时一般称草皮，在具一定设计、建造结构和使用目的(庭院、公园，公共场所的美化、环境保护、运动场地等)时称草坪。

人们通常把构成草坪的植物叫草坪草。草坪草几乎大多是质地纤细，株体低矮的禾本科草类。具体而言，草坪草是指能够形成草皮或草坪，并能耐受定期修剪和人、物使用的一些草本植物品种或种。草坪草大多数为具有扩散生长特性的根茎型和匍匐型禾本科植物，也有一些，如马蹄金、白三叶等非禾本科草类。

二、草坪草的分类

草坪草种类繁多，形态各异。较常见的分类方法是按植物形态学、气候条件与草坪草适应性进行分类。

(一)按植物系统分类

大部分草坪草属于禾本科，分属于羊茅亚科、黍亚科、画眉草亚科，约几十个种，是单子叶植物。单子叶草坪草中还有少部分属于莎草科，如苔草。双子叶草坪草较少，有豆科的白三叶和旋花科的马蹄金等。

(二)按气候与地理分布分类

按照地理分布可将草坪草分为“暖地型”与“冷地型”，按照对温度的生态适应性可分为“暖季型”与“冷季型”。暖季(地)型草是指最适生长温度在26℃～32℃(或30℃左右)，生长的主要限制因子是低温强度与持续时间，在夏季生长最为旺盛。而冷季(地)型草是指最适生长温度在15℃～24℃(或20℃左右)，生长的主要限制因子是最高温度及持续时间，在春、秋季节各有一个生长高峰，冬季仍能保持绿色。中间类型的高羊茅属于冷季型草，具有相当的抗热性；而马蹄金属于暖季型草，但在冷热过渡地带，冬季以绿期过冬。

(三)按绿期分类

可以分为夏绿型、冬绿型和常绿型。夏绿型是指春天发芽返青，夏季生长旺盛，秋季枯黄，冬季休眠的一类草坪草。冬绿型是指秋季返青，进入生长高峰，冬季保持绿色，春季再有一个生长高峰，夏季枯黄休眠的一类草坪草。常绿型是一年四季都能保持绿色的草坪草。

(四)依草叶宽度分类

根据草叶宽度可分成宽叶草坪草和细叶草坪草。宽叶草坪草叶宽茎粗，生长健壮，适应性强，适于较大面积的草坪，如高羊茅、结缕草等。细叶草坪草茎叶纤细，可形成致密的草坪，如小糠草、早熟禾、细叶结缕草等。

(五)按草种株高分类

可分为低草与高草，或称下繁草与上繁草。低草株高一般在

20厘米以下，可形成致密低矮的草坪。具发达的匍匐茎或根状茎，耐践踏，易管理，一般采用无性繁殖铺设草坪。常见低草有结缕草、狗牙根、地毯草等。高草株高常在30厘米以上，一般为种子繁殖，适于大面积建坪，需经常修剪才能形成高质量草坪。常见高草有高羊茅、早熟禾、黑麦草等。

(六)按用途分类

可分为观赏草种、固土护坡草种、主体草种、点缀草种等。观赏草种如块茎燕麦草、蓝羊茅、匍匐委陵菜等，具有特殊优美叶丛或叶面具有美丽条纹。固土护坡草种如无芒雀麦、狗牙根、结缕草、假俭草等，是一些具有强大根茎或匍匐茎的草种，有很强的保持水土功能。主体草种具有优良的坪用性与生长势，适应性强，被广泛利用。点缀草种是具有美丽色彩，散植于草坪中用作点缀与陪衬的草坪植物，如小冠花、百脉根等。

三、冷地型草坪禾草

冷地型草坪草原产于北欧和亚洲，大多数种类适于pH值6.0～7.0的微酸性土壤。适宜我国黄河以北的地区生长，在南方越夏较困难，必须采取特别的养护措施，否则易于衰老和死亡。下面介绍几种主要冷地型草坪禾草。

(一)多年生黑麦草

又名宿根黑麦草、黑麦草。禾本科，黑麦草属。原产于南欧，北非和亚洲西南部，是欧洲、新西兰、澳大利亚、北美的优良牧草种。我国早年从英国引入，现已广泛栽培。为多年生草本植物。

该草喜温暖湿润夏季较凉爽的环境。抗寒，抗霜而不耐热，耐湿而不耐干旱，也不耐瘠薄，耐阴性较差，适宜在肥沃排水良好黏土中生长。春季生长快，炎热的夏季呈休眠状态，秋季亦生长较好。通常在27℃气温下生长最适。地温20℃左右生长最旺盛，15℃～22℃时分蘖最多。当气温低于－15℃则会产生冻害，在北京地区越冬率只有50%左右。该草寿命较短，只有4～6年。在北京地区绿色期200天左右。多年生黑麦草耐践踏性强，但不耐低修剪，一般绿地以离地面4～6厘米留茬高度为宜。

该草结实性较好，发芽容易，通常用种子播种繁殖。在土壤水分充足的情况下5～7天即可出苗。苗期应注意供给水分和防除杂草。由于该草分蘖力强，再生快，特别是春秋，应注意修剪。由于剪草次数多，剪后应注意灌水和追施肥料。

该草种粒较大，发芽容易，生长较快，通常用于混播，建立混合草坪，提高成坪速度。该草尚能抗二氧化硫等有害气体，故多用于工矿区，特别是冶炼场地建造绿地的材料。

(二)草地早熟禾

又名六月禾，肯塔基蓝草、蓝草、光茎蓝草、草原莓系、长叶草等。禾本科，早熟禾属。原产于欧洲、亚洲北部及非洲北部，后来传至美洲，现遍及全球温带地区。在我国的黄河流域，东北、江西、四川、新疆等地均有野生种，常见于河谷、草地、林边等处。

该草喜光耐阴，喜温暖湿润，又具有很强的耐寒能力。抗旱性差，夏季炎热时生长停滞，春秋生长繁茂。在排水良好、土壤肥沃的湿地生长良好。根茎繁殖力强，再生性好，较耐践踏。在西北地区4月返青，11月上旬枯黄。在北京地区3月中下旬返青，11月下旬枯黄。

通常用种子和带土小草块两种方法进行繁殖。种子繁殖成坪快，直播40天即可形成新鲜草坪。播种量6～8克/米^2。该草绿草期长，春秋生长快，生长旺季应注意修剪，并多施肥、浇水。生长3～4年后，逐渐衰退，最好3～4年后补播草籽一次。也可用切断根茎和穿刺土壤的方法进行更新，以避免过早衰退。

草地早熟禾草质细软，颜色光亮鲜绿，绿色期长，但耐践踏性较差，适宜于公园、医院、学校等公共场所作观赏草坪。常与黑麦草、小糠草、匍匐紫羊茅等混播建立运动草坪场地，效果较好。

(三)高 羊 茅

是生长在欧洲的一种冷地型草坪草,适应许多土壤和气候条件,应用广泛。高羊茅在植物学上一般称为苇状羊茅。

高羊茅形成的草坪植株密度小,叶较其他冷地型草坪草宽且粗糙,叶脉明显。虽然有短的根茎,但仍为丛生型,很难形成致密草皮。其大多数新枝由根冠产生而不是根茎的节产生,根系分布深且广泛。适宜于寒冷潮湿和温暖潮湿的过渡地带生长,在寒冷潮湿气候带的较冷地区,易受到低温的伤害。对高温有一定的抵抗能力,在暂时高温下,叶片的生长受到限制,仍能保持颜色和外观的一致性。高羊茅是最耐旱和最耐践踏的冷地型草坪草之一,耐阴性中等。耐粗放管理。

高羊茅最适宜于肥沃、潮湿、富含有机质的细壤,对肥料反应明显。最合适的 pH 值为 5.5～7.5,适宜的范围是 4.7～8.5。与大多数冷地型草坪草相比更耐盐碱;耐土壤潮湿,也可耐受较长时间的水淹,故常用作排水道旁草坪。

种子繁殖建坪速度较快,但再生性较差。修剪高度为 4～6 厘米,叶片质地和性状表现较好,当修剪高度低于 3 厘米时,不能保持均一的植株密度。氮肥需要量每个生长月 0.5～1 克/米^2。在寒冷潮湿地区的较冷地带,高氮肥水平会使高羊茅更易受到低温的伤害。该草不结枯草层,抗旱性强。

高羊茅耐践踏,适宜的范围很广,但由于叶片粗糙,限制了其应用,一般用作运动场、绿地、路旁、小道、机场以及其他低质量的草坪。由于其建坪快,根系深,耐贫瘠土壤,所以能有效地用于斜坡防固。高羊茅与草地早熟禾的混播产生的草坪质量比单播高羊茅的高,高羊茅与其他冷地型草坪草种子混播时,其重量比不应低于 60％～70％。在温暖潮湿地带,高羊茅常与狗牙根的栽培种混播,用作一般的绿地草坪,或与巴哈雀稗混播用作运动场草坪。

(四)紫羊茅

又名红狐茅。禾本科,羊茅属。广布于北半球温寒地带,我国长江流域以北各省均有分布。为多年生草本植物。

紫羊茅适应性强,抗寒、抗旱、耐酸、耐瘠,最适于温暖湿润气候和海拔较高的地区生长。在新疆海拔2 000多米高的著名大小尤尔都斯盆地有大面积的群落分布。在-30℃能安全越冬。在乔木下半阴处能正常生长。在pH值6～6.5的土壤上生长良好。以富含有机质的沙质黏土和干燥的沼泽土上生长最好。在炎热夏季高温的情况下生长不良,出现休眠现象,春秋生长最快。耐湿性较苇状羊茅差。

紫羊茅寿命长,耐践踏和低修剪,覆盖力强。剪草留茬高度2厘米仍能恢复生长。该草春季返青早,秋季枯黄晚,在内蒙古自治区呼和浩特市4月中旬返青,11月中旬枯黄,绿色期210天左右。

该草以种繁为主。由于种子小,播前应精细整地;覆土宜浅,以不露种为宜。播种量14～17克/米^2,春秋均可播种,但以秋播为好。该草苗期生长慢,应注意除草。紫羊茅因系密丛植物,随年龄老化易形成草丘,给修剪带来困难。老草地应注意通气。

该种是全世界应用最广的一种主体草坪植物。由于寿命长、色美、青绿期长、耐践踏、耐阴等优点,因而被广泛应用于机场、运动场、庭园、花坛、林下等绿化建坪植物,是优良观赏性草坪草。

(五)匍茎翦股颖

又称匍匐翦股颖、本特草。禾本科,翦股颖属。分布于欧亚大陆和北美。我国东北、华北、西北及江西、浙江等地均有分布,常见于河边和较潮湿的草地。为多年生草本植物。

匍茎翦股颖喜冷凉湿润气候,耐寒、耐热、耐瘠薄、耐低修剪且耐阴性也较好。由于匍匐枝横向蔓延能力强,能迅速覆盖地面,形成密度很大的草坪。但由于茎枝上节根扎得较浅,因而耐旱性稍差。该草耐践踏力仅次于结缕草。匍匐翦股颖对土壤要求不严,在微酸至微碱性土壤上均能生长，以在雨多肥沃的土壤上生长最好。

该草种子和播茎繁殖均可，但多以后者为主。种子繁殖必须精细整地，切忌覆土过深，以轻耙不见种子即可。出苗后应保证土壤湿度和注意除草。播量 3～5 克/米^2，春、秋播种均可。保证土壤充足的水分是栽植匍匐茎或每株移栽成活的关键。由于该草需水量较多，生长快，成坪后应注意浇水和修剪。修剪不及时，将导致草层过厚、过密，基部叶片因不通风透气而变黄，甚至枯死。匍茎翦股颖留茬高度以 2～5 厘米为宜，运动草坪还可降至 1 厘米左右。在大陆性气候区，用它建成的草坪，必须每隔 3 年进行一次更新，切断其根系，使土壤透气或重新再植。

由于匍茎翦股颖生长繁殖快，可用作急需绿化的种植材料。常选择用它的优良品种作高尔夫球场进洞区草坪的建植材料。

四、暖地型草坪禾草

暖地型草坪禾草主要分布于我国长江以南的广大地区，适于该区暖地型草坪禾草生长的最适宜温度为 26℃～32℃。

暖地型草坪禾草仅少数种可获得种子，因此其主要是营养繁殖。此外，暖地型草坪禾草均具相当强的长势和竞争力，当群落一旦形成，其他草很难侵入。因此，多为单种，混合草坪则不易见到。下面介绍几种常见暖地型草坪禾草。

(一)结缕草

又名老虎皮(上海、苏州)、锥子草(辽东)、崂山草(青岛)、延地青(宁波)。禾本科，结缕草属。原产于亚洲东南部，主要分布于我国、朝鲜和日本的温暖地带。我国北起东北的辽东半岛，南至海南岛、西至陕西关中等广大地区均有野生种。为多年生草本植物。

该草适应性强，喜光、抗旱、耐高温、耐瘠和抗寒。喜深厚肥沃排水良好的沙质土壤。在微碱性土壤中亦能正常生长。入冬后草根在$-20°C$左右能安全越冬，20℃～25℃生长最盛，30℃～32℃生长速度减弱，36℃以上生长缓慢或停止，但极少出现夏枯现象。秋季高温而干燥可提早枯萎，使绿期缩短。

该草还具有与杂草竞争力强，容易形成单一连片平整美观的草坪，耐磨、耐践踏、病害较少等优点，但不耐阴。匍匐茎生长较缓慢，蔓延能力较一般草坪草差。因此，草坪一旦出现空秃，则恢复较慢。

结缕草利用种子繁殖和无性繁殖均可。由于种子外壳致密且具有蜡质，自然状态下种子发芽率低，使种子繁殖受到一定限制。种子繁殖播种前必须进行种子处理。其方法可采用湿沙层积催芽和0.5%氢氧化钠溶液浸种，条播下种，覆沙厚0.3厘米。

结缕草播种期，北方地区在5月中旬前后，南方在6月梅雨初期进行，播种量6～9克/米^2。营养繁殖一般采用分株繁殖，在生长季内均可进行；成行栽种，行距5～20厘米，3～4月可覆盖地面。也可将长20厘米、宽20厘米、厚5～6厘米的草皮块，按2～3厘米的间距铺设。草皮块铺设前应按草皮块建坪要求做好土壤等准备。

结缕草管理较粗放，欲保持草地经久不衰，主要应采取：①与狗牙根、假俭草混栽，以保持草层平整、色泽优美，延长绿色期，减少病虫害。②生长盛期应定期修剪，一般每月2次，以控制草层高度，保持平整和抑制杂草。③施肥、加土和滚压。一般在秋冬或早春进行，提高草坪抗旱、抗病，促进植物复苏的能力，增加其耐磨性。④运动场比赛前后浇水，增加草坪抗磨和促进因比赛断裂草茎的迅速复苏。⑤刺孔、加沙、增施肥料和滚压，一般隔年1次，在秋季或早春进行。⑥比赛的球场经常滚压，保持场地平整。⑦防治病虫害。在土壤潮湿环境下，结缕草易发生锈病，可喷洒等量或1∶1波尔多液预防。在发病地段内，预先半个月喷洒多菌灵400～600倍液。为防治蚯蚓拱地和蜗牛危害茎叶，于危害活动期内，喷洒生物农药苏云金杆菌或敌百虫1 000～2 000倍液防治。

结缕草植株低矮，坚韧耐磨，耐践踏、弹性好，因而在园林、庭园和体育运动场地广为利用，是较理想的运动场草坪草和较好的固土护坡植物。

(二)狗牙根

又名行义芝、绊根草(上海)、爬根草(南京)。禾本科，狗牙根属。广布于温带地区。我国黄河流域以南各地均有野生种。新疆维吾尔自治区的伊犁、喀什、和田地区亦有野生。为多年生草本植物。

该草喜光稍耐阴，较抗寒，在乌鲁木齐市栽培，有积雪的情况下能越冬。因系浅根系，且少须根，所以遇夏时干旱气候，容易出现匍匐茎嫩尖成片枯头。狗牙根耐践踏，喜排水良好的肥沃土壤中生长，在轻盐碱地上也生长较快，且侵占力强，在良好的条件下常侵入其他草坪地生长。在华南用该草建成的周年草坪绿色期270天，华东、华中245天，成都250天左右。在乌鲁木齐市秋季枯黄较早，绿色期为170天左右。

该草因种子不易采收，目前多采用分根无性繁殖，一般在春夏期进行，栽植后应保持土壤湿润，20天左右即能滋生匍匐茎。该草养护管理较粗放，夏季修剪次数较少。由于根系较浅，夏季干旱时应注意浇水。冬季草根部应增施薄肥覆盖，夏秋季宜施氮、磷肥，施肥量每公顷800千克氮肥、200千克磷肥。

狗牙根是我国栽培应用较广泛的优良草种之一。我国华北、西北、西南及长江中下游等地广泛用此草坪草建坪，或与其他暖地型及冷地型草种混合铺设球场。该草极耐践踏，再生力强，故球赛几经践踏的草坪，如能在当晚立即灌水，1～2天后即可复苏，若及时增施氮肥，即能很快茂盛生长，继续使用。狗牙根覆盖力强，也是很好的固土护坡草坪材料。

(三)假 俭 草

又名蜈蚣草、苏州草(上海市)。禾本科,蜈蚣草属。主要分布于长江流域以南各地。印度支那等地也有分布。常见于林边及山谷坡地等土壤肥沃湿润之地,是最理想的阔叶草坪种类。为多年生草本植物。

该草喜光、耐旱、耐瘠,适宜重剪,较细叶结缕草耐阴湿。在排水良好、土层深厚而肥沃的土壤上生长茂盛,在酸性及微碱性土中亦能生长。

该草种子采收后,翌春播种,发芽率较高,故可用种子繁殖。无性繁殖能力亦强,故目前我国各地仍习惯于采用移植草块和埋植匍匐茎的方法进行繁殖。一般每平方米草皮可繁殖 6～8 米^{2}草坪。

该草要求养护管理精细,重点是修剪、施肥和滚压。生长旺季可修剪2～3 次使草坪保持平整而有弹性。入冬施基肥 1 次(以堆肥及河泥为主),夏秋增施适量混合肥 2～3 次,修剪和施肥后,再对草坪进行滚压,可使草坪经久不衰。

该草是我国南方栽培较早的优良草坪草种之一。由于株体低矮,耐旱,茎叶密集,平整美观,绿草期长,且具有抗二氧化硫等有害气体及吸附尘埃的功能,因而被广泛用于庭园草坪,并与其他草坪植物混合铺设运动场草坪,如高尔夫球场、网球场和足球场等。它也是优良的固土护坡植物。

(四)野 牛 草

为禾本科,野牛草属。原产于北美洲,早年引入我国栽培,现已成为华北、东北、内蒙古自治区等北方地区的当家草坪草种。为多年生草本植物。

该草适应性强,喜光,亦能耐半阴,耐土壤瘠薄,具较强的耐寒能力,在我国东北、西北有积雪覆盖下,在－34℃能安全越冬。夏季耐热、耐旱,在 2～3 个月严重干旱情况下,仍不致死亡。该草与杂草竞争力强，具一定的耐践踏能力。在北京表现返青迟，枯黄较早，绿色期 180～190 天，在新疆乌鲁木齐市种植，绿色期 160 天左右。

该草用种子和营养繁殖均可。由于结实率低，目前各地均采用分株繁殖或用匍匐茎埋压。以春秋季繁殖栽培较好。栽后立即浇水，保证土壤湿度，促进恢复生长。由于野牛草再生快，生长迅速，植株也较高，可通过修剪以控制高度，保持平整美观，全年可修剪3～5 次，每次留茬高度 3～4 厘米。施氮肥可促进草密度增大，色泽变浓，每次可施尿素 15～20 克/米^2。野牛草耐旱，浇水不宜过多。

该草因具有植株低矮、枝叶柔软、较耐践踏、繁殖容易、生长快、养护管理简便、抗旱、耐寒等优点，目前已成为我国北方栽培面积最多的一种草坪植物，广泛用于工矿企业、公园、机关、学校、部队、医院及居住地绿化覆盖材料。由于它抗二氧化硫、氟化氢等污染气体能力较强，因此也是冶炼、化工等工业区的环境保护绿化材料，也可作固土护坡植物。

该草的缺点是绿色期较短，其雄花伸出叶层之上，破坏草坪绿色的均一性，耐阴性差，不耐长期水淹，枝叶不甚稠密，耐践踏差等，在一定程度上影响了它更广泛的推广应用。

五、禾本科以外的草坪草

除禾本科草坪草以外，某些非禾本科草类亦具有发达的匍匐茎，耐践踏、色美、易形成草皮等特性，成为较优秀的草坪草，如白三叶、匍匐马蹄金、细叶苔草、白颖苔草、沿阶草等。下面介绍主要非禾本科草坪禾草。

(一)白 三 叶

又名荷兰翘摇、白车轴草。豆科，三叶草属。原产于欧洲，现广泛分布于温带及亚热带高海拔地区。我国黑龙江、吉林、辽宁、新疆、四川、云南、贵州、湖北、江西、江苏、浙江等地均有分布，是一种极重要的栽培牧草和优良的草坪植物。为多年生草本植物。

白三叶喜温凉湿润气候，生长适宜的温度为19℃～24℃，但适应性强，耐热、抗寒、耐阴、耐瘠、耐酸。幼苗和成株能忍受－5℃～6℃的寒霜，在－5℃～6℃时仅叶尖受害，转暖时仍可恢复生长。在有积雪覆盖的条件下，绝对最低温度达－40℃能安全越冬。在南京炎热的盛夏，生长虽已停止，但并不枯萎，基本无夏枯现象。在遮荫的林园下也能生长。对土壤要求不严，只要排水良好，各种土壤皆能生长，尤喜富含钙质及腐殖质的黏质土壤。适宜的土壤pH值为6～7，在土壤pH值4.5时也能生长，但不耐盐碱。

白三叶为需水较多的植物，不仅生长盛期要供给充足的水分，在越冬和种子发芽时亦需要充足的水分。水分不足，叶小而稀，匍匐枝减少，颜色不绿。应选择水分充足而肥沃的土壤进行栽种。

该草主要采用种子繁殖。由于种子细小，要求整地精细、平整。春秋均可播种，但秋播宜早，迟则难以越冬。春播稍迟易受杂草危害。撒播3～4.5克/米^2，播深1～2厘米。田间管理主要是保持一定土壤湿度，以保证出苗。生长期也应供给充足的水分。由于苗期生长缓慢，应注意除草。白三叶能固定空气中的氮素，用根瘤菌摄取空气中的氮，因而成株可不施或少施氮素，应以施磷、钾肥为主。白三叶不耐践踏，因而应以观赏为主，设围栏保护。白三叶开花结实不一致，边熟边落，当果球变黑褐色就应及时采摘，种子产量6～7.5克/米^2。

白三叶因具匍匐茎，繁殖力强，能很快覆盖地面。绿色期长，在哈尔滨市绿色期可达200天以上，在北京可达230天，是优良的观赏草坪。白三叶也常用于坡面、路旁的绿地，以防水土流失。在疏林下绿化也较好。

(二)匍匐马蹄金

又名黄胆草,金钱草。旋花科,马蹄金属。主产于美洲,世界各地均有生长,在我国主要分布于南方各地。多生于山坡、林边或田间阴湿处,为多年生匍匐性草本植物。

通常生于干燥地方,耐阴性强,属暖地型草坪草,在美国加利福尼亚州南部的温暖潮湿地带有自生。该草冬季褪色较早,持续期也短。

该草种繁和无性繁殖均可,宜短刈,适宜的留茬高度为1.3～3.3厘米。由于其易形成有机质层,适当增加修剪强度可起到调节的作用。

适宜作多种草坪。既可用于花坛内作最底层的覆盖材料,也可作盆栽花卉或盆景的盆面覆盖材料。在美国南部、欧洲和新西兰均被广泛利用,主要用于观赏草坪,如建筑物周围、道路中央的分离带等。

(三)沿 阶 草

又名麦冬、麦门冬。百草科,麦冬属。分布于东南亚诸国,如印度和日本等。我国的华中、华南、西南各地均有分布。为多年生草本植物。

该草为常绿暖地型草坪草,喜温暖的气候条件,有一定的抗寒能力,但在绝对最低温－15℃以上时即不能安全越冬。该草耐热性强,在南京绝对最高气温为37.6℃、持续达2周的炎热天气下,表现不焦不枯。沿阶草需水较多,适宜在年降水量800毫米以上的地区种植,以900～1 000毫米最为适宜。而且耐旱、耐阴和耐瘠性也较强,各种土壤均可种植。

该草种子和营养体繁殖均可。种子繁殖因易受草害,最好育苗移栽。移栽后要注意灌水,保持湿润,以迅速恢复生长。苗期不耐杂草,要注意除草。沿阶草耐修剪性强,修剪后要随即追肥和灌水。

沿阶草是一种应用较广、园林价值较高的草坪植物，主要供草坪、花圃和林园镶边之用。该草还有良好的滞尘和抗有害气体的功能，还可作药用。

（四）细 叶 苔

又名羊胡子草。莎草科，苔草属。广泛分布于北半球较寒冷地带。在我国华北、东北及西北地区均有野生。为多年生草本植物。

细叶苔耐干旱，常生于山坡、河畔、树阴和路旁等处，常成单纯群落。在湿润肥沃的地方生长尤茂。在祁连山东段海拔 2 700 米的河滩地，常见以细叶苔占优势的草群。春天返青早，一般 3 月上旬返青，夏季进入半休眠状态。该草耐践踏和低刈，是优良的草坪植物。

以营养体繁殖为主，也可种子繁殖。进行营养体繁殖，可将地下根状茎剪成小段埋入 5 厘米左右深的沟内，覆土后，要随即灌水，保证土壤湿度，促进恢复生长。生长季应注意修剪，以保持均一颜色优美的外观。可作护坡和一般草坪。

第二节　常见饲料作物的科学种植

饲料作物的概念很宽泛，既包括专作饲料的牧草，又包括兼作饲料的大田作物；既包括豆科、禾本科，又包括块根、块茎、瓜类、蔬菜类作物；既有一年生的，也有二年生、多年生的。饲料作物的营养器官和繁殖器官均可利用，植株鲜嫩时可青饲或青贮，营养成分最高时或成熟时可制成干草或干粉。

绿肥作物是以新鲜植株就地翻压或沤、堆制肥为主要用途的栽培植物总称。多属豆科，因为豆科作物的植株含氮量高，茎、叶较柔嫩，易于翻压和腐烂，但少数禾本科作物（如大麦、多花黑麦草）、十字花科作物（如油菜、肥田萝卜）以及其他科的作物也可作绿肥利用。绿肥体内含有各种作物所需要的多种肥分，如氮、磷、钾、锌、锰、硼、铜等，作肥料施入田内，分解快，供肥及时，肥劲稳定且持久。一般豆科绿肥作物的鲜草中含有纯氮 0.3%～0.7%，五氧化二磷 0.06%～0.28%，氧化钾 0.23%～0.8%。绿肥植株翻压在土壤中，其腐解产物能改善土壤的理化性状，能促进土壤微生物的活动。施用绿肥，当年可提高作物的产量，后效也比较明显。种植绿肥作物还兼有扩大植被覆盖，减轻水土流失，保护环境的作用。

目前，我国各地自行开发和引进的牧草品种很多，以豆科为主，适当搭配禾本科牧草。其中苜蓿和草木樨因其优质、高产和适应范围广等特点而成为我国众多地区选择的优良品种。其他比较优良的种植品种主要有：沙打旺（直立黄芪）、柠条（羽叶锦鸡儿）、红三叶、红豆草、箭筈豌豆、毛叶苕子等豆科牧草；冰草、无芒雀麦、串叶松香草、菊苣等禾本科及其他科牧草。这些都是优质、高产的高营养牧草，可以满足各类畜禽、鱼类生长发育的营养所需，是优质的饲料来源。

一、豆科牧草

(一)苜　蓿

是世界上栽培和利用价值最高的豆科牧草，具有优质、高产和适应范围广等特点，享有“牧草之王”的美称。既抗旱而又喜湿，播前土墒好和春播前与刈后过一道水对出苗和产量有利，但不耐渍水，故种在排水优良的土地上最为适宜。适口性好，茎叶中多含皂素，牛羊等反刍家畜不宜多食，否则易患臌胀致死，它又是一种保持水土的好草，种在 20°的坡地上较同坡度的庄稼地，可减少径流量 88.14%，减少土壤冲刷量 91.14%。

苜蓿在春季日平均气温稳定达到 3℃时，即开始返青，从返青至现蕾期（4 月下旬至 7 月上旬），一般光热条件完全可以满足苜蓿的生长需要；现蕾期至开花结实期(7 月上旬至 8 月中旬)，苜蓿生物产量受降水影响较大，降水条件成为主要限制因素。苜蓿的主要特点是对各种土壤类型均具有良好的适应性。紫花苜蓿又是良好的绿肥作物，它根系发达，有根瘤，能固定空气中的氮素，根的大量有机物残留于土壤中，增加了土壤有机质，改善了土壤结构，生长 3～4 年的紫花苜蓿地，每公顷能留根有机物 19 万千克，约含氮 2 145 千克，磷 345 千克，钾 90 千克，相当于每公顷施用 3 万～39 万千克的优质粪肥，并可维持肥效 2～3 年之久，对后茬作物增产具有显著效果，增产幅度达 30%～200%。

苜蓿王是紫花苜蓿的一个优质品种，从加拿大进口，其茎秆直立，根茎分蘖能力强，能迅速形成健壮密集株丛，刈割后生长速度快，产量高，在华北地区每年可刈割 3～5 次。

(二)草木樨

豆科草木樨属一年生或二年生草本，是一种优良的绿肥作物和牧草。草木樨在世界上已广泛分布。草木樨属有 20～25 种，种植于我国的主要有白花草木樨、黄花草木樨、香草木樨、细齿草木樨、印度草木樨和伏尔加草木樨。世界各地栽培面积最多的为二年生白花草木樨。其根系发达，越冬的主根成肉质，入土可达 2 米以上；侧根分布在耕层内，着生根瘤呈扇状；根系吸收磷酸盐能力强，有富集养分的作用。本草对土壤要求不严，pH 值 6.5～8.5 均能生长良好。耐旱，土壤含水量 10%～12%时，种子即可萌芽，在年降水量 300～500 毫米的地区生长良好。耐寒，出苗后能耐短暂的－4℃低温，越冬芽能耐－30℃的严寒。耐盐，在含盐量 0.3%的土壤上能正常生长。翌年夏季开花结果，植株木质化。不耐潮湿，在低洼易涝地区生长不良。

草木樨硬籽占 50%左右，播种前要进行碾磨处理。飞机播种时，通常做成丸衣种子(包一层泥土和肥料)。我国北方早春顶凌播种或冬前播种有利出苗；东北地区 8 月以后播种会降低越冬率；

南方则春秋两季均能播种，一般以条播为主，行距30厘米左右。每公顷播种量(去荚壳种子)15～22千克；播深不超过2.5厘米。在缺磷土壤上，施用磷肥可大幅度提高鲜草产量。出苗后1个月内注意防治金龟子等害虫和杂草的危害。第一年一般在重霜以后收割，这时养分转入根部。第二年在现蕾前收割，以利再生，留茬高度以10～15厘米为宜。春播草木樨当年每公顷可生产鲜草15～37.5吨，第二年开花前每公顷可生产鲜草22.5～75.0吨。

饲用时可制成干草粉或青贮、打浆。可直接在草木樨地放牧，但牲畜摄食过多易发生臌胀病。草木樨根深，覆盖度大，防风、防土效果极好。草木樨还是改良草地、建立山地草场的良好资源。在低产地区与粮食作物轮种，可以大幅度提高全周期产量和经济收入；在复种指数高的地区可与中耕粮食、棉花、油料等作物间套种植，生产饲草或绿肥。又因花蜜多，还是很好的蜜源植物。秸秆可作燃料。由于草木樨具有多种用途和抗逆性强、产量高的特点，被誉为“宝贝草”。

(三)沙打旺

又名直立黄芪、斜茎黄芪、麻豆秧等。原产于我国，在内蒙古、东北、华北、西北地区广泛栽培，是饲草、绿肥、防风固沙、水土保持等兼用作物。沙打旺为多年生草本植物，高50～70厘米。根系发达，主根粗壮，入土深度达1.5～2.0米，侧根发达，着生大量根瘤。在半荒漠沙区及黄土高原一带是一种重要的飞机播种改良草地和建植人工草地的牧草。

沙打旺耐寒、耐旱、耐贫瘠、耐盐碱，喜温暖气候。从发芽出雄日至开花成熟，所需10℃以上的有效积温不能低于3 500℃。适宜的生长区域为温带，但因抗寒能力强，也能顺利生长在寒温带。在20℃～25℃时生长最快，适宜在年平均气温8℃～15℃、年降水量300毫米的地区生长。在冬季－30℃的低温下能安全越冬。对土壤的适应性强，在一般草种不能生长的瘠薄地和沙地上能生长，抗风蚀和沙埋。不耐潮湿和水淹。

沙打旺种子较小，播种前要精细整地，瘠薄地每亩应施1 000～2 000千克厩肥作基肥，种子硬实率高达60%，播前要擦破种皮。春季风大墒情不好的地区，可以在夏季雨后播种。播种时用磷肥作种肥可显著增加产量。一般采用深开沟条播，行距30～45厘米，覆土1～1.5厘米，播量为0.027～0.05千克/公顷。沙打旺是一种高产牧草，鲜草产量可达333.3～666.6千克/公顷。营养价值丰富，蛋白质含量较高，适口性好，可用于青饲、青贮、放牧、调制干草和草粉，各种家畜均喜采食。

沙打旺苗期生长缓慢，易受杂草抑制，苗齐后应进行中耕除草，返青及每次刈割后都要及时除草。有条件地区早春或刈割后应灌溉施肥以提高产量。如发现菟丝子危害时应及时拔除。沙打旺也可用于高速公路护坡草种。

(四)红豆草

又名驴喜豆、驴豆。红豆草花色粉红艳丽，饲用价值可与紫花苜蓿媲美，故有“牧草皇后”之称。我国新疆天山和阿尔泰山北麓都有野生种分布。目前，国内栽培的全是引进种，主要是普通红豆草和高加索红豆草。红豆草是豆科红豆草属多年生草本植物，为深根型牧草。性喜温凉、干燥气候，耐干旱、寒冷、早霜、深秋降水、缺肥贫瘠土壤等不利因素。适宜栽培在年平均气温3℃～8℃、无霜期140天左右、年降水量400毫米左右的地区。能在年降水量200毫米的半荒漠地区生长，只需在种子发芽，植株孕蕾至初花期，土壤上层有较足水分就能正常生长。对温度的要求近似苜蓿。水肥条件适宜，种子一年可成熟两次。在自然状态下，结实率较低，一般只在50%左右。它有发达的根系，主根粗壮，侧根很多，播种当年主根生长很快，生长2年在50～70厘米深土层以内，在富含石灰质的土壤、疏松的碳酸盐土壤和肥沃的田间生长极好。在酸性土、沼泽地和地下水位高的地方都不适宜栽培。

红豆草可青饲，青贮、放牧、晒制青干草，加工草粉，配合饲料和多种草产品。青草和干草的适口性均好，各类畜禽都喜食，尤为兔所贪食。与其他豆科不同的是，它在各个生育阶段均含很高的浓缩单宁，可沉淀，能在瘤胃中形成大量持久性泡沫的可溶性蛋白质，使反刍家畜在青饲、放牧利用时不发生臌胀病。红豆草的一般利用年限为 5～7 年，从第五年开始，产量逐年下降、渐趋衰退，在条件较好时，可利用 8～10 年，生活 15～20 年。红豆草与紫花苜蓿比，春季萌生早，秋季再生草枯黄晚，青草利用时期长。饲用中，用途广泛，营养丰富全面，蛋白质、矿物质、维生素含量高，收子后的秸秆，鲜绿柔软，仍是家畜良好的饲草。调制青干草时，容易晒干、叶片不易脱落。1 千克草粉含饲料单位 0.75 个，含可消化蛋白质 160～180 克，胡萝卜素 180 毫克。

可直接压青作绿肥和堆积沤制堆肥。茎叶柔嫩，含纤维素低，木质化程度轻，压青和堆肥易腐烂，是优良的绿肥作物。根茬地能给土壤遗留大量有机质和氮素，改善土壤理化性，肥田增产效果显著。根系分泌的有机酸，能把土壤深层难于溶液解吸收的钙、磷溶提出来，变为速效性养分并富集到表层，增加了土壤耕作层的营养素。因此，红豆草又是中长期草田轮作的优良作物。

红豆草根系强大，侧根多，枝繁叶茂盖度大，护坡保土作用好，是很好的水土保持植物。一年可开两次花，总花期长达 3 个月，在红豆草种子田放养蜜蜂还可提高种子产量，是很好的蜜源植物。红豆草花序长，小花数多，花期长，花色粉红、紫红各色兼具，香气四射，适于道旁庭院种植。

(五)苕　子

是巢菜属一年生或越年生豆科草本植物。我国常用的种类主要有光叶苕子、毛叶苕子、兰花苕子等。毛叶苕子主要分布在华北、西北、西南等地区以及苏北、皖北一带，一般用于稻田复种或麦田套种，也常间种在中耕作物行间和林果种植园中。现在种植区域已遍及全国。

毛叶苕子为一年生或二年生草本，高 30～70(100)厘米，全身被淡黄色长柔毛。为优良饲料，亦可作绿肥植物。耐寒性和耐旱性强，以土壤含水量 20%～27%最宜生长，耐瘠性和抑制杂草的能力均很强，可在 pH 值 4.5～9.0 沙土至重黏土上种植；以 pH 值 5.5～8，偏沙性的土壤最为适宜，喜光。

每公顷产鲜草可达 60 吨以上，黄河流域秋播宜在 8 月中下旬，淮北为 8 月下旬至 9 月中旬，江淮之间为 9 月中下旬，西北地区套复播为 5 月中下旬，华北地区也适宜早春播种。播种量：早播，肥地为 0.13～0.2 千克/公顷，迟播、瘦地或套播于荫蔽较重的地为 0.2～0.27 千克/公顷。施用磷肥作基肥有良好效果；留种田花期喷硼和磷酸二氢钾往往能增产。

(六)红 三 叶

也叫做红车轴草、红荷兰翘摇。原产于小亚细亚及欧洲西南部，是欧洲、美国东部、新西兰等海洋性气候地区的最重要的牧草之一。在我国云南、贵州、湖南、湖北、江西、四川、新疆等省、自治区都有栽培，并有野生状态分布。红三叶适宜在我国亚热带高山低温多雨地区种植。水肥条件好的北京、河北、河南等地也可种植。

红三叶为多年生草本植物，生长年限 3～4 年，直根系。多分枝，高 50～140 厘米。喜温暖湿润气候，夏天不太热，冬天又不太冷的地区。最适气温在 15℃～25℃，超过 35℃或低于－15℃都会使红三叶致死，冬季－8℃左右可以越冬，而超过 35℃则难越夏。要求年降水量在 1 000～2 000 毫米。不耐干旱，对土壤要求也较严格，pH 值 6～7 时最适宜生长，红三叶不耐涝，要种植在排水良好的地块。

红三叶生长的第二至第三年要注意增施磷肥，并清除杂草，保持草地的旺盛长势。一般第五年后要进行更新。或采取放牧利用与刈割相结合的方式，使部分种子自然落粒，形成幼苗，达到自然更新草地的目的。

红三叶营养丰富，蛋白质含量高，还有丰富的各种氨基酸及多种维生素，草质柔软，适口性好，是牛、羊最好的饲料，马、鹿、鹅、鸭、兔、鱼也喜食。猪也喜食其青草或草粉，在鸡的预混料中加入5%的草粉，可提高产蛋率，并减少疾病发生，促进生长。可以放牧，也可制成干草、青贮。

红三叶在放牧反刍动物时，若单一大量饲用时，会发生臌胀病，影响牲畜的增重。但当与黑麦草、鸭茅、牛尾草、羊茅草等组成混播草地时，可以避免臌胀病的发生。

红三叶是著名的优质牧草，各国都予以特别重视，特别是欧洲和美国不断推出许多优良品种。大体上可分为两种类型，即早熟型与晚熟型。前者生长发育快，再生性强；后者开花晚，叶片多。另外，丹麦、瑞典等国也培育出多倍体红三叶，生长势强，分枝多，叶片大，草质好，产量高，但种子产量低。目前，红三叶有许多适应不同生境的优良品种，各地可因地制宜选用。

该草叶型好看、花色美丽、花期长，是城市绿化美化的理想草种。生长快，根系发达，地面覆盖度高，也是良好的水土保持植物。公路、堤岸种植有保水、保土、减少尘埃以及美化环境的作用。

(七)箭筈豌豆

多年生草本植物。主根明显，有根瘤。喜温凉气候，抗寒能力强，生长发育需≥0℃积温 1 700℃～2 000℃，用作饲草，在甘肃省海拔 3 000 米以下的农牧区都可种植。从播种至成熟 100～140天，播种时温度高，出苗快，但在高温干燥时出苗较慢。苗期生长较慢，花期开始迅速生长，花期前的生长快慢随温度高低而不同，花期以后则依品种不同而异，耐寒性强，但不耐炎热，幼苗能耐－6℃的冷冻。耐干旱但对水分很敏感，每遇干旱则生长不良，但仍能保持较长时间的生机，遇水后又继续生长，但产量显著下降。

再生性强，但与刈割时期和留茬高度有关，花期前刈割，留茬高度20厘米以上时，再生草产量高。对土壤要求不严，耐酸、耐瘠薄能力强，而耐盐能力差。适宜在pH值6.0～6.8并排水良好的肥沃土壤和沙壤土上种植。抗冰雹能力强，该草叶小茎柔韧，在同等条件下受灾较轻，对产量影响较小。固氮能力强而早，一般在2～3片真叶时就形成根瘤，营养生长阶段的固氮量占全生育的95%以上，春播的箭筈豌豆在分枝至孕蕾期是根瘤固氮活性的高峰。

箭筈豌豆是粮、料、草兼用作物，生长繁茂，产量高。一般鲜草产量66.7～133.3千克/公顷，高者可达200千克/公顷。其茎叶柔嫩，营养丰富，适口性好，马、牛、羊、猪、兔和家禽都喜食。箭筈豌豆与青燕麦混播，收贮混合青干草，其产量及蛋白质含量较青燕麦高。单播收草，在牧区为5月上旬，混播不得迟于5月中旬。在农区一般在小麦收获后复种或麦田套种。若用于收种，则以早春播种为好。播种方法，单播宜采用条播，行距20～30厘米。混播，可撒播也可条播，条播时可同行条播，也可隔行条播，行距20～25厘米。

箭筈豌豆用以青饲、放牧、青贮、调制青干草均可。适宜刈割期应在开花期至始荚期进行。也可刈牧配合利用，于幼嫩时放牧，再生草刈割。放牧宜在干燥天气进行，避免牛、羊过量采食，防止瘤胃臌气。种子成熟后易爆荚落粒，当在70%的豆荚变为黄褐色时即应收割，干燥脱粒。种子除用作家畜精饲料外，脱毒后还可加工粉条、粉丝、粉面等副食品，

箭筈豌豆用于绿肥和轮作，肥田效果显著，固氮能力强，是谷类作物的良好前茬作物。

(八)柠　条

又叫毛条、白柠条，适生长于海拔900～1 300米的阳坡、半阳坡。主要分布于我国内蒙古、陕西、宁夏、甘肃等地。

柠条为豆科锦鸡儿属落叶大灌木饲用植物，根系极为发达，主

根入土深，株高为 40～70 厘米，最高可达 2 米左右。柠条是我国西北、华北、东北西部水土保持和固沙造林的重要树种之一。柠条对环境条件具有广泛的适应性，在形态方面具有旱生结构，其抗旱性、抗热性、抗寒性和耐盐碱性都很强。在 pH 值 6.5～10.5 的环境下都能正常生长。柠条为深根性树种，固沙能力很强。柠条不怕沙埋，沙子越埋，分枝越多，生长越旺，固沙能力越强。寿命长，一般可生长几十年，有的可达百年以上。播种当年的柠条，地上部分生长缓慢，第二年生长加快。生命力强，在－32℃的低温下也能安全越冬；又不怕热，地温达到 55℃时也能正常生长。萌发力也很强，平茬后每个株丛又生出 60～100 个枝条，形成茂密的株丛。平茬当年可长到 1 米以上。适应性强，成活率高，是中西部地区防风固沙、保持水土的优良树种。由于柠条对恶劣环境条件的广泛适应性，使它对生态环境的改善功能很强。一丛柠条可以固土 23 米^3，可截留雨水 34%。减少地面径流 78%，减少地表冲刷 66%。柠条林带、林网能够削弱风力，降低风速，直接减轻林网保护区内土壤的风蚀作用，变风蚀为沉积。

其枝条含有油脂，燃烧不忌干湿，是良好的薪炭材。根具根瘤，有肥土作用，嫩枝、叶含有氮素，是沤制绿肥的好原料。种子含油，可提炼工业用润滑油。根、花、种子均可入药。树皮含有纤维，能代麻制品。花开繁茂，是很好的蜜源植物。枝、叶、花、果、种子均富有营养物质，都是良好的饲草饲料。特别是冬季雪封草地，就成为骆驼、羊唯一啃食的“救命草”。柠条具有广泛的适应性和很强的抗逆性，是干旱的干草原、荒漠草原和荒漠上长期自然选择和人工选择出的优良饲用植物。

二、其他牧草种类

(一)鸭　茅

又名鸡脚草，原产于欧洲西部，现在是世界上栽培最多的温带牧草之一。鸭茅为禾本科鸭茅属多年生温带牧草，疏丛型，须根系，密布于10～30厘米的土层中，深的可达1米以上，鸭茅可种植利用15年，并可保持6～8年的高产期。鸭茅适宜在湿润温凉的温带气候区种植，最适生长温度为10℃～28℃。适应的土壤范围广，喜肥沃的壤土和黏土，但在贫瘠干燥的土壤上也能得到好的收成。属耐阴低光效植物，具有较强的耐阴性，宜与高光效牧草或作物间、混、套作，以充分利用光照，增加单位面积产量。在果树下或高秆作物下种植能获得较好的效果。鸭茅草质柔嫩，牛、马、羊等均喜食，幼嫩时猪也喜食。叶量丰富，叶占60%，茎约40%。第一年可刈割4～5次，每次刈割时的留茬高度为10厘米左右，第一次刈割要选择在抽穗前恰当的时间进行，接下来的各茬就不会有生殖枝产生，从而提高叶茎比例，确保夏季饲草的品质。

(二)菊　苣

原产于欧洲，国外广泛用作饲料和经济作物。菊苣为菊科菊苣属多年生草本植物，菜饲兼用型牧草，适口性极好，所有畜禽都喜食，是优质的青饲料。喜温暖湿润气候，但也耐寒、耐热，耐盐碱，抗病力强，无草害，但在低洼易涝地区多发生烂根。菊苣具有粗壮而深扎的主根和发达的侧根系统，不但对水分反应敏感，而且抗旱性能也较好。菊苣春季返青早，冬季休眠晚，生长速度快，作为饲料其利用期比一般青饲料长，3～8月播种，优质高产，鲜草产量666.7～1 000千克/公顷，干物质中粗蛋白质高达32%，茎叶柔嫩，叶片有微量奶液，特别是处于莲座叶丛期，叶量丰富，鲜嫩；抽茎开花期的植株茎叶比为1∶5，粗纤维含量虽高，但茎枝木质化程度低，适口性仍较好，所有的畜禽和鱼类都爱吃。每年4～11月均可刈割，利用期长达8个月，可解决养殖业春秋两季和伏天青饲料紧缺的问题。

(三)无芒雀麦

是世界栽培利用最为广泛的冷季型禾本科牧草之一，用作干草、青贮、青饲、水土保持等，在我国南北各地都能种植。无芒雀麦为禾本科雀麦属多年生牧草，疏丛型，茎直立，具有发达的地下根系，蔓延能力极强，入土较深，可达 1～2 米。在管理水平较好的情况下，可维持 10 年以上的稳定高产期。无芒雀麦最适宜在冷凉干燥的气候条件下生长，不适宜在高温、高湿环境下生长。耐寒，能在－30℃的低温条件下生长；耐干旱，在年降水量 400 毫米左右的地区生长良好。对土壤适应性很广，耐盐碱能力强。无芒雀麦是一种优良的禾本科牧草，其叶多茎少，营养价值高，适口性好，马、牛、羊等各种家畜均喜食，是优质高产牧草。无芒雀麦耐践踏，适宜放牧又宜刈割，刈割应在抽穗期至开花初期进行，过晚草质老化，适口性及饲用价值下降。可供青饲、晒制干草或青贮。无芒雀麦分蘖能力强，播种当年单株分蘖可达 10～37 个，主要处于营养生长，第二年大量开花结实。春季返青早，返青率为 100%，蛋白质含量最高达 22.93%，株高可达到 130～150 厘米，可与豆科草混播建植人工草场，放牧和收获牧草兼用。在新茎叶生长的同时老茎叶不断腐烂，有利于快速提高土壤肥力。秋季枯萎晚，青草期长，可达 120～132 天。耐寒、耐旱、耐盐碱能力强，对土壤适应性很广，也是很好的护坡和水土保持植物。

（四）串叶松香

又名香槟草，为菊科松香草属多年生宿根草本植物，因其茎上对生叶片的基部相连成环状，茎从两叶中间贯穿而出，故名串叶松香草。串叶松香草为北美洲独有的一属植物，种植一次可连续生长 10 年左右。1979 年从朝鲜引入我国，现已在我国广为栽培。其根系发达，喜温耐寒，抗寒、耐高温，抗病能力强，在年降水量 450 毫米以上的微酸性至中性沙壤土上生长良好，抗盐性和耐瘠性较差。花期长，可延续 5 个月，喜肥沃壤土，耐酸性土，不耐盐渍土。该草再生性强，耐割。播种当年不抽茎，只产生大量莲座叶。抽茎期干物质含量为 88.1%，干物质中粗蛋白质含量达 20.6%。

具有产量高、品质好、有松香味、适口性好的特点，各种畜禽都喜食。每年可刈割3～5次。因其表现出适应性强、产量高和营养价值好的特点，故而对畜、禽、鱼有极高的饲养利用价值。

(五)中间冰草

为禾本科堰麦属多年生草本，原产于欧洲，我国于1974年引入，具有耐寒、耐旱、生长势好，再生性较好，植株高大等特点。在我国主要分布在黑龙江、吉林、辽宁、山西、陕西、甘肃、青海、新疆和内蒙古等地的干旱草原地带。

冰草是草原地区旱生植物，具有很强的抗旱性和抗寒性，适于在干燥寒冷地区生长，特别喜生于草原区的栗钙土壤上，但不耐盐碱，也不耐涝。冰草往往是草原植物群落的主要伴生种。在平地、丘陵和山坡排水良好较干燥的地区也经常见到。冰草分蘖能力很强，当年分蘖可达25至55个，并很快形成丛状。种子自然落地，可以自生。根系发达，入土深达1米，一般能活10～15年。在北方各地4月中旬开始返青，5月末抽穗，6月中下旬开花，7月中下旬种子成熟，9月下旬至10月上旬植株枯黄。一般生育期为110～120天。

冰草草质柔软，鲜草的营养价值较高，但制成干草后营养价值较差。冰草幼嫩时马、羊、牛和骆驼喜食。在干旱草原区把它作为催肥牧草，但开花后适口性和营养成分均有降低。冰草对反刍家畜的消化成分亦较高。在干旱草原区，是一种优良天然牧草，种子产量很高，易于收集，发芽力很强。既可放牧又可割草，既可单种又可和豆科牧草混种，干草产量100千克/亩，高者可达133.3千克/亩。冬季枝叶不易脱落，可放牧，但由于叶量较少，相对降低了饲用价值。由于冰草的根为须状，密生，具入土较深的特性，因此它又是一种良好的水土保持植物和固沙植物。近年来，我国已将冰草用于公路、铁路和护坡及机场绿化，还可用于建植草坪，美化环境。

第九章 林木科学种植

森林具有多种效益，根据经营目的和人工林产生的不同效益，可把森林分为不同的种类，简称林种。我国《森林法》将森林分为五大类，即用材林、防护林、经济林、薪炭林及特种用途林。

第一节 经济林木

经济林有狭义与广义之分。

广义经济林是与防护林相对而言，以生产木料或其他林产品直接获得经济效益为主要目的的森林。它包括用材林、特用经济林、薪炭林等。

狭义经济林是指利用树木的果实、种子、树皮、树叶、树汁、树枝、花蕾、嫩芽等，以生产油料、干鲜果品、工业原料、药材及其他副特产品（包括淀粉、油脂、橡胶、药材、香料、饮料、涂料及果品）为主要经营目的的乔木林和灌木林；是有特殊经济价值的林木和果木。如木本粮食林、木本油料、工业原料特用林等。它是我国森林资源的重要组成部分。

一、经济林的分类

根据其用途分为十类：

干果类：主要有核桃、枣、银杏、香榧、板栗、腰果等。

水果类：主要有苹果、桃、梨、樱桃、石榴、李、杨梅、橘、枇杷、橄榄、龙眼、杧果等。

油料类：主要有接骨木、山桐子、黄连木、多花山竹子、油茶、油橄榄、油桐等。

药材类：主要有杜仲、厚朴、山茱萸、肉桂、木瓜、香橼、胖大海、栀子、沙棘、佛手、肉豆蔻等。

调味类：主要有八角、花椒、丁香罗勒、月桂、丁香、茉莉花、胡椒等。

蔬菜类：主要有香椿、枸杞、雷竹等。

保健类：主要有茶树、大叶冬青、椰子、木瓜、无花果等。

工业用材类：主要有马尾松、湿地松、火炬松、红松、黑松、池杉、水杉、柳树、杨树、泡桐、刺槐、桉树、毛竹等。

编条类：主要有紫穗槐、白蜡树、杞柳等。

其他原料类：主要有漆树、青钱柳、酸枣、橡胶树、桑树、榛子等。

二、经济林木的多样性

我国经济树种资源极其丰富。已发现的经济树种在1 000种以上。果实含油量在20%以上的有300多种，含淀粉在20%以上的有90多种。目前，已形成规模栽培生产的有百余种，还有大量资源有待开发利用。本节仅就栽培历史久、面积大、产量多、种质资源丰富的主要经济林木作一简介。

（一）食用淀粉（干果）类树种

全国干果主要栽培树种有枣、板栗、柿树、银杏等。

1. 枣 枣树是我国的特有干果树种，资源丰富，有18种（包括台湾省从国外引进的4种）。主要有酸枣、枣、毛叶枣、蜀枣、大果枣、山枣等。还有许多变种或亚种，如枣有以下变种：无刺枣（又名红枣、枣树、大枣）、龙爪枣（又名蟠龙爪、龙须枣）、葫芦枣（又名缢痕茎、磨盘枣）、宿萼枣。

枣树品种繁多，可分为两个生态型：南枣和北枣。有记载的品种有700个。

酸枣是中国枣的原生种，分布极广，类型复杂多样，仅部分产区收集的酸枣类型就有150多个，是宝贵的育种基因资源。

2. 板栗 中国板栗品质居世界食用栗之首,风味极佳,板栗系中国原产,迄今已有 2 000 多年的栽培历史。分布地区辽阔。地方品种群甚多,一般划分为五个,即北方品种群、长江流域品种群、川鄂品种群、南方品种群、西南品种群。此外,辽宁产区还主栽有日本栗系统的丹东栗。全国板栗品种有 300 多个。

3. 银杏 银杏又名白果,是中国独存的孑遗植物,被称为"活化石",是优美的观赏树木和重要的干果树种,也是贵重的药用植物。

银杏作为干果类果树栽培已有 1 000 多年的历史。500 年以上的古银杏树全国共有 180 多株。目前,在全国已有 20 多个省、自治区、直辖市引种栽培,白果年产量已达 7 000 多吨。

银杏共有三个变种:梅核银杏、佛手银杏和马铃银杏。此外,还有许多的栽培品种及地方品种。

(二)茶树类

茶起源于我国,我国种茶、制茶、饮茶的历史已有 3 000 多年。我国茶树遗传资源的丰富程度居世界首位,有油茶属、茶组植物 12 个种 6 个变种。其中栽培种茶有三个变种:普洱茶、德宏茶和白毛茶。

茶在我国分布广泛,全国 18 个省自治区、直辖市 1 000 多个县种茶,植茶面积占耕地面积的 27%。

从海拔几米至 2 600 米都生长着各种类型的茶树。树干直径在 50 厘米以上的大茶树全国有 200 多处。近年来在云南南部和西南部又不断发现干径在 1 米以上的特大型茶树和成片野生茶林。

各省都有一批茶树优良品种。经国家审定的国家良种 52 个。它们分为两类:一类是传统的有性系地方品种,如勐库大茶叶、凌云白毛茶、早白尖、云台山种和宜昌大叶茶等;另一类是通过单株选择而育成的无性系品种,如毛蟹、铁观音、云杭 10 号、湘农 12 号和龙井 43 号。

(三)油料树种类

我国有木本油料类树种共400余种,栽培总面积600余万公顷。作为食用油料栽培的树种有10多种(含部分干果类油料树种),主要的有:油茶、核桃等;作为工业用油料树种栽培的主要有油桐和乌桕等。

1. 油茶　油茶是我国特有的和主要的木本食用油料树种。我国是油茶自然分布的中心地区。分布范围包括亚热带的南、中、北三个地带。

油茶种质资源丰富,栽培历史悠久。其中,普通油茶(油茶)为目前的主栽树种,还有以下的主要栽培种:小果油茶、华南油茶、攸县油茶、红花油茶、广宁油茶、腾冲油茶、博白大果油茶、茶梨、白花南山茶、南荣油茶、西南山茶等,共计22个。南方各省还分布有处于野生状态的物种几十个,如桂峰山油茶、昭平油茶、苍梧白花油茶等,根据果实成熟期的早迟,可分为四个品种群:秋分籽、寒露籽、霜降籽和立冬籽。

此外,各地选育出了一批高产的优良家系和无性系,其中家系6个,无性系39个。

2. 核桃　核桃既是食用油料,又是重要的干果树种,栽培历史悠久,种质资源丰富。核桃在我国广泛分布于南北方20多个省、自治区、直辖市。

我国是核桃原产中心之一。在我国有8个种(含引入的三个种):核桃、铁核桃、核桃楸、野核桃、麻核桃、吉宝核桃、心形核桃和黑核桃。

我国核桃变异类型较多,主要类型有:穗状核桃、白水核桃、特大形核桃、红瓤核桃、单叶核桃、无壳核桃等。

我国核桃属植物作为坚果栽培的只有两种:核桃和铁核桃,包括繁多的乡土品种或类型。据不完全统计,全国有名称的核桃就有500多个,划分为两个种群,即核桃种群和铁核桃种群。核桃种群中计有品种群体和优良无性系 51 个(晚实类群 29 个,早实类群 22 个);铁核桃种群中计有品种群体和优良无性系 16 个。

3. 油桐 油桐是我国特产的经济树种,栽培历史千年以上。其主要产品是桐油。我国是世界主要桐油生产国,油桐集中分布于秦岭以南的 15 个省、自治区、直辖市的部分山区,全国油桐面积 207 万公顷,桐油常年产量 12 万吨。

我国普遍栽培的是油桐(通称三年桐)、木油桐(又名千年桐)两种,此两种油桐皆原产我国。三年桐品种性状比较复杂,其地方品种有 100 多个。具有五大类:小米桐类、大米桐类、对年桐类、柿饼桐类和柴桐类。它们又各有多个品种。

木油桐(千年桐)的主要品种有小果千年桐、大果千年桐、菱形千年桐等。

(四)树液树脂类树种

主要为利用树木的汁液,如漆料、胶料、树脂等的树种。这里只介绍漆树。

漆树是优良的天然涂料树和油料树。割取的生漆又名我国漆、大漆,它具有一般合成漆所不可比拟的许多独特性能。

生漆主要的产区是陕西、贵州、四川、云南、湖北、甘肃等省。面积已达 45 万公顷,年产生漆 3 000 多吨。

我国漆树分为两个类型:大木漆树和小木漆树。地方品种约有 40 多个,①属于大木漆类的有阳高大木漆树(又名毛坝大木)、镇雄大木漆树、天水大木漆树和资源大木漆树等。②属于小木漆类的有大红袍漆树、红皮高八尺漆树、火罐子漆树、贵州红漆树、阳高小木漆树、冲天小木漆树、灯台小木漆树、竹叶小木漆树(又名辣椒叶小木)、白皮小木漆树、三步筒漆树、大叶高八尺漆树、酉阳小木等。

(五)蚕桑与寄主树类

此类树木包括桑蚕、紫胶虫、白蜡虫和五倍子蚜等寄主树种,这里只介绍桑树。

我国是桑蚕生产的起源地。蚕桑丝织已有 5 000 年的悠久历史。我国蚕茧产量居世界首位。

长江流域是蚕桑的主要产区。其次是珠江流域和黄河流域，新疆维吾尔自治区南疆的和田、喀什、阿克苏等地也有悠久的蚕桑生产历史；云南、台湾两省亦有一定的蚕桑产量。

我国桑属共有 15 个桑种，4 个变种，是世界上桑种最多的国家。其中栽培的有：鲁桑、白桑、广东桑、山桑、瑞穗桑。野生种有长穗桑、长果桑、黑桑、华桑、细齿桑、蒙桑、川桑、唐鬼桑、滇桑、鸡桑。变种有鬼桑、大叶白桑、白脉桑、垂枝桑。

桑树品种资源极其丰富。目前全国保存桑树种质资源 2 600 余份。中国农业科学院蚕业研究所建成了世界上最大的桑树种质圃，保存种质 1 700 余份。各地典型品种划分为 8 个生态类型：珠江流域广东桑类型、太湖流域湖桑类型、四川盆地嘉定桑类型、长江中游摘桑类型、黄河下游鲁桑类型、黄土高原格鲁桑类型、新疆白桑类型和东北辽桑类型。

（六）药用树木

我国药用植物资源极为丰富，在重要药用植物中，木本的就有 129 种。这里只简单介绍杜仲。

杜仲是我国特产药用树种，全株富含桃叶珊瑚甙和松脂醇二葡萄糖甙等药用成分，具降血压、利尿、镇静、滋补、防癌等作用，有广阔的开发前景。

依杜仲的形态特征，可划分为粗皮杜仲和光皮杜仲两个类型。在可供药用和提取胶的皮重与厚度方面，光皮杜仲较优。

三、经济林木多样性的保护与持续利用

我国已建立自然保护区 2 000 余处，它们对保护珍稀经济树木发挥着重要作用。有些重要经济林木如银杏、杜仲等被列为国

家二级保护植物,加以特殊保护。

此外,国家对一些主要经济树种像枣树、板栗、核桃、油茶等都建立了全国性的专项科研协作组,并在主要树种资源普查的基础上,分别建立了资源圃或基因库,为它们的遗传改良打下了良好的基础,且已取得了初步成效。

但是,有一些经济林木的遗传资源已经丧失,或正处于丧失的危险之中。例如,一些地方的野茶树被砍伐殆尽,或因无人管理而自然枯死。桑树的一些珍贵品种资源,如川桑、长果桑、滇桑和长穗桑也正处于濒临灭绝的危险中,都亟待保护。我国在茶树遗传资源的保护方面已做了许多工作。已收集茶树遗传资源 2 000 余份,现保存在杭州国家茶树遗传资源圃中。有些地方已对当地的一些野生古茶树采取了保护措施,如树龄逾 800 年的云南省西双版纳南糯山大茶树,云南省澜沧县邦崴大茶树,福建省建瓯市桂林村的一片矮脚乌龙古茶园等。

有些野生近缘种,如酸枣、山杏、铁核桃的野生种、油茶的野生群落等,由于其经济价值较低,在它们分布的地区,人们往往将其改造嫁接成栽培种或品种,以提高经济效益,从而使一些种质消失。对此,各主管部门应予以重视,对某些仅存的种质资源,像全国独有的新疆伊犁地区的野生核桃林,以及像红瓤核桃等一些特殊的种质,各地应当采取有效措施给予重点保护。

第二节　林业栽培与养护关键技术

一、造林树种选择与适地适树

正确地选择造林树种,是人工培育森林成功的关键问题之一。因此在树种选择过程中除考虑造林地的土地条件外,还要坚持“生物与经济兼顾”的原则。不同森林的造林树种不同。防护林以乔木和灌木树种为主。用材林可选择马尾松、杉木、松、桉树等。经济林应选用经济价值高的各种经济树种为主。营造薪炭林选用热值高的乔木和灌木树种为主。特种用途林主要指环境保护林和风景林。适地适树是指使林木生长的造林地环境条件同林木具有的生物学特性和生态学特性相一致,以发挥土地和树木的生产潜力,取得最好的生长量的营林、育林技术。

二、林木栽培

(一)造林整地

造林前,进行造林地上的植被或采伐剩余物的清除、适当整理地形、土壤翻耕和耙平、填压土壤、水分灌排的沟道准备等内容的一项造林生产技术措施。一般来说,除有些地区冬季土壤封冻外,春、夏、秋三季均可整地。整地方法可分为全面整地和局部整地两种,其中局部整地又可分为带状整地和块状整地两种。

(二)造林方法

造林方法主要有播种造林、植苗造林、分殖造林、大树移栽四种。

1. 播种造林　播种造林是把林木种子直接播于造林地上,使其发芽生长成林的一种造林方法。播种造林主要采用人工播种造林,播种前对种子进行消毒、浸种、催芽、病虫害防治等处理,播种季节一般在春季播种,播种方法可分为穴播、缝播、条播和撒种四种。

2. 植苗造林　植苗造林是以苗木作为造林材料进行栽植的造林方法,是目前生产上应用最普遍的一种造林方法。植苗造林可分为裸根苗栽植和带土苗栽植两类。当前,大面积造林主要采用裸根苗。

3. 分殖造林　分殖造林是利用树木的营养器官(如枝、干、根、地下茎等)作为造林材料进行造林的方法。分殖造林按所用营养器官的部位和繁殖的具体方法不同可分为插条、插干、分根和地下茎等造林方法。

4. 大树移栽 大树移栽对早绿化、早成林、美化环境有着重要意义，但技术要求较高。移栽大树有裸根移栽和带土球移栽两种方法。再生能力强的树种如柳、杨、泡桐、中槐等，可以带根移栽。再生能力弱的树种和常绿树种，如雪松、云杉、松树等应带土球移栽。

（三）造林季节

适宜造林季节应根据各地区的气候条件和种苗特点来确定。树木一年中分生长期与休眠期，造林一般在休眠期结束前到生长期即将来临这段时期进行。这段时期内起苗、搬运、栽植等对苗木损害较小，苗木也容易成活。我国以春季特别在初春造林较为合理，同时应根据当地具体情况确定栽植时期。在温带和亚热带造林多在冬去春来之际。热带和南亚热带一般在雨季造林，温带干旱区也以雨季为宜。

三、幼林抚育管理

（一）中耕除草

中耕可增加土壤透气性，提高土温，促进肥料的分解，有利于根系生长。中耕深度依栽植植物及树龄而定，浅根性的中耕深度宜浅，深根性的则宜深，一般为 5 厘米以上，如结合施肥则可加深深度。中耕宜在晴天或雨后 2～3 天进行。土壤含水量在 50%～60%时进行最好。除草的目的在于清除杂草，减少杂草与幼树争光、争水、争肥的矛盾。除草松土的年限和次数应根据树种、造林地的环境条件、造林密度和经营目的等具体情况而定。一般应进行到幼林全面郁闭为止。

（二）水分管理

水分管理主要包括排水和灌溉两个方面。灌水和排水除应根据气候、树种外，还应根据土壤种类、质地、结构以及肥力等而灌水。盐碱地，就要“明水大浇”，最好用河水灌溉。沙地种的树木灌水时，应小水勤浇，并施有机肥增强保水保肥性。造林地内修好排水沟，以便多雨季节及时排除积水，增加土壤通气性，促进林木生长。灌溉可以采用人工浇水、地面灌水、地下灌水、喷灌、滴灌等多种方式进行。排水是防涝保树的重要措施。特别对耐水力差的树种更应抓紧时间及时排水。排水的方法主要有明沟排水、暗管沟排水、地面排水 3 种形式。

(三)林地施肥

林地施肥是改善土壤养分状况，提高林木生长量，缩短成材年限和结实大小年的有效措施。生态林树木是多年生植物，长期生长在同一地点，从肥料种类来说应以有机肥为主，同时适当施用化学肥料，施肥方式以基肥为主，基肥与追肥兼施。施肥方法在整地时可结合施基肥采用撒施或穴施，直播造林时可用肥料拌种或结合拌菌根土后播种，实生苗造林时可使用蘸根肥，造林后施肥时多结合幼林抚育在松土后开沟施，但也可以全面撒施。施肥的深度和范围与树种、树龄、土壤和肥料性质有关。施肥方法有环状施肥、放射沟施肥、条沟状施肥、穴施、撒施、水施等。

(四)林地间作

林地间种作物要根据树种特性、年龄和不同的土地条件，尽可能选择经济价值较高的作物。一般说来，树种生长迅速、树冠浓密或年龄较大时，应选甘薯、豆类等矮秆耐阴的作物；树种生长较慢，需要侧方遮荫或年龄较小时，可选玉米、高粱、向日葵等高秆作物；根系深、根幅窄的树种，可选用较喜水肥的作物；根系浅、根幅宽的树种，可选用较耐干、贫瘠的作物。湿润的造林地，可间作麦类、蔬菜等；水分缺乏的造林地，可间作中耕作物玉米、马铃薯及耐旱作物谷子、高粱等。土壤肥沃的造林地，可间作药用植物及经济作物；土壤贫瘠的造林地，可间作豆类、牧草、绿肥作物；沙地可间作花生、薯类;盐碱地可间作冬小麦、玉米、谷子、豆类。也可间作草木樨、紫花苜蓿等绿肥作物。

四、幼林管理

为了达到速生丰产的目的,造林后必须加强幼林保护和抚育管理,特别是造林后3～4年内的抚育管理尤为重要。造林后及时进行间苗、平茬、除蘖、抹芽、修枝、查苗、补苗。入秋后要对幼林进行抚育管理,有条件的地区在抚育期进行施肥,以利于幼林生长。同时,还要注意防治病虫害的发生。造林后前2年一定要调查成活率、保存率,成活率在80%以下要认真补植。以保证防护林质量。成活率在80%以上若整段缺株也要补植。播种造林或丛状植苗造林后,由于苗林分化和密度过大等原因,在造林后应及时间苗。间苗的时间最好在雨后或结合松土除草进行。间苗一般分两次,总的原则是留优去劣、去小留大,适当照顾距离。第二次间苗一般叫定株(苗),即每穴选留一株干形端直,生长健壮的苗木,将多余的植株除去。平茬就是截去幼树的地上部分,使其重新萌生枝条,培养成优良树干的一种抚育措施。平茬仅适用于萌芽力强的树种,如泡桐、刺槐、杨树、柳树、臭椿、榆树等。除蘖就是除去苗木基部的萌蘖条,以促进主干生长的一项抚育措施。抹芽是促进幼树生长,培育良好干形的一项抚育措施。修枝是根据不同林种要求,人为地修除枯枝或部分活枝的一种抚育措施,是调节林木内部营养的重要手段。对于一些树种及时和适当的修枝,可以促进主干生长,培养良好干形,减少枝条,提高干材质量,也能起到减少森林火灾和病虫害的作用。

五、幼林保护

幼林保护主要包括封山护林,预防火灾,防治病、虫、鼠、鸟、兽害。封山护林指在造林后2～3年内幼树平均高在1.5米以前,应对幼林进行封山(沙)护林。火灾是森林最大的灾害,严重的森林火灾,加速了世界森林资源的锐减。在人工幼林中人为活动频繁,特别是针叶树,更应注意防火工作。为了防治病、虫、鼠、鸟、兽害,必须坚持"预防为主,综合防治"的原则。

第十章 植物病虫害防治

第一节 植物病虫害及其防治的基本方针和原则

一、植物病害和病因

植物遇到不良环境的影响或受到病原物的侵染，其生理功能就会受到干扰或损害，细胞组织也受到破坏，不能正常生长发育。最后，植物在外部形态上出现反常的表现，严重时甚至引起死亡。这种现象就是植物病害。

使植物发病的原因，统称为病因。在植物生长发育过程中，虽然有多种原因可引起植物发病，但这些原因可以概括为不良环境的影响和病原物的侵害两方面。

(一)不良环境影响所致的病害——非侵染性病害

由于环境的温度、湿度、光照、空气、营养等条件中的某一或某几方面不正常，超出了植物的耐受限度而诱发的植物病害。如早春低温多雨时造成菜苗沤根，秋天早霜使大白菜受冻，灌水不均衡时诱发番茄脐腐病，土壤缺钙使大白菜发生的干烧心等，都是受不良环境影响而诱发的。这类病害的特点是：由非生物因素引起、不能相互传染，因此称之为非侵染性病害（或非传染病）。

(二)病原物侵害所致的病害——侵染性病害

由植物病原真菌、细菌、病毒、线虫和寄生性植物等侵染植物而引起的病害叫侵染性病害（或传染性病害）。侵染植物的生物，称为病原生物（简称病原物）。侵染性病害最大的特点是：由生物因素引起、在田间可互相传染。

(三)侵染性病害与非侵染性病害的相互关系

侵染性病害与非侵染性病害有着本质的区别,但两类病害有密切关系,在一定条件下可互相影响。侵染性病害引发非侵染性病害,如辣椒发生炭疽病(侵染性病害)可造成大量落叶,使辣椒果实直接暴露在强烈日光下,致使果实灼伤发生日烧病(生理性病害)。非侵染性病害引发侵染性病害,如辣椒果实灼伤处又很易被软腐病菌侵染发生软腐病(侵染性病害),致使整个受害果实腐烂。

植物发病后,必然降低产量或影响品质,在经济上造成一定损失。但是,有些植物由于人为的或外界生物或非生物因素的作用,而发生某些变态。这些变态可能对植物生长发育不利,但却增加了其经济价值。例如,包头紧密而不利于抽薹开花结实的甘蓝;生有巨大肉质变态花序的菜花;在弱光下栽培的韭黄;接种黑粉菌后,组织肥大"孕育"而成的茭白等,都不能认为是病害。

二、害虫与虫害

昆虫是动物界中种类最多,分布最广,适应性最强,群体数量最大的一个类群,现存的昆虫种类超过 1 000 万种。人们一般把苍蝇、蚊子、蚂蚁、蜈蚣、蜘蛛、蝎子、蜗牛等都叫"虫子",但是,科学术语中,昆虫只是限于一定范围内的动物,即节肢动物门昆虫纲的动物。

昆虫有害虫和益虫之分,以植物为食、给植物生产带来直接损失或传播植物病害的昆虫是害虫。害虫取食植物并不一定造成经济损失,只有它们对植物的危害超过了一定限度才可能造成经济损失。防治害虫的目的不是要将害虫消灭干净,而是要控制害虫的虫口密度,避免造成较大的经济损失。

昆虫中有不少对人类有益的种类,如家蚕能吐丝结茧,蜜蜂能酿蜜传粉,白蜡虫能分泌白蜡等,已被人们广泛利用而造福于人类。有的能在田间捕食害虫或寄生于害虫体内,成为害虫致命的天敌。在害虫防治实践中，首先要掌握昆虫的一般形态特征，正确识别益虫与害虫，以进一步控制和利用昆虫。

三、植物病虫害防治遵循的方针和原则

（一）“预防为主、综合防治”的植保方针

现行的植保方针是“预防为主、综合防治”。这个方针是在总结我国多年来与病虫害防治正反两方面的经验和教训提出来的。要防治植物病虫害，首先应理解“预防为主、综合防治”的涵义。

对“预防为主”的理解，就是想方设法不让病虫草害发生，或说即使发生也不让它造成较重的损失。对于虫害比较好预防，而就病害来说预防就显得更为重要。因为植物的病害与人、畜的疾病不完全一样。植物和动物的生理机能不同。动物某个地方肿胀、发炎，甚至溃烂了，基本会长好。而植物受病原物侵害后，枯死、腐烂的地方一般是再也不能恢复或重新又长好的。同时，人、畜患病初期外观就会有所表现或感觉出来及时发现，而植物病害初期一般很难发现，等到症状明显时，多已“病入膏肓”，来不及医治了。另外，就个体经济价值来讲，因单个植株价值小，大多也不允许像人、畜疾病那样使用药物或外科治疗。所以，对植物病害，最好的办法是着重从“公共卫生，集体保健”入手，也就是采取预防性措施防止病害发生。

植保方针强调“综合防治”，就是从农业生产的整体出发考虑问题。根据植物病虫害与寄主植物、耕作制度、环境条件等因素间的相互关系，制定一整套防治措施。综合防治体现了以下几个特点：

1. 全局观　综合防治是从农业生产全局和农业生态系的总体观点出发，以预防为主，充分利用各种手段，创造不利于病虫害发生，而有利于作物及有益生物生长繁殖的环境条件。既要考虑每项措施的效果，也要考虑到今后可能引发的后果，是多种防治措

施的合理运用。

2. 综合观　综合防治建立在单项防治措施的基础上，但综合不等于各种措施的大混合，而是因地、因时、因病虫害制宜地综合运用各种必要措施，协调起来，取长补短。

3. 经济、安全观点　综合防治要考虑经济、安全、有效的原则。每项措施是为了防治病虫害，确保高产、提高效益、节省劳力、降低成本；保障人、畜、作物、有益生物的安全，减少对环境的污染及其他副作用。

（二）植物病虫害防治措施提出的原则

植物生产中，在进行病虫害防治时，首先要解决的是当前生产中的重大病虫害问题。同时，也要注意某些可能或正在发展的病虫。对具体的病害、虫害防治措施提出的原则，就是要根据具体的病害、虫害的发生发展规律来考虑，采取相应措施。

1. 病害防治措施提出的原则　非侵染性病害是由不良环境条件影响引起的，因此防治措施提出的原则是消除不良环境条件，或增强植物对环境条件的抵抗能力。

植物侵染性病害是植物在一定环境条件下受病原物侵染而发生的，所以防治措施提出的原则必须从寄主、病原和环境条件三方面考虑。培育和选用抗病品种，或提高植物的抗病性；防止新的病原物传入，对已有的病原物或消灭其越冬来源，或切断其传播途径，或防止其侵入和侵染；通过栽培管理创造一个有利于植物生长发育而不利于病原物生长发育的环境条件。

2. 虫害防治措施提出的原则　虫害的大量发生，一定要有大量害虫来源，有适宜的寄主植物和适合的环境条件。虫害防治措施提出的原则是：

防止外来新害虫的侵入，对本地害虫或压低虫源基数，或采取有效措施控制害虫于严重为害之前。培育和种植抗虫品种，调节植物生育期以躲避害虫为害盛期。改善农田生态系，恶化害虫的生活环境。

四、植物病虫害的防治方法

按作用原理和应用技术可将植物病虫害的防治方法分为植物检疫、农业防治、生物防治、物理机械防治和化学防治。

第二节 植物检疫

一、植物检疫的概念

植物检疫又称法规防治，是对农作物及其产品，特别是种子和苗木的调运进行检疫和管理，防止危险性病、虫人为地传播蔓延，确保农业生产安全的一项重要措施。

二、植物检疫的意义

植物病害和虫害的分布是有地域性的，所以存在着地域间传播的问题。植物病、虫的自然传播因受地理条件，如高山、沙漠、海洋的阻隔，而不易远距离传播。但人的活动，特别是在现代交通运输高度发达的情况下，植物的病、虫完全可以实现跨省区、跨国界，甚至漂洋过海地远距离传播。一旦传到新区，新区的植物对新的病、虫没有抵抗力，就往往造成比原产地更大的危害。例如，当前植物生产上严重为害的马铃薯环腐病、马铃薯癌肿病、马铃薯块茎蛾、豌豆象、蚕豆象等，都是从国外传入的。近年，国内黄瓜黑星病、番茄溃疡病迅速扩展蔓延，也与忽视检疫，疫区与保护区间种子大量调运有直接关系。因此，加强检疫，严把种苗调运关，控制危险性病、虫的传播扩散十分重要。

三、植物检疫的实施

（一）植物检疫对象

植物检疫主要是由检疫部门检查有没有国家所颁布的植物检疫对象。有检疫对象就不准放行，并做适当的处置；没有检疫对象就放行。

（二）植物检疫的实施和执行部门

对外植物检疫由设在口岸、海关的动植物检疫局（所）实施和执行。对内植物检疫由省、市、县植物检疫站实施，由车站、码头、机场、邮局等部门执行。检疫只能对国家法规中所规定的检疫对象进行检疫，不能随意扩大或缩小检疫的范围。

第三节　农业防治

农业防治就是利用农业生产过程中各种技术环节加以适当改进，创造有利于植物生长发育，不利于病虫害发生和危害的条件，避免病虫害的发生或减轻为害，从而夺取丰产丰收的根本措施。

由于农业防治法的许多措施本身就是丰产栽培措施与生产过程结合得比较紧密，一般不需要额外的费用和劳力，而且其效果往往是持续的，对人、畜、蔬菜是安全的，对环境不会有任何污染。因此，农业防治法最能体现“预防为主、综合防治”的植保方针，它是综合防治的基础。

一、利用抗病虫品种

利用抗病虫品种是防治植物病虫害经济有效的措施，一种作物的不同品种对同一种病害或害虫有不同程度的抵抗能力。应用抗病虫品种防治病虫，实质上是利用作物本身遗传上的免疫力或抵抗力来防治病虫的，因此具有治本的作用。生产实际也正是如此,一些危害严重的病虫害问题得以控制和解决,就是采取了以应用抗病虫品种为中心的综合防治措施,取得显著防效的。

二、搞好栽培管理

目前,将已采用的一些农业栽培管理措施,归纳为如下几个方面。

(一)轮作与间、混、套种

轮作俗称倒茬,是植物丰产措施,也是防治病虫害的有力措施,尤其是对土传病害和单食性或寡食性害虫防治效果显著。道理很简单,每种害虫都只能为害一定种类的植物,尤其是单食性或寡食性害虫只能为害一种或少数几种植物,合理轮作就可起到恶化其营养条件的作用。

病原物也一样,每种病原物都有一定的寄主范围,合理轮作可使病原物得不到寄主而数量减少。

此外,轮作还有调节地力,改变根际微生物种群的作用。因此,合理轮作能使植物生长健壮,发挥其对病虫害的抵抗能力。

间、套种与病虫害发生关系也很密切。间、套种不合理就会加重病虫的为害,合理的间、套种可以防止或减轻病虫害的发生。如某地区用莴苣与瓜类间作,避免和减轻了黄守瓜的为害,其原因是用莴苣起到了屏障作用,阻碍了黄守瓜从空中向下斜飞至瓜类上产卵。葱、蒜和大白菜间作,可以减轻大白菜软腐病的发生,因为葱、蒜分泌的抗生素对软腐细菌有极强的杀伤力。

(二)合理布局与调节播期

1. 合理布局 植物布局合理,不仅有利于植物增产也有利于抑制病虫害的发生。对于害虫,合理布局可影响害虫的发生量或减少虫源。如北京地区,甘蓝夜蛾常常集中发生在菠菜留种地。在大发生年份,大量甘蓝夜蛾向周围菜地成群转移,稍不注意就可造成严重损失。所以,菠菜留种田应安排在菜地的一隅或隔离较远的地方。

对于病害，合理布局就更重要、更直接了。如秋大白菜栽种在夏甘蓝和早萝卜附近，因为夏甘蓝和早萝卜上夏季积累的病毒可由蚜虫很快传播到相邻秋大白菜上，因此如果布局安排不合理，病毒病就发生早而重。

2. 调节播期　通过提早或延迟播期，可使植物易受病虫危害期与田间病虫出现高峰期错开，或躲过适于病虫发生危害的气候条件，从而避免或减轻病虫害发生。在辽宁地区，把适期晚播作为防治秋大白菜病毒病的关键措施，就是通过晚播几天使大白菜最感病的苗期(6 叶期)，与当地的高温及传播病毒的蚜虫活动高峰相错开。

调节播期对为害期短、生活史整齐、食性单一的害虫也有效果。尤其当植物的播种期伸缩范围较大，而易受虫害的生育期又短的情况时，调节播期往往可获得明显的防治效果。

(三)精选良种与提高播种质量

播前对种子进行精选，剔除带病虫及受病虫为害的、伤冻的、病弱的种子，可以增加种子的整齐度和生活力，提高发芽率和发芽势，利于育出壮苗，提高抗病虫能力。同时，通过精选种子也可以除去种子间混杂的菟丝子种子和杂草种子，减少杂草的传播和为害。要精选良种、适度催芽、适时播种，播种时要精细整地，注意播种密度，覆土薄厚均匀一致，压实保墒，以利于播后出齐苗、生长健壮并提高对病虫草害的抵抗力。

(四)翻耕土壤与整地晒田

翻耕土壤可以直接影响土栖害虫和在土壤中越冬的病原物。深翻可把遗留在地表面的病残体、菌核、表层土壤中的害虫蛹等翻埋到土壤深层，促进病残体的分解腐烂，使潜伏在病残体内越冬病原物加速死亡，使菌核不能萌发出土，使害虫蛹不能羽化出土。深翻土壤可把许多土壤中的土栖害虫和病原物翻到地表面，使之暴露在不良的气候条件和天敌的侵袭之下。

翻后整地,播前晒田,可以保墒增温,提高土壤通透性,有利于植物播后出苗或栽后缓苗发根,提高作物抗病虫草害能力。平整土地,利于排灌,特别是雨后地面不积水,可明显减轻疫病等许多病害的发生发展。对保护地,提早扣棚烤(晒)田,不仅可增加土温,提早定植,还可起到晒田杀灭土壤表面及保护地环境病菌的作用。

(五)科学用肥与灌排水

1. 科学用肥 俗话说“肥足苗壮”。合理施肥,可为植物提供充足的营养物质,增强植物对病虫害的抵抗能力。氮、磷、钾肥要配合使用,有机肥、化肥配合使用,基肥、追肥配合使用。特别应提倡多用有机肥。有机肥是全肥,含有植物所需多种营养元素,肥劲足,肥效长,还能改善土壤理化性状,促进土壤中的抗生菌繁殖,发挥对一些病原菌的拮抗作用。

2. 科学灌、排水 灌水、排水目的是保持农田良好的土壤水分状态。灌水过多或下雨后地里积水,不仅直接影响土壤中病原菌、害虫的活动和传播扩散,而且还会影响植物根系的呼吸,并间接增加植株间小气候的湿度,诱发和加重病虫害发生。通常可看到,在排水不好的田发病多而重,即使同一块田里,病害常常是先在地势低洼经常积水的地方发生。因此,应注意整修好排灌沟渠,雨后及时排出积水。

水也可用于防治病虫害,较长时间淹水对土壤多种病原菌、地下害虫、越冬害虫有很好的杀灭作用。水旱轮作可有效防治棉花枯、黄萎病,原因就在于此。

(六)适宜密度

合理的密度是丰产的保证。密度过小,产量不高,而且往往植物封不住垄而增加了杂草滋生;株间空隙大也增加了爬行害虫的活动危害。密度过大,植物容易徒长,枝叶幼嫩,有利于病原菌侵入和害虫喜食而受害；密度过大还造成植株间通风透光不好，湿度加大，能诱发和加重一些病虫害的发生。

(七)中耕除草

中耕可以改变田间小气候使植物生长的环境得到改善，可抑制病虫的发生和危害，也有直接消灭一些病虫害的作用。

中耕是除草的重要手段。中耕消灭了田间杂草，也就随之消灭了在杂草上的多种病原菌和害虫。许多病毒病的毒原可在杂草宿根上越冬，细菌、真菌病害也有不少这种情况。

第四节　生物防治

生物防治就是利用有益生物及其产品来防治病虫害的方法。

生物防治具有范围广阔、自然资源丰富、可就地生产就地应用、不污染环境，且对人、畜和植物安全的特点。除具有一定的预防性外，有的连续使用后对一些病虫草害的发生有连续的、持久的抑制作用。

一、植物病害的生物防治

(一)拮抗微生物的利用

微生物之间的关系是错综复杂的。一种微生物对另一种微生物具有抑制作用，称为拮抗现象。凡是对病原菌有拮抗作用的菌类都叫抗生菌。土壤中的放线菌许多都是抗生菌，真菌也有不少是抗生菌。

拮抗性微生物的利用方式很多。例如，人工培育繁殖这些活菌，施到植物的根围，可抑制病原菌的侵入。如施用5406菌肥可对黄萎、枯萎等土传病害的病原菌有较强的抑制作用。施用木霉菌可防黄萎病等。

(二)病原物的寄生物的利用

利用病原物的寄生物可以消灭病原物,典型的例子就是应用鲁保一号(人工培养的能寄生菟丝子的一种炭疽菌)防治菟丝子。

(三)抗生素的利用

抗生素是抗生菌所分泌的某种特殊物质,可以抑制、杀伤甚至溶化其他有害微生物。农业生产使用的抗生素约有20多种,都是通过微生物发酵所得到的代谢产物。抗生素的选择性一般都很强。用于植物病害防治的有井冈霉素、多抗霉素、庆丰霉素、农抗120等,应用最多的是农用链霉素和新植霉素,可防治多种细菌病害。

(四)植物源抗菌剂的利用

葱、蒜类植物体内含抗菌性物质,对其周围植物的病菌有很强的杀灭作用。可把大蒜磨碎压汁对水施用。抗菌剂401就是人工合成的大蒜素,抗菌素402是同系物,两者对多种真菌、细菌有杀死和抑制作用。

二、植物害虫的生物防治

(一)以虫治虫

就是利用天敌昆虫防治害虫。在田野中害虫的种类虽然很多,但需要防治的害虫只占少数。这是因为在田野中有效的天敌数量很多,消灭了大量害虫,达到了控制害虫种群数量的目的。

1. 捕食性天敌昆虫的利用 在田间捕杀害虫的捕食性昆虫种类很多,植物生产上利用较多的有瓢虫、草蛉、食蚜蝇、胡蜂、猎蝽等。

2. 寄生性天敌昆虫的利用 寄生性昆虫种类也很多,如各种寄生蜂、寄生蝇类。

(二)以菌治虫

就是利用害虫的致病微生物来防治害虫。引起昆虫疾病的致病微生物有真菌、细菌、病毒、立克次氏体、线虫和原生动物等多种类群。这些致病微生物可以简单、价廉的方式人工扩大培养，制成生物制剂喷洒于田间使昆虫染病而亡。

第五节 物理机械防治

物理机械防治法就是利用各种物理因素及机械设备或工具防治病虫害。这种方法具有简单方便、经济有效、副作用少的优点，但有些方法较原始、效率低，只能作为辅助措施或应急手段。

一、机械防治

即采用人工或机具器械防治病虫害。

(一)清 除 法

对较大的种子，可手选清除带病或受害虫为害的籽粒，以及其中混杂的菌核、虫瘿、菟丝子种子等。田间出现中心病株时，要立即拔除。

对于植物种子中间混杂的害虫、菌核、杂草种子，根据它们与种子形状大小和轻重的不同，可用筛子或簸箕把其清除掉，也可用清水或20％盐水漂选，把漂浮在水面的带病虫种子和杂质清除掉。

(二)捕 杀 法

当害虫发生面积不大，或不适用其他措施时，人工捕杀很有效。老龄地老虎幼虫为害时常把咬断的菜苗拖回土穴，菜农清晨可根据此现象扒土捕杀。

(三)诱 杀 法

利用害虫的某些生活习性进行诱杀。

二、物理防治

利用病虫对光、热、色、射线、高频电流、超声波等物理因素的特殊反应来防治病虫害。

(一)利用光防治病虫害

1. 灯光诱杀害虫 许多夜间活动的害虫都有趋光性,可以用灯光诱杀。使用最多的是黑光灯诱杀。

2. 阳光杀虫、灭菌 阳光晒种可杀死豌豆象、蚕豆象等害虫,也可杀灭种子表面黏附的病原菌,尤其是细菌。

(二)利用颜色防治病虫害

1. 黄板诱蚜 黄色对有翅蚜有引诱力,尤其金盏黄色引诱力最强。黄板诱蚜早已成为预测预报蚜虫发生和发展的手段。

2. 银灰膜驱蚜 蚜虫喜欢黄色,但惧怕银灰色,因此生产中可用银灰色反光膜驱避蚜虫。可将膜铺在地面上或在植株上部挂条、拉网。

(三)利用热防治病虫害

1. 高温杀灭种子所带病虫 可利用高温天气晒种,直接杀死种子所带的病菌和混杂在其间的害虫。开(沸)水烫种也可杀菌灭虫。如将豌豆种子用开水烫 25 秒钟,蚕豆种子烫 30 秒钟,可全部杀死豆象,而不影响发芽率。热水烫种又称温汤浸种,是消灭种子内部潜伏病菌的常用方法。温汤浸种有恒温定时和变温定时两种。

2. 高温杀灭土壤中的病虫杂草 可用烘土、热水浇灌、土壤蒸汽、地热线加温处理消灭育苗床土壤中的病原菌和害虫。

第六节 化学防治

化学防治法就是利用化学农药防治病、虫害及其他有害动物的方法。

化学防治法实施方便,防治对象广泛、效果快而高,能迅速地控制病虫害的蔓延,对暴发性的病虫害可作为应急措施,能收到立竿见影的效果。但是,单纯的大量使用化学农药,尤其是使用不当时,常会造成人、畜中毒,植物发生药害,杀伤有益生物及污染环境等。长期使用一种化学农药,会使病、虫产生抗药性,而更加难于防治。在进行化学防治时,要认真做到安全合理使用农药,扬长避短,充分发挥化学防治的作用。

一、农药的类型及作用原理

农药种类很多,可按不同的方式分类。

(一)按农药的防治对象分类

最常用的是根据防治对象分为杀虫剂、杀螨剂、杀菌剂、杀线虫剂、除草剂、杀鼠剂、植物生长调节剂等。

(二)按农药的作用原理分类

每类农药,每种药剂,对防治对象的作用不尽相同,了解其作用原理对合理使用农药、发挥农药的防治效果十分重要。

1. 杀菌剂类型及其作用原理

(1)保护性杀菌剂　施于植物体表面,直接与病原菌接触,杀死或抑制病原菌,使其不能侵入植物体内而保护植物免受为害。

(2)内吸性杀菌剂　施于植物表面后被植物吸收,并能被传导到其他部位直至整株发挥杀菌作用,起到治疗效果。

(3)免疫性杀菌剂　施用后可使植物获得或增强抗病能力,从而避免或减轻病菌的侵染与为害。

2. 杀虫剂类型及其作用原理

(1)胃毒剂　药剂经害虫口器进入虫体内,被消化道吸收后引起中毒死亡。

(2)触杀剂　药剂与虫体接触,经体壁渗入虫体内,使害虫中毒死亡。

(3)熏蒸剂　药剂通过气门进入虫体内,使害虫中毒死亡。

(4)内吸剂　药剂被植物的根、茎、叶或种子吸收并传导到其他部位,当害虫咬食植物或吸食植物汁液时,引起中毒死亡。

二、农药的剂型

(一)剂型的概念

目前生产中使用的农药大多数是有机合成农药。农药厂合成车间生产出来的农药叫做原药(固体的叫原粉、液体的叫原油)。其中所含的具有杀菌、杀虫、除草等作用的成分叫做有效成分。

原药一般有效成分含量都很高,除少数品种(如液体熏蒸剂)外,均不能直接使用。因为每次施用的原药数量很少或极少,要使很少或极少量的原药均匀地分散到一定面积的作物上,就必须在原药中加入分散物质,稀释原药。另外,多数原药不溶于水,不具备施用后能很好附着在病虫体上和植物表面而发挥药效的性能,故必须在原药中加入一些辅助剂(简称助剂)。这样,就需将原药在加工车间再加工,制成可供生产实际使用的药剂形态,这种药剂形态叫剂型。

农药的剂型加工对于提高药效、改善性能、降低毒性、保障安全都起着重要的作用。

(二)农药的加工剂型

农药的加工剂型很多,常用的农药加工剂型有如下一些种类:

1. 粉剂　由原药加填充剂经研磨而成的细小粉末,用于喷粉或撒粉。

2. 可湿性粉剂　由原药、填充剂、湿润剂混合研磨而成的细小粉末,是溶于水用于喷雾的剂型。

3. 胶悬剂　原药加适量水和一定助剂湿磨而成的细粒黏稠物,用于喷雾的剂型。

4. 乳油　原药溶于有机溶剂中，加入乳化剂制成的油状物，用于喷雾的剂型。用时加水后成白色乳剂。

5. 油剂　原药加油质溶剂和助剂制成的油状物，不加水直接使用。是超低容量喷雾用的剂型。

6. 微胶囊剂　农药的微粒或液滴外面包上一层塑料外衣而成，药剂可通过胶囊缓慢地释放扩散出来。为喷雾或直接施用的剂型。

7. 颗粒剂　原药或某种剂型农药与载体混合制成的颗粒状物。颗粒较大的叫颗粒剂，颗粒较小的叫微颗粒剂（简称微粒剂）。直接施用的剂型。

8. 烟剂　原药加燃烧剂、助燃剂、稳定剂等混合而成。点燃熏烟后药剂气化，在空中遇冷后凝成极小烟（药）粒沉降落下。是保护地熏烟的剂型。

9. 种衣剂　是将水溶性的黏着剂、表面活性剂、着色剂、悬浮剂和溶剂等组成的载体，选择适宜的高效肥、杀菌剂、杀虫剂、微量元素、植物激素等作为被载体，制成种子包衣材料，通过机械把包衣材料均匀地包在种子表面，干燥后固化成膜。

三、农药的使用方法

（一）喷雾法

利用喷雾器械将药液分散成极细小的雾滴喷洒出去的方法。

1. 常规喷雾法　用普通喷雾器（如工农-16 型喷雾器），把药液分散，均匀地附着在防治对象的表面（喷出的药液雾滴直径在100～200 微米）。

2. 超低容量喷雾法　用超低容量喷雾器（如东方红-18 型背负式喷雾器），通过高效能的雾化装置（转盘离心或雾化喷头），使药液雾化，雾滴（50～100 微米）飘移沉降在防治对象表面。

(二)喷 粉 法

利用喷粉器械将药粉喷布出去的方法。

喷粉必须均匀周到，使带病虫的植物表面均匀覆盖一层极薄的药粉。可用手在叶片上检查，如看到有少量药粉沾在手指上即为合适。如看到叶片发白说明药量过多。常规喷粉一般每亩1.5～2.5千克，喷粉尘每亩0.8～1.0千克。

(三)种苗处理法

用药剂处理种子和块根、块茎、鳞茎等无性繁殖材料，消灭种苗表面和内部所带的病虫。种苗处理常用以下方法：

1. 浸种 就是把种子浸到一定浓度的药液里，经过一定时间后取出晾干。

2. 拌种 就是把药粉拌到种子上，使种子表面黏附一层药粉。

3. 闷种 就是把较浓的药液喷洒到种子上，然后覆盖熏闷一定时间，揭除覆盖物翻动种子，散去多余药剂气体。

4. 种子包衣 就是将含有药剂的种衣剂包于种子表面形成包衣。

(四)土壤处理法

将药剂施到土壤里，消灭土壤中的病菌和害虫。

1. 全面施药法 将药剂均匀地喷洒到土壤表面随即翻耕，使药剂分散到土壤耕层内。药剂也可用播种机、施肥机直接施入土壤内。

2. 局部施药法 将药剂直接撒于播种沟(穴)中，或采取灌根的方式向植株根部浇灌药液。

(五)熏 蒸 法

利用挥发性较强的药剂，在密闭环境下使药剂挥发，杀死病菌和害虫。熏蒸一般要求室温在20℃以上，土壤温度在15℃以上。

(六)施毒土或颗粒剂

将毒土或颗粒剂直接撒布在作物上,或作物根际周围,或施入土壤中,用于防治地下害虫、苗期害虫,也可用于防治根部病害。

毒土配制一般将一定用量药剂与10～15千克细土拌匀而成,撒施要到位、均匀。

(七)熏　烟

烟剂点燃后药剂固体的小粒子分散在空中,飘移、沉降在植物表面,发挥杀菌、杀虫作用。烟剂熏烟,只能在温室、大棚等保护地内使用。露地生长郁蔽的植物也可使用,但效果下降。

(八)涂　抹

将内吸性药剂的高浓度药液,或再加入矿物油,涂抹在植株茎秆上,使植物吸入药剂后达到防治病虫的目的。也可将药剂加固着剂或水剂制成糊状物,涂抹在刮后的病斑上。

四、农药的合理使用

在农药使用中,为使其发挥出最大的防效,必须注意以下几点:

(一)选准药剂,做到对症下药

农药种类很多、每种农药都有自己的防治对象。在使用某种农药时,必须了解该农药的性能及具体防治对象,才能做到对症下药。

例如,就杀虫剂来讲,胃毒剂只对咀嚼式口器害虫有效,内吸剂一般只对刺吸式口器害虫有效,触杀剂则对各种口器害虫都有效,熏蒸剂只能在保护地密闭后使用,露地使用效果不佳。

同时,要注意选用合适的剂型。同一种农药常有不同的剂型,不同剂型其防效有差别。就防治效果看,乳油最好,可湿性粉剂次之,粉剂最差。

(二)适时用药

要用最少量的药剂达到最高防治效果,就必须把药用到关键时期,这就要求掌握要防治的病虫害的发生发展规律,做好预测预报,达到防治指标时就用药,没达到防治指标时就不要用药。同时,还要考虑天敌状况,尽可能避开天敌对药剂的敏感期用药,不能单纯强调"治早、治小",也不应错过有利的防治时期。如防治鳞翅目幼虫,一般应在3龄前用药;防治气流传播的病害,一般应在初见病株时及时用药。

(三)严格掌握农药用量

农药用药量主要指药剂使用浓度和每亩用药量。用药量要准确,不是越多越好。在一定范围内,浓度高些,每亩用药量大些,药效会高些;但超过限度,防效并不按正比提高,甚至反而会下降,并易出现药害。为了做到准确,应将施药面积量准,药量和水量秤准,不能草率估计。

(四)掌握配药技术

配制乳剂时,应将所需乳油选配成10倍液,然后再加足全量水。在低温时配制乳油,最好先用温水把药瓶加温然后配制,或先用少量温水调配,再用冷水稀释。稀释可湿性粉剂时,先用少量水将可湿性粉剂调成糊状,然后再加足全量水。配制毒土时,先将药用少量土混匀,再用较多土第二次混匀,最后用全量剩余的土第三次混匀,经过几次稀释并要充分翻混药剂才能与土混拌均匀。

配制药液宜用清水。硬度高的苦水要软化后配药,否则会影响可湿性粉剂的悬浮性或破坏乳剂的乳化性,从而影响药效或发生药害。

(五)掌握使用方法,保证施药质量

农药种类及剂型不同,其使用方法也不同。如可湿性粉剂不能用于喷粉,相反,粉剂不能用于对水喷雾。胃毒剂不能用于涂抹,内吸剂一般不宜制毒饵。施药要保证质量。尤其要求药剂喷

布要均匀周到，叶的正反面均要着药。

（六）看天气情况用药

一般应在无风或微风天气用药，同时，注意气温的高低。气温低时，多数有机磷制剂效果差，应在中午左右用药。但气温高虽可提高药效，也易产生药害。因此，多数药剂还是应避免在中午用药，或适当减少用药量。刮风、下雨可使喷布的药剂很快流失，降低药效。雨水多，湿度大，有利于病害发展，要在雨后及雨停间歇时间及时用药。

（七）合理混合用药

为了节省时间、劳力，可把多种药剂混在一起施用。合理的混用，可以扩大防治的范围，提高防治效果，并能防止病菌和害虫产生抗药性，有时还有促进植物生长发育的作用。但应注意，混用不当时，轻者降低防效、出现药害；重者甚至毁田。因此，药剂混用要慎重。遇碱性物质分解失效的药剂不能与碱性药剂混用；混后会发生化学反应或产生絮结、沉淀的不能混用；产生乳剂破坏的药剂不能混用。

五、避免或减轻施用农药的副作用

农药使用不当，可以产生许多副作用。

（一）药　害

施药后，凡引起作物不能正常生长、生理异常乃至死亡的均属药害。

1. 药害的类型　根据药害产生的快慢分为急性药害和慢性药害两种。

（1）急性药害　在施药后很短时间（几个小时或几天）就出现药害的现象。症状明显，易于发现。如叶“烧焦”、畸形变色、果上出现药斑（锈斑、褐斑、色点等）、种子不能发芽或幼苗畸形以及落叶、落果等，甚至全株枯死。

(2)慢性药害　在施药后较长时间才表现出药害的现象。症状不太明显，多数表现为生长不良，植株矮化，叶片发黄，开花、结果延迟，或使植物、果实的品味、色泽恶化等。

2. 药害产生的原因　药害产生涉及药剂、作物、环境条件等多方面因素。

(1)药剂　药剂的理化性质与药害关系最大。一般讲，无机药剂不如有机药剂安全。油剂乳剂易产生药害，可湿性粉剂次之，乳粉及颗粒剂比较安全。

(2)作物　不同作物对药剂忍耐力差异很大。即使同一种植物，品种间耐抗力也不一样。同一品种作物在发芽期、幼苗期及开花期对药剂较敏感，易发生药害。

(3)环境条件　一般温度高、湿度大、光照强时易产生药害。

(二)农药对人、畜的毒害

农药都是有毒的物质，只是不同种类农药毒性大小不同而已。在施用农药过程中，以及食用有残留农药的植物时，农药可以通过口腔、皮肤、呼吸道等途径进入人、畜体内，引起中毒。

1. 中毒的类型　急性中毒是农药一次或在短时间内大量进入人、畜体内，而发生的中毒现象。慢性中毒是农药经长期少量进入人、畜体内而产生中毒。长期接触农药不注意防护或食用农药污染的食物，或食用残留农药过多的植物，都可以引起慢性中毒。

2. 防止农药中毒应注意的问题　建立和健全农药管理制度，严格执行农药安全使用操作规定；严禁在蔬菜、果树、粮食作物使用高毒、高残留农药；严格掌握用药安全间隔期；食用植物时，要去除其上过量残留农药，如瓜果植物通过水洗或剥皮可显著减少残留。

(三)农药对有益生物的毒害

使用农药，在杀死有害生物的同时，也会杀害有益生物，如害虫的天敌和蜜蜂等。施用广谱性杀虫剂，不仅杀死害虫也同时杀死天敌昆虫，而引起某种害虫的再猖獗。为避免杀伤天敌应注意选用对天敌低毒的药剂。如敌百虫对多种害虫有效，但对天敌比较安全。敌敌畏、乐果虽有较强的直接触杀毒性，但在田间残效期短，因此对天敌影响较小，选择适当的施药时期，最理想的是在害虫已出现而天敌尚未出现时施药。

选择适当的用药量，避免高剂量用药，可减少农药对天敌的杀伤。

选择施药方法，如防治刺吸式口器害虫，不用内吸剂喷雾，而改为内吸剂涂茎或拌种或撒播颗粒剂，对保护天敌有利。

(四)有害生物对农药的抗药性

农药使用不当，可诱使病菌或害虫对农药产生抗性。防止和克服抗药性的方法是，当抗性出现后，防效下降，此时绝对不能简单地采取加大浓度，缩短用药间隔期，增加用药次数的拙劣办法，而应当换用作用机制不同的新药剂，或在抗性药剂中添加增效剂或者解抗剂。